U0625386

生态视域下建筑空间适老化发展模式研究

周碧瑶　张　璐　著

吉林科学技术出版社

图书在版编目（ＣＩＰ）数据

生态视域下建筑空间适老化发展模式研究 / 周碧瑶，
张璐著. -- 长春：吉林科学技术出版社，2024. 8.
ISBN 978-7-5744-1702-1

Ⅰ. TU241.93

中国国家版本馆CIP数据核字第2024QV7549号

生态视域下建筑空间适老化发展模式研究

著　周碧瑶　张　璐
出 版 人　宛　霞
责任编辑　李万良
封面设计　南昌德昭文化传媒有限公司
制　　版　南昌德昭文化传媒有限公司
幅面尺寸　185mm×260mm
开　　本　16
字　　数　287 千字
印　　张　13.5
印　　数　1~1500 册
版　　次　2024年8月第1版
印　　次　2024年12月第1次印刷

出　　版　吉林科学技术出版社
发　　行　吉林科学技术出版社
地　　址　长春市福祉大路5788 号出版大厦A 座
邮　　编　130118
发行部电话/传真　0431-81629529 81629530 81629531
　　　　　　　　　 81629532 81629533 81629534
储运部电话　0431-86059116
编辑部电话　0431-81629510
印　　刷　三河市嵩川印刷有限公司

书　　号　ISBN 978-7-5744-1702-1
定　　价　72.00元

前　言

随着全球人口老龄化趋势的加剧，老年人口的增加对建筑空间提出了新的挑战与要求。建筑作为人类生活的重要载体，其设计和规划不仅关系到居住者的日常生活，更与社会的整体福祉和发展紧密相连。而在生态视域下，对建筑空间进行适老化的研究，不仅是一种对传统建筑理念的创新，更是对社会责任和可持续发展目标的积极响应。

当前，许多国家和地区正面临着人口老龄化带来的社会结构变化。老年人作为社会的重要组成部分，他们的生活需求和生活质量直接影响到社会的整体和谐与进步。然而，现有的建筑空间往往未能充分考虑到老年人的特殊需求，这不仅限制了他们的活动范围，也影响了他们的生活质量。因此，探索和研究生态视域下的适老化建筑空间发展模式，对于应对人口老龄化带来的挑战具有重要意义。

适老化建筑空间的发展，对于提升老年人的生活质量具有显著的社会效益。通过合理的空间布局、安全的设计及对老年人生活习性的深入理解，适老化建筑能够为老年人提供更加便捷、安全和舒适的生活环境。不仅能够提高老年人的生活满意度，还能够减轻家庭和社会的照护压力，促进社会资源的合理分配和利用。

本书旨在深入探讨生态视域下建筑空间适老化的发展模式，通过理论研究，为建筑设计者、政策制定者以及相关利益相关者提供参考和启示。期望通过本书，能够促进适老化建筑空间的创新和发展，为老年人营造更加美好的生活环境，同时也为社会的可持续发展贡献力量。

在未来，我们期待看到更多的建筑空间能够融入适老化和生态化的理念，不仅为老年人带来福祉，也为整个社会带来积极的变化。我们相信，通过不断的探索和实践，适老化建筑空间的发展将为构建和谐社会、实现可持续发展目标提供坚实支撑。

《生态视域下建筑空间适老化发展模式研究》
审读委员会

徐潇潇　　王明丽

目　录

第一章 生态视域下养老建筑的基本概述

第一节 生态建筑的基本概念

一、生态建筑的概念及本质内涵

（一）生态建筑的概念

建筑既表示营造活动，同时又表示这种活动的成果——建筑物，也是某个时期某种风格的建筑物及其所体现的技术和艺术的总称。由此可见，"建筑"一词有三种含义：一是作动词解，指"修建、营造"之意；二是作具体名词解，指某一具体的建筑物；三是作抽象名词解，指一种抽象的概念—某类或所有建筑物的统称。由此可见，汉语中的"建筑"是比较笼统的，正是由于这种笼统性，才导致了不同的人对"建筑"的不同理解。

"生态"在汉语中是指生物的生存和发展状态或指生物中的生理特征、生活习性等。这里的"生物"不仅仅指人这一特殊的动物，还包括所有其他动物、植物与微生物。根据上面对"建筑"的释义，在"建筑"一词之前冠以"生态"，当然也有相应的释义：一是指"生态地修建或营造"，二是指"生态的建筑物"，三是指"具有生态性的所有建筑物的总称"。由于有这三种释义，导致了不同的人对"生态建筑"也有不同的理解。

事实上，"生态建筑"一词为国人所使用、发展到今天，其意义与刚翻译过来时已有所不同，一般人是从其字面意义来理解的，认为是"满足生物生存和发展需要、符合生物生理特征和生活习性的建筑"。现在比较公认的也是最新《现代汉语词典》里收集的定义为、"根据当地自然生态环境，运用生态学、建筑学和其他科学技术建造的建筑；它与周围环境成为有机的整体，实现自然、建筑与人的和谐统一，符合可持续发展的要求。"

真正的生态建筑，不仅考虑自然环境，也要考虑人文社会环境，不仅仅是建造过程要生态，在建造之前的设计过程和建造之后的使用过程和拆除过程都要生态。因此，对词典中的定义可进一步完善为：根据当地自然、社会和人文环境，借鉴生态学的原理和方法，同时结合建筑学及其相关学科的理论、技术和手段，规划、设计、建造、使用和管理的建筑；它与周围环境成为有机的整体，能够实现自然、建筑、人与社会的和谐统一，符合人类与自然环境共同持续发展的要求。

（二）生态建筑的本质内涵

尽管"生态建筑"的概念多种多样，但它们都从某一个侧面说明了生态建筑的某些特征，揭示了生态建筑的某些本质内涵。其共性特征和本质内涵可概括为以下几点。

生态建筑仍然属于"建筑"的范畴，但把环境生态纳入考虑之中。生态建筑活动所涉及的基本内容与常规建筑活动相同，但它相对于常规建筑而言，还要关注建筑活动对资源、环境、生态以及人类健康生存的影响。常规建筑活动的基本内容包括建筑选址规划、场地设计、建筑布局以及外环境和景观设计等基本内容，这些内容同时也是生态建筑活动涉及的基本内容，只不过在考虑这些内容时，是基于更高的认识水平、更广的范围和更适宜的技术手段。

生态建筑的最终目的是更好地满足人类自身的生存和持续发展的需要。如果离开了人类自身的生存和发展需要来谈生态建筑，是没有任何意义的，这就是生态建筑的"以人为本"，它是高于常规建筑的"以人为本"的。常规建筑活动往往是针对某些团体或个人而言的，不考虑其他人和周围其他生物的生态需要。这种观念关注的只有人的本身，而忽略了更高层次上的整体性。由此而来的盲目建设，破坏了人类赖以生存和发展的地球生态环境，反过来危及人类自身的生存和发展。生态建筑活动不仅要满足人的生态需要，还要顾及其他自然生物的生态需要，也就是要在更高层次上考虑人的需要，以实现人类社会的持续发展。

生态建筑具体目标体现在，通过对建筑内外空间中的各种物质要素的合理设计与组织，使物质在其中得到顺畅循环，能量在其中得到高效利用；在更好地满足人的生态需要同时，也满足其他生物的生存需要；在尽量减少环境破坏的同时，也体现建筑的地域特性。

生态建筑致力于实现建筑整体生态功能的完善与优化，以实现建筑、人、自然和社会这个大系统的整体和谐与共同发展。常规建筑活动基本上只局限于人工系统，而生态建筑活动必须同时整合自然生态系统和人工生态系统，使两者和谐共生。生态建筑的环境因素分为自然因素和人文因素：自然因素指当地的非生物因素和生物因素，其中，非生物因素包括地质、地势、地形、土壤特性等与地有关的因素，及阳光、雨水、风、温湿度等气候因素；生物因素除了包括人的生物属性这一层次外，还包括各种植物、动物、微生物等因素。人文因素是指由人的社会属性所形成的因素，包括观念、文化、生活习俗等。

要实现生态建筑，在思想观念之上，必须尊重自然，必须关注建筑所在地域与时代的环境特征，必须将建筑与其周围环境作为一个整体的、有机的、具有结构和功能的生态系统看待，并从可持续发展的角度仔细研究建筑与周围环境各因素间的关系，以及整体生态系统的机能。在方法措施上，必须借鉴生态学的原理和方法，同时结合建筑学以及其他相关学科的适宜技术和手段，才能实现建筑、人、社会和自然的和谐统一和协调发展。在生态评判上，必须从建筑活动的全生命周期出发，分析评价其对生态环境的影响以及自身对环境的适应性。也就是说，生态建筑不仅仅是指在选址规划阶段注重生态，在设计、建造和使用阶段乃至最后的拆除阶段都要注重生态。

二、生态建筑与绿色、可持续建筑间的关系

（一）绿色建筑

"绿色"是自然生态系统中生产者植物的颜色，它是地球生命之色，象征着生机盎然的生命运动。在"建筑"前面冠以"绿色"，意在表示建筑应像自然界中的绿色植物一样，具有和谐的生命运动和支撑生态系统演进的特性。绿色建筑指在建筑设计、建造、使用中充分考虑环境的要求，把建筑物与种植业、养殖业、能源环保、美学、高新技术等紧密地结合起来，在有效满足各种使用功能的同时，能够有益于使用者的身心健康，并创造符合环境保护要求的工作和生活的空间结构。"绿色"一词现在广为各行各业使用，已有约定俗成的意义，即"无公害、无污染、健康舒适、节能环保"。"绿色建筑"与"绿色冰箱"、"绿色食品"、"绿色照明"等概念类同，可理解为"无公害、无污染、健康舒适、节能环保"的建筑。

（二）可持续建筑

"可持续建筑"又称为"可持续发展建筑"，是可持续发展观在建筑领域中的体现。目前，关于"可持续建筑"的准确定义，尚未形成统一的认识。一般情况下，我们可简单地将其理解为"在可持续发展理论和原则指导下设计、建造、使用的建筑"，它体现了人们对资源、环境、生态因素的全面关注。

（三）三者相互关系

从内涵上看，"生态建筑"侧重于从"整体"和"生态"角度，强调利用生态学原理和方法解决生态与环境问题，它有其自身的学科基础理论——生态学。"绿色建筑"则侧重于从"环保"和"健康"的角度，强调利用一切可能的行为手段来达到生态与环境保护的目的。由于"生态"与"环境"两者不能截然分开，由此可见，"生态建筑"与"绿色建筑"所具有的含义是一种相互交融的关系。

　　"可持续发展建筑"是基于可持续发展观念而提出来的。可持续发展观是 20 世纪 80 年代中期提出来的，它不仅关注"环境—生态—资源"问题，而且强调"社会—经济—自然"的可持续发展，它涉及社会、经济、技术、人文等方方面面。

　　由此可见，"生态建筑"与"绿色建筑"是同一问题的两个方面，只不过各有侧重而已。但两者都有不足，那就是只强调问题的一个方面，而没有看到问题的全部。"可持续发展建筑"是从问题的全局整体性出发而提出来的，其内涵和外延较"生态建筑"和"绿色建筑"要丰富深刻、宽广复杂得多。可以说，从"生态建筑"、"绿色建筑"到"可持续发展建筑"是一个从局部到整体、从低层次，向高层次的认识发展过程。然而，三者的最终目标和核心内容是一致的，即降低地球资源与环境的负荷及其不利影响，创造健康、舒适的人类生活环境，与周围自然环境和谐共生；其只不过是从不同的侧面和层次来研究处理问题而已。

　　事实上，早期的生态建筑研究为可持续建筑奠定了理论基础，而"绿色建筑"的研究为可持续建筑的实施提供了可操作性和适宜性。可持续发展观念提出后，在其思想原则指导下，生态建筑与绿色建筑的内涵和外延都在不断扩展，例如生态学已经把人这一特殊的动物置于生态系统之中加以研究，研究范围正在向人文社会和经济美学领域渗透。绿色建筑也吸收了可持续发展理论，绿色建筑是将人们生理上、精神上的现状和其理想状态结合起来，是一个完全整体的设计，一个包含先进技术的工具；绿色建筑关注的不仅仅是物质上的创造，而且还包括经济、文化交流和精神上的创造。绿色设计远远超过能量得失的平衡，自然采光、通风等因素。绿色设计力图使人类与自然亲密结合，它必须是无害的，能再生和积累的。绿色设计能带来丰富的能源、供水和食物，创造健康、安宁和美。

　　生态建筑和绿色建筑发展到今天，其内涵和外延较初时已有了很大发展，与可持续建筑已经没有本质的区别，三者目前正在走向统一。因此，在一般情况下，生态建筑也可称为绿色建筑或可持续建筑。

三、生态建筑观

（一）新的生态自然观

　　自然观指人们对自然与人之间关系的看法，它直接影响人们的自然伦理观和价值观。

　　新的生态自然观认为，人类是从自然界进化而来的，是自然界的组成部分，它与自然界的其他动植物以及非生物因素共同形成了一个不可分割的有机整体。人与自然的关系不是统治与被统治、征服与被征服、改造与被改造的关系，而是既对立又统一的平等、和谐的相处关系，它们相互依存、相互联系、相互影响，共同促进地球生态系统的进化发展，同时，各自在地球生态系统中有其不可代替的独特功能，他们之间也是共同进化发展的。

　　目前地球生态系统承载力、净化能力以及稳定性已大大降低，要抑制生态环境的进一步恶化，必须树立新的生态自然观，采取一系列措施对自然进行保护，并尽可能使其恢复。生态建筑必须在维护和促进地球生物圈稳定与繁荣的基础上去改造和利用自然，走节俭、节能、高效、低耗、无污染或少污染的发展道路。

（二）可持续发展观

可持续发展观是人类长期探索经济增长与环境破坏和资源匮乏的两难问题，并总结经验教训后而提出的一种崭新的社会发展观和发展模式。

在 20 世纪 50 ～ 60 年代第一次环境问题高潮后，人们意识到经济的增长是要付出环境代价的，随后采取了很多技术措施对环境污染进行治理，但并未收到预期效果。20 世纪 80 年代以后，环境和生态问题全球化，人们则希望能探索出一种在环境和自然资源可承受基础上的发展模式，相继提出了经济"协调发展""有机增长""同步发展""全面发展"等许多设想，使"经济增长"的概念开始具有了"净化的增长""质量增长"或"适度增长"等新含义，从而为可持续发展观的提出作了理论准备。

1987 年联合国世界环境与发展委员会（WECD）发表的《我们共同的未来》的长篇调查报告。报告从环境与经济协调发展的角度，正式提出了"可持续发展"（Sustainable Development）的观念，并指出走"可持续发展"道路是人类社会生存和发展的唯一选择。

可持续发展的观念一经提出，即受到全世界不同社会制度、不同意识形态、不同文化群体人们的重视，并逐渐成为共识，成为解决环境问题、对待经济增长、促进社会发展的根本指导思想和原则。它为人类解决生态环境问题和社会经济的发展指明了方向。

从总体角度讲，可持续发展是一个涉及经济、社会、技术及自然环境的综合概念，也是一种从环境和自然资源角度提出的关于人类长期发展的战略和模式。可持续发展主要包括自然资源与生态环境的可持续发展、经济的可持续发展、社会的可持续发展以及代际与代内公平四个方面。其基本含义和思想内涵主要包括以下几个方面。

不否定经济增长，尤其是不发达国家的经济增长，但需要重新审视如何推动和实现经济增长。可持续发展强调经济增长的必要性，因为经济增长是提高当代人福利水平、增加社会财富、增强国家实力的必要条件。不仅要重视经济增长的数量，还要依靠科技进步，提高经济活动的效益和质量，达到具有可持续意义上的经济增长。因此，必须重新审视使用能源和原料的方式，改变传统的以"高投入、高消耗、高污染"为特征的生产模式和消费模式，实施清洁生产和文明消费，从而减少单位经济活动所造成的环境压力。

要求以自然资源为基础，同环境承载力相协调。经济和社会发展不能超越资源和环境的承载能力。它要求在严格控制人口增长、提高人口素质和保护环境、资源永续利用的条件下，进行经济建设，保证以可持续的方式使用自然资源，同时减小环境成本，将人类的发展控制在地球的承载力之内。随着工业化、城市化的快速发展以及人口的不断增长，人类对自然资源的巨大消耗和大规模开采，已导致资源基础的削弱、退化、枯竭，如何以最低的环境成本确保自然资源的永续利用是可持续发展面临的重要问题之一。若要可持续地利用自然资源，必须使自然资源的耗竭速率低于其再生速率，而这必须依靠适当的经济手段、技术措施和政府干预方能得以实现。因此，需要通过一些激励手段，引导企业采用清洁工艺和生产非污染产品，引导消费者采用可持续消费方式并推动生产方式的改革。

以提高生活质量为目标，同社会进步相适应。发展不仅仅是经济问题，单纯追求产值的经济增长并不能体现发展的内涵。可持续发展的观念认为，世界各国的发展阶段和发展目标可以不同，但发展的本质应当包括改善人类生活质量，提高人类健康水平，创造一个保障人们平等、自由的社会环境。这就是说，在人类可持续发展系统中，经济发展是基础，自然生态保护是条件，社会进步才是目的。而这三者又是一个相互影响的综合体，只有社会在每一个时间段内都能保持与经济、资源和环境的协调，这个社会才符合可持续发展的要求。显然，在新的世纪里，人类共同追求的目标，是以人为本的社会、经济、自然复合系统的持续、稳定、健康发展。

承认并要求在产品和服务的价格中体现出自然资源的价值。这种价值不仅体现在环境对经济系统的支撑和服务价值上，也体现在环境对生命系统支持的不可或缺的存在价值上。

以适宜的政策和法律体系为条件，强调"综合决策"与"公众参与"。改变过去各个部门在制定和实施经济、社会、环境政策时各自为政的做法，提倡根据周密的社会、经济、环境考虑和科学原则，全面的信息和综合的要求来制定政策并予以实施。可持续发展的原则要纳入经济、社会、人口、资源、环境等各项立法及重大决策之中。

可持续发展包含了当代与后代的需求、国际公平、国家主权、自然资源、生态承载力、环境和发展相结合等重要内容。在代际公平和代内公平方面，可持续发展是一个综合的概念，它不仅涉及当代的或一国的人口、资源、环境与发展协调，还涉及后代的或国家及地区之间的人口、资源、环境和发展之间的矛盾和冲突。

可持续发展观用于建筑活动是一种全新的建筑发展观，它有别于一般的建筑思想，因为它强调的不纯粹是形象、风格，更主要的是设计思想和具体技术，它是一场建筑思想革命。建筑的创作应寻求与人工环境、自然环境和社会环境和谐共生，同时满足人类生产生活的生态需要。建筑不再是对环境的剥夺和污染，而是促进同周围环境的协调，使人类赖以生存的家园能够持续地向未来发展。生态建筑的理念既契合了"可持续发展"的全球共识，又为建筑设计发展开辟了一条新途径。

（三）整体的生态系统观

系统论中的"系统"是指"由若干相互作用和相互依赖的组成部分结合而成、具有特定功能的有机体"，或简称为"具有特定功能的综合体"。系统具有层次性，每一个层次包含若干个子系统。

整体系统观认为，任何事物都与其他事物存在密切联系，它们共同组成了一个不可分割的有机整体；各个组成部分或子系统之间必须相互协调作用，共同为整体系统的功能服务；整体系统的功能不是各子系统功能的简单相加，它远远大于各部分功能之和，是一种新的质的飞跃；认识与把握事物必须首先从整体性上去认识和把握。

将整体系统观用于建筑活动就是建筑的整体系统观，即："人"与"建筑"为同一层次上的两个子系统，它们与其他子系统共同组成了一个整体系统；认识把握建筑不仅要研究建筑与人的关系问题，还要研究建筑与其他环境因素之间的关系问题；不仅要关注组成建筑自身的各子系统的整合与协调，也要关注建筑对上一级系统的作用，做到建筑与周围环境的协调，以及与上下系统间的协调。由此可见，以整体系统观来审视建筑，关注的内容不仅是"建筑"与其同层次子系统间的相互关系，还包括"建筑"与上一级母系统和下一级子系统之间的关系；"建筑"是复杂立体关系网中的一个"节点"，而不再是平面网中的"节点"。

传统建筑学主要研究"建筑"与"人"之间的关系，这种认识方法，无疑抓住了主导因子——人对建筑的作用，在过去对建筑学的发展起到了极大的推动作用。但是，从整体系统观来看，这种认识方法是有局限的。在建筑及其环境（人，社会环境、自然环境、人工环境等）共同形成的整体系统中，"人"与"建筑"只是同一层次的两个系统，研究它们之间的关系，只能揭示同层次两子系统之间的直接关系，不能揭示建筑与其他因素之间的关系，更不涉及上下级系统之间的相互作用。因此，传统建筑学的研究方法，不能从总体的角度把握建筑，往往由于看不到全局而过分强调主体"人"的需要，从而偏离了系统的整体性能优化方向。

整体的生态系统观，不仅将建筑及其环境视为不可分割的有机整体，关注同一层次和上下层次系统间的相互关系，更重要的是注意到建筑及其环境组成的系统是一种有生命运动参与的生态系统，建筑设计、建造、运行必须符合生命运动的规律，符合生态学的基本原则，既要考虑能量流动，也要关注物质循环，应强调整体生态系统功能的优化和发展。这一观点阐明，建筑及其环境不可分割，是一个整体的生态系统，在这个整体的生态系统中，不仅包含了人这一特殊生物，还包含植物、动物、微生物以及天然和人工的非生物因素。他们之间相互制约，相互影响，互为环境且相互适应，协同进化和发展，任意组分的丧失或变化都会殃及其他组分，使整体生态系统的结构和功能受到影响。这一观点，不仅包含了整体系统观，而且进一步使我们明确了可以用生态学原理和规律来处理和研究建筑生态系统的各种内外关系。

四、生态建筑设计

（一）常规设计与生态设计

设计通常包括功能需求分析、规模规格确定、形式方案实施、成果评价鉴定等。在常规设计中，主要考虑的是市场消费需求、质量成本、实用美观、材料色彩、制造技术的可能性等问题。生态设计是在常规设计基础上，把对生态环境的影响纳入设计与实施的考虑之中，这是生态设计与常规设计的根本区别所在。由此导致生态设计在很多方面与常规设计不一样（见表1-1）。

表1-1 常规设计与生态设计比较

比较项目	常规设计	生态设计
人与自然的关系	以狭义的"人"为中心，意欲以"人定胜天"的思想征服或改造自然。人成为凌驾于自然之上的万能统治者	人和自然中的任何一种生物，都是地球生态系统的组成部分，相辅相成，缺一不可；人应把自己融入自然之中
对资源的态度	没有或很少考虑到有效的资源再生利用及对生态环境的影响	在构思及设计阶段必须考虑降低能耗、资源重复利用和保护生态环境
设计依据和指标	依据建筑的功能、性能及成本要求来设计，考虑人的生活习惯、舒适、经济，基本规范指标	依据环境效益和生态环境指标与建筑空间的功能、性能及成本要求来设计，达到生态建筑指标要求
设计目的	以人的需求为主要设计目的，达到建筑本身的舒适与愉悦	为人的需求和环境而设计，其终极目的是改善人类居住与生活环境，创造自然、经济、社会的综合效益，满足可持续发展的要求
施工技术或工艺	在施工和使用过程中很少考虑材料的回收利用	在施工和使用过程中采用可拆卸、易回收，不产生有毒副作用的材料和产品，并力争使废弃物最少
能源	依赖不可再生能源，包括石油、煤、天然气和核能	强调利用可再生能源 . 太阳能、风能水能，生物质能等
材料	大量使用不可再生循环材料，导致废弃材料遗存在土壤或空气中，变为有毒有害物质，破坏生态环境	利用可再生，易回收，易维护或持久耐用的物质材料，注重废物的再利用
有毒物	普遍使用，从除草剂到涂料	非常谨慎使用
生态测算	只出于规定要求做，如满足各种基本的规范要求，对环境影响的评价是被动的	贯穿于项目整个过程的生态影响预测，从材料提取到回收和再利用，对环境影响的评价是自觉主动的
地域特性	规范化的模式在全球重复使用，很少考虑地方场所特性；摩天大楼从上海到纽约如出一辙；全球文化趋同，损害人类共同的财富	设计根据区域不同而有所变化，遵循当地的土壤、植物，材料、文化、气候、地形，因地制宜，体现地域特性；尊重和培植地方传统知识、技术和材料，丰富人类的共同财富
生物、文化、经济多样性	使用标准化设计，高能耗、高消费、高污染，导致生物，文化及经济多样性的损失	维护区域生物多样性，维护与当地相适应的文化及经济支撑
知识面要求	狭窄的专业指向，单一的知识面	综合多个设计学科及广泛的科学，宽广的知识面
空间尺度	往往局限于单一尺度	综合多个尺度，在大尺度上反映小尺度影响，在小尺度上体现大尺度的影响

（二）生态建筑设计原则

生态建筑设计要协调好建筑与人、建筑与自然、人与自然三者间的相互关系，从生态学基本原理和可持续发展观出发，其基本设计原则可概括为以下五条。

1. 尊重自然，体现"整体优先"和"生态优先"的原则

由于整体生态系统的功能远远大于其组成部分功能之和，所以在进行建筑活动时，必须首先明确或预测整体生态系统的结构和功能。建筑作为地球生态系统的组成部分，建筑活动应优先考虑建筑生态系统的结构和功能需要。保护地球生物圈的植被，合理利用地球资源，维护生物多样性，消除环境污染，维持生态平衡，是当今建筑活动必须首先考虑的问题。另外，要使建筑生态系统的结构、功能合理优化，要求在建筑活动时，不仅要关注"生物人"和"社会人"的生态需要，同时还要顾及其他生物生存和发展的需要，强调生物物种和生态系统的价值和权利，认为物种与生态系统具有道德优先性。长期以来，建筑活动忽略了建筑服务于其上层系统的功能，只考虑到人的生存发展需要，由此造成了盲目建设，滥用资源，使地球生态系统遭到严重破坏。"整体优先"的原则，要求在进行建筑设计时，局部利益必须服从整体利益，短期利益必须服从长远利益。

2. 满足人和自然共同、持续、和谐发展的需要

满足人的生存发展需要不仅是建筑产生的根本原因，这也是建筑活动致力的最终目标，还是人类社会进步的根本动力所在。生态建筑活动必须以人的需求和发展为基本出发点；但是，不能为了满足"人"的需要而不顾其他自然生物的生态需要，破坏生态环境，也不能为了保护生态环境而忽视或降低人的需要，两者必须并重，才能实现自然与人类和谐共处、共同发展。

3. 充分利用自然资源，体现"少费多用"的原则

在目前资源匮乏的现状下，特别强调对能源的高效利用，对资材充分利用和循环利用，充分体现"4R"原则。即：Reduce —— 减少对资源的消耗。例如，节能、节水、节地、节材等，减少对环境的破坏，减少对人类健康的不良影响；在设计中要树立"含能"意识，尽量采用本地材料，减少或避免使用制造、加工、运输和安装过程耗能较大、对环境不利影响较大的建筑材料或构件。Recycle —— 对建筑中的各种资源，尤其是稀有资源、紧缺资源或不能自然降解的物质尽可能地加以回收、循环使用，或者通过某种方式加工提炼后进一步使用；同时，在选择建筑材料的时候，还预先考虑其最终失效后的处置方式，优先选用可循环使用的材料。Reuse —— 在建筑活动中，重新利用一切可以利用的旧材料、构配件、旧设备、旧家具等，以便做到物尽其用，减少消耗。在设计中，要注重建筑空间和结构的灵活性，以利于建筑使用过程中的更新、改造和重新利用。Renewable —— 指尽可能地利用可再生资源，例如，太阳能、风能等，它们对环境无害，且是可持续利用的。

4. 与周围环境相适应，体现"因地制宜"的原则

首先是与周围自然环境相适应。提倡采用"被动式"设计策略，提高建筑对环境气候的适应能力。研究及实践表明，与当地气候、地形、地貌、生物、材料和水资源相适应的建筑，与忽视其周围环境、完全依靠机械设备的建筑相比，具有更舒适健康且更高效的性能。很好地利用场地现有的各种免费自然资源，同时减少使用稀缺而昂贵的设备，

是让使用者与其自然环境有所联系的同时减少建筑造价的最佳途径。其次是与周围人文环境相适应。体现和延续地方文化和民俗，注重历史文物和建筑的保护，发扬传统精华，并适应人文环境的新需要。

5. 注意过程环节，体现"发展变化"的原则

建筑生态系统是不断变化发展的，在进行生态建筑设计时，充分考虑这种变动性，并找到适应这种变化的策略方法，从而延长建筑的使用寿命，减少其全生命周期的资源消耗。为此，要求在进行生态建筑设计时，注重每一个环节，预测其环境和建筑本身在未来可能发生的变化，并提出相应对策。另外，树立防患于未然的设计意识，其也具有实践和经济上的双重意义。例如：采用低毒或无毒建筑材料和施工方法，比通过大量通风稀释室内有毒空气成分的方法更加有效。通过设计减少供热、制冷和采光需求，比安装更多或更大型的机械/电力设备要更加经济。

（三）生态建筑设计因素及方法

生态建筑设计因素可以从材料与建造方法、功能和可持续性、防护措施、可再生资源利用、不可再生资源利用、人类舒适健康、体现地域特性、生态环境保护与控制等方面考虑，对应的设计方法如表1-2所示。

表1-2 生态建筑设计因素与设计方法

主要设计因素	设计方法	主要设计因素	设计方法
材料与建造方法	限制排放氟利昂气体	不可再生资源利用	循环使用建筑材料
	慎重利用热带森林木材		废弃物再生利用
	使用对人体无害的材料		水的循环利用
	使用可循环利用的材料		有效利用未开发的资源
	使用耐久性材料		能源的多层次利用
	使用对环境影响最小的材料		使用高效设备及控制系统
功能与可持续性	易于维护的建筑和服务体系	保证健康和舒适的环境	高质量的热环境，高质量的声环境
	灵活的空间规划		高质量的采光和良好的视觉景观
防护措施	隔热、保温、遮阳		高质量的空气环境
可再生资源利用	利用地热能	设计与地方结合	使社区充满活力，体现地方特色
	利用太阳能		保护生态环境，控制城市气候
	利用自然通风和采光	保护、复兴历史文化	控制空气污染，合理处理工业废弃物
	利用水力和生物质能		考虑建筑遮阳与通风
	利用风能		植被绿化等

五、建筑生态系统及建筑物子系统的构成

（一）建筑生态系统的构成

建筑生态系统可用自然系统、支撑系统、人类系统、社会系统和建筑物系统五个子系统来表示。自然系统包含天然非生物因素和生物因素，指气候、水、土地、植物、动物、地理、地形、资源等，它们是人类生存和发展的基础，是人类安身立命之本，是建筑得以建造的根本。自然资源，特别是不可再生资源，具有不可替代性，自然环境变化具有不可逆性和不可弥补性。支撑系统是指除建筑物以外的人工因素，包括非建筑物的各种人造物、人工设备和家养动植物。它们对于建筑物的建造、使用，以及建筑生态系统各因素之间的联系，起到支撑、服务和保障作用。人类系统主要指作为个体的生物人，具有生理和心理的各种需要。建筑活动必须从人的这些需要出发，并以满足人的各种需要为目的。社会系统主要指人的社会属性，即人们在相互交往和共同活动的过程中形成的各种关系。社会系统主要包含公共管理和法律、社会关系、人口趋势、文化特征、社会分化、经济发展、技术状况、健康和福利等。它涉及由人群组成的社会团体相互交往的体系，包括由不同的地域、阶层、社会关系等的人群组成的系统。

上述五个系统的划分只是为了研究与讨论问题的方便而提出的，根据研究需要，还可以有多种划分法。每个系统又可分解为若干子系统。五个系统中，人类系统与自然系统是两个基本系统，建筑物系统与支撑系统则是人为创造与建设的结果，而社会系统是由人与人之间的关系构成的。要使建筑、人、自然、社会的整体和各部分协调发展，在研究实际问题时，应善于分析、寻找各相关系统间的联系与结合。这在任何一个建筑生态系统中，这五个系统都综合地存在着，五大系统也各有基础科学的内涵。

（二）建筑物子系统的构成

建筑物系统又可分为五个子系统，即用地系统、结构系统、围护系统、设备系统和室内系统。

1. 用地系统

用地系统是建筑方案和用地环境之间相互作用的第一层次。其组成元素包括：地形及周边环境（采光、通风、视野等）、建筑形态、用地边界、景观、路面系统、雨水系统、公共设施、照明系统、附属物等。

从环境角度看，用地系统的状况对区域性气候有改造作用并形成相应宏观气候。建筑的用地设计关注日照、通风、采光等因素与自然环境的关系。例如，山北坡的建筑和山南坡的建筑，处于截然不同的气候中，被沥青包围的建筑和被绿树环抱的建筑，也处于不同的状态下。可以通过细心设计来部分地控制、改造宏观气候，并使这种改造成果最优化。用地被视为围护结构之外的又一气候缓冲层，并可以反映环境状况。例如，树木可以产生阴凉，并影响气流和建筑内外的视觉形象。块石路面可以用于从停车场和周边区域排泄雨水。建筑朝向和玻璃窗的位置影响着日照遮阳、采光、通风和视线及私密性。自然水体和雨水滞留池可以作为空调系统的冷却塔。用地设计能产生多少潜在利益

取决于建筑项目的具体情况。用地系统设计还要体现建筑文脉 —— 环境、社会、文化和由建筑项目的具体条件及其周边环境所表现出来的特殊状况，它决定了建筑在自然和社会中的位置。

2. 结构系统

包括基础构件、承重构件和辅助构件等，其基本功能是提供静态平衡。结构荷载一般包括结构自身的固定荷载，室内家具、设备、使用者及屋面积雪等带来的活荷载，以及一些影响结构设计的动态作用力，如风力，地震荷载和在建设时产生的不平衡荷载。结构设计必须保证有一定的安全系数，并且对各种可预测的荷载有稳定而长期的承受能力，同时要考虑到飓风和地震这样的动态事件。结构系统上的隐患所造成的危害往往是突发性、灾难性和毁灭性的。

3. 围护系统

包括墙、窗，屋面等元素，起到室内外环境分离和联系的基本作用，具有屏障物和过滤器的双重功能，并具有抵挡室外自然力的作用，例如紫外线辐射、日晒雨淋、风沙侵蚀、噪声传入等；还具有采光、通风、景观等功能。能满足人们私密、安全、舒适和美观等方面的要求；它还形成了建筑的皮肤和外观，决定着我们对建筑形象及审美等方面的评价。

4. 设备系统

包括给水排水、弱电强电、通风空调、消防电梯等设施。每个组成部分，都有自己的功能，并可分为若干个为该功能服务的子系统。就通风空调而言，必须满足以下要求：通过采暖或制冷实现温度控制；进行湿度控制即加湿或除湿；通过强制空气循环来给使用者提供空气流动；要求空气过滤以去除一定的杂质；把污浊的空气从室内热源、味源、潮源或化学物质聚集处（如厕所，实验室排气口和厨房）排到室外；为了通风、冷却、加热或夜间直接降温而循环空气；保持室内正压，避免未净化的室外空气、尘土、水汽进入室内；排烟和通过防火分区来控制室内空气压力组成元素。

5. 室内系统

室内系统一般由照明设备、声音设备、流线、家具、饰面和装饰物等构成。建筑设计的一个基本原则，是使室内空间满足人类对舒适和安全等方面的需要。在室内系统设计中，通常采用"分区"的方法，即把建筑空间成组地组合在一起，以便服务于不同的功能，同时来实现对资源的智能编排和有效控制，及对建筑内在秩序的表达。

第二节　生态建设影响下养老建筑设计影响因素

一、绿色养老建筑的主要需求

（一）生理变化及需求

首先是热环境需求。养老建筑对室内热环境要求较高，这主要是由于老年人的新陈代谢速度较慢，身体免疫力呈现下降趋势，体温的调节能力明显下降，因此应加强室内温度的控制。合理组织自然通风可有效减少空调的使用，充分利用自然通风保证室内的舒适性。室外风速通常在 0.5 ~ 1.5m 之间，为此，还应在室外需设置多个遮阴空间，以不断提高室内舒适度。

其次是光环境要求。养老建筑设计中，主要分为采光、日光和照明三部分。设计中应保证室内具有良好的采光和日照。喜欢晒太阳是大部分老年人的特点，而且获得充足的日照也可帮助老年人增强自身的抵抗力。又因为老年人视力较差，所以室内外照明设计中，要确保其照明度满足设计的基本要求。同时，设计的过程中还应考虑炫目产生的负面影响，采取有效措施避免该现象。

其次是声环境要求。养老建筑对声环境设计要求较高，设计中需采取分区设计的方式，将区域分为静区和动区。老年人的睡眠质量不佳，易失眠，因此应保证其长期处于安静的生活环境当中。若养老建筑设置在闹市区，则要采取措施加强建筑墙体和窗户的隔音能力，采取更加科学有效的隔音措施保证楼板内部隔板与楼板间声音的有效传递。并且还要采取科学有效的卫生间排水降噪措施，建筑外部需设置绿化隔离带，以起到吸收噪音的作用。

最后是无障碍设计要求，部分老年人行动不便，且身体和大脑的灵敏度也处于日渐下降的状态，常常需要借助室外设施来锻炼身体。这对该类设施的设计也提出了严格要求。设计者要利用无障碍设计，加强老年人活动的便捷性。

（二）心理变化及需求

养老建筑设计中应采取有效措施拓展室外人行活动空间，老年人的社交需求较强，散步、下棋、广场舞等多种方式可排解老年人的孤单感。

随着年龄增大，生理机能的下降会引起老年人对环境安全及舒适性的需求增强。因此在老年人活动场所设计中，必须高度重视安全性、舒适性的设计环节，让各类设施满足老年人日常使用需求。

二、老年人行为领域对建筑空间的影响

机构型养老建筑内交互主体对象（老年人）的行为领域对交互客体对象（建筑空间）的反馈影响，构成交互过程的反馈阶段，具体表现为老年人的内在需求引导行为活动形成交互介质（行为领域），从而反馈影响空间。交互介质（行为领域）的形成是交互过程得以完成的关键，因此对行为领域的形成特征分析是交互过程反馈阶段的研究重点。

"行为领域"是老年人内在心理需求引导"行为活动"形成的具有人格化的区域或场所，从而对所属建筑空间的固有功能与属性产生反馈影响，本书结合生态心理学内的交互关系相关理论研究，运用"行为领域"的形成作为交互介质分析行为对空间的反馈影响。

交互过程的反馈阶段，即行为对空间的反馈影响阶段，因行为反馈影响空间的过程较为抽象，本节利用交互介质（行为领域）的形成特征分析，对行为反馈影响空间的抽象过程进行具象化描述。具体表现为交互主体对象（老年人）的内在需求引导行为活动形成交互介质（行为领域），进而对交互客体对象（建筑空间）产生反馈影响，从而实现空间与行为的完整交互性领域的行为反馈。老年人在行为领域内对所处建筑空间进行改造或再利用，从而满足自身的内在需求。交互介质（行为领域）的形成有时会赋予建筑空间新的功能，有时则会对空间属性进行置换。

老年人内在需求引导行为活动形成交互介质（行为领域）。空间的创造，多由建筑设计师根据经验、设计法则和创作灵感而来。空间使用者的行为活动是迫于定性的空间驱使，而行为活动表现，有些是计划性的，有些是偶然的、突发的。对于空间，人应有选择权、使用权以及自动的理性规范，同时人的行为活动会受到周围类似行为活动的影响，而产生类化作用，在空间内形成具有人格化的行为领域。

生态心理学相关研究表明，行为受到所处空间环境的引发影响，会产生不同属性与类型的行为活动。同时，人们在利用空间的过程中，受到内在需求的影响还在不断积极寻求空间环境内的其他可利用元素。行为活动在内在需求引导下形成交互介质（行为领域），从而对空间产生反馈影响，两者互相影响、相互作用。老年人的内在个体私密性需求引导个体行为活动（I-A）、亲友间群体行为活动（L-A）与目的性自发行为活动（G-A）等动态行为活动，及家具规定型、对象规定型、空间规定型、能视关系、不可视关系与单人关系等静态行为活动，形成个体行为领域。同时，老年人的内在交往心理需求引导亲友间群体行为活动（L-A）、非目的性产生的聚集（N-A）、被动性的行为活动（P-A）与偶发的交流行为（O-A）等动态行为活动，以及家具规定型、空间规定型、对象规定型、对视关系、可视关系与能视关系等静态行为活动，由此形成群簇行为领域。

在对机构型养老建筑的实地调研中发现，老年人对于空间的利用方式有时并未遵循建筑设计师的主观设计意图。例如部分机构型养老建筑廊下空间的尽端虽未被建筑师设计成交往空间，却成为老年人日常交流行为发生频率相对较高的空间场所之一，甚至走廊的端部空间会被老年人群主动要求布置桌椅或种植盆栽，形成满足交往行为需求的小环境。上述情况通常发生在门厅或共同生活空间内的局部小空间内，体现老年人的内在

需求影响行为对空间进行再创造。

（一）老年人行为领域属性划分

生态心理学中关于领域的定义是个人或群体为满足某种需求，拥有或占用一个场所或一个区域，并对其加以人格化的行为领域。结合老年人的内在需求，将交互过程反馈阶段内的交互介质（行为领域）划分为老年人个体行为领域和老年人群簇行为领域两种属性。

1. 老年人个体行为领域

出于生理、心理特征的差异，老年人对于空间环境私密性的需求程度不同。老年人对空间环境的私密性需求驱使外在行为活动形成个体行为领域，个体行为领域的形成会为老年人带来心理上的安定感和舒适感，同时满足老年人个人行为的发生条件，老年人也通过个人行为领域对建筑空间进行认知体验与控制，从而达到老年人在建筑内自我存在意义的肯定和实现。老年人在个体行为领域内按照个体的需求布置环境要素，以满足其私密性需求，老年人通过个体行为领域的形成间接地增强了原有建筑空间的私密性。自立型、封闭型老年人在建筑空间内多形成个体行为领域，个体行为领域内承载的动态行为活动类型包括个体行为活动（I-A）、亲友间群体行为活动（L-A）、目的性自发行为活动（G-A）。同时，个体行为领域内承载的静态行为活动类型包括家具规定型、对象规定型、空间规定型、能视关系、不可视关系与单人关系。本书利用老年人个体行为领域的形成过程来分析交互过程中的老年人的私密性需求驱使外在行为对空间环境的反馈影响。

2. 老年人群簇行为领域

老年人群簇行为领域是指从机构型养老建筑内入住者的群簇交往心理期待出发，在建筑物理空间内形成的满足老年人交往心理需求的行为领域。年龄以及身体状况、退休后的失落感、子女不在身边的孤独感等因素决定了老年人比其他年龄段的人有更为强烈的交往需求，他们非常渴求社会认同感，需要他人的肯定。老年人在群簇行为领域内，对所处建筑空间进行改造或对空间环境要素进行布置以增强其领域性，他们通过群簇行为领域间接地影响了局部空间的原有功能或空间属性特征，从而更好地满足自身的内在交往需求。封闭群体型、开放群体型、室外活动型老年人在建筑空间内多形成群簇行为领域，群簇行为领域内承载的动态行为活动类型包括亲友间群体行为活动（L-A）、非目的性产生的聚集（N-A）、被动性的行为活动（P-A）与偶发的交流行为（O-A）。同时，群簇行为领域内承载的静态行为活动类型包括家具规定型、空间规定型、对象规定型、对视关系、可视关系与能视关系。本书利用老年人群簇行为领域的形成过程来分析交互过程中的老年人的交往需求驱使外在行为对空间环境的反馈影响。

（二）老年人个体行为领域特征

1. 个体行为领域和空间私密性需求

本书中的个体行为领域范围依据老年人个人所意识到的不同情境而改变，这反映老年人心理上所需要的最小空间范围，他人对个体行为领域的侵犯和干扰会引起个人的焦虑和不安。个体行为领域对老年人起着自我保护作用，是一个针对来自情绪和身体两方面潜在危险的缓冲圈，以避免过多的刺激导致老年人应激的过度唤醒和私密性不足。

2. 个体行为领域的形成实态与特征调查

（1）老年人个体行为领域在不同属性空间内的形成实态

机构型养老建筑内部空间可划分为私密空间（P 空间）、半私密空间（S-P 空间）、半公共空间（S-PU 空间）和公共空间（PU 空间）4 种类型。机构型养老建筑内卧室空间的属性属于私密空间（P 空间），卧室空间是老年人个体行为领域形成的主要空间，老年人可以根据自己的喜好和入住养老院之前的生活习惯对卧室空间进行布置。S-P 空间内，老年人个体行为领域的形成场所通常在走廊端部的休息空间和公共浴室前的休息空间内。S-PU 空间内，老年人个体行为领域的形成场所通常在共同生活空间和邻近电视机前的空间内。当养老建筑内的 S-P 空间和 S-PU 空间所占比率较少时，老年人个体行为领域会在邻近卧室的廊下空间和门厅空间等 PU 空间内形成。单人卧室空间的设置促进了老年人个体行为领域范围的扩大，扩展到单人卧室外门前的部分公共空间（PU空间），实现 PU 空间向半开放空间（S-PU 空间）和半私密空间（S-P 空间）的转化。

老年人群体之间的交往行为活动，会改变老年人个体行为领域的形成场所和范围的大小。如果已有个体行为领域的形成场所在养老建筑的 PU 空间内，老年人之间的群体交往行为会将已有个体行为领域形成的场所压缩到 P 空间周围邻近的 S-PU 空间、S-P空间以及老年人的卧室空间之中。但个体行为领域形成的比率变化幅度小，原因是伴随老年人群体交往活动的产生，其已有卧室内和 PU 空间内的部分老年人会加入群体交往活动之中，从而减少所在空间内个体行为领域的数量。通过调查发现，P 空间内原有两人之间形成的小范围交往领域会分解并形成新的个体行为领域，进而对个体领域的数量进行了补充。

（2）老年人个体行为领域在卧室空间内的形成实态

卧室空间是机构型养老建筑内个体行为领域形成频率最高的空间场所，因此单独对卧室空间内的个体行为领域形成实态进行调查分析。私密性、个人空间、领域感及拥挤感一直是养老建筑内老年人群居生活中最常见的影响因素。在满足老年人基本交往活动的情况下，老年人希望可以在自己的领域空间里做自己的事情，卧室空间为老年人提供了个体行为活动的建筑环境。一个理想的卧室空间环境使得老人拥有隐私及个人空间，且不会给老年人心理带来拥挤感。通过对养老建筑卧室空间内老年人生活实态的观察记录，分析养老建筑卧室空间内的生活物品要素、空间要素和老年人生活行为特征，进而总结出养老建筑卧室空间内老年人个体行为领域的形成特征和影响要素。

卧室空间内的环境要素主要是指老年人的生活物品要素，按照使用功能可以分为10 类：寝具、收纳家具、整理物品、日用家具、梳洗物品、清洁扫除物品、身着物品、饮食、日用小物和饰品；按照老年人搬移物品的难易程度可分为两类，上述寝具和收纳家具属于老年人搬移困难的生活物品，剩余 8 类物品属于搬移容易的物品；按照所属关系，又可以分为设施基本生活物品和入住者的私人物品两类。卧室内床、出入口和洗面台的位置关系直接影响了老年人对其他生活物品中的摆放方式。

单人卧室和多人卧室建筑空间内，老年人个体行为领域的形成具有差异性，各类型卧室空间内老年人个体行为领域的形成主要依赖于家具等生活物品的摆放范围。绘制调研案例内单人卧室和多人卧室中老年人的家具和日常生活用品的摆放位置，可以发现单人卧室内家具的数量和覆盖空间大于多人卧室，单人卧室内入住老年人个体行为领域的范围相对较大。通过对居住者一天（9：00～17：00）的行为观察发现老年人在多人卧室空间内的活动时间大于单人卧室，个体领域主要集中在 P 空间内，在此期间老年人的行为活动模式多为个人行为。多人卧室内的老年人在 S-PU 空间和 S 空间内的个体行为领域形成频率较低。

对单人卧室和多人卧室建筑空间内形成的老年人个体行为领域特征进行了归纳总结，单人卧室的建筑空间属性为 P 空间，空间直接形成个体行为领域，老年人对空间的使用较自由，由墙体划分形成的个体行为领域的物理界限较强固，个体行为领域内外建筑空间之间表现为共存关系，在入住老年人有交往需求时允许领域外老年人进入，建筑空间大小和个体生活领域范围完全重合。多人卧室内利用轻质隔帘对建筑空间进行分割，从而形成个体行为领域，在个体行为领域内按照老年人个体的行为生活习惯对家具等生活用品进行摆放，个体行为领域的大小直接限定了老年人生活物品摆放数量的多少。虽然由轻质隔帘划分形成的个体行为领域的物理界限较柔缓，但多人卧室内的个体行为领域的特征表现为拒绝其他共居老年人进入，个体行为领域间表现为互斥关系，个人行为领域的范围和建筑空间之间表现为局部和整体的从属关系。

3. 个体行为领域的形成对所属空间的反馈影响

个体行为领域对所属空间固有属性及功能的反馈影响程度越高，说明已有建筑空间设计越无法满足老年人的私密性内在心理需求；反之，个体行为领域对所属空间固有属性及功能的反馈影响程度越低，则说明已有建筑空间设计越能够满足老年人的私密性内在心理需求。

通过老年人个体行为领域的场所分布与形成比率特征来评价其对所属空间的反馈影响程度，主要表现为具有私密性特征的老年人个体行为领域的形成对其所属空间固有属性与功能的反馈影响。本书对交互客体对象（建筑空间）的属性进行了划分，其中私密空间（P 空间）与半私密空间（S-P 空间）在机构型养老建筑空间内的设计初衷即为满足老年人对私密性的内在需求。但是当私密空间（P 空间）与半私密空间（S-P 空间）不能有效承载老年人个体行为领域的时候，老年人将根据其对私密性的内在需求，在日常生活的居养空间环境内寻求个体行为领域形成的适宜场所。当老年人个体行为领域在公共空间（PU 空间）与半公共空间（S-PU 空间）内形成时，公共空间（PU 空间）与半公共空间（S-PU 空间）固有的公共交往空间属性与功能受到老年人个体行为领域的反馈影响将产生变化，表现为空间的公共性向私密性转化。由此可见，通过分析老年人个体行为领域在实地调研机构型养老建筑内的公共空间（PU 空间）与半公共空间（S-PU

空间）的场所分布与形成比率特征，来评价其对所属交互客体对象（建筑空间）反馈影响程度。老年人个体行为领域在公共空间（PU 空间）与半公共空间（S-PU 空间）的形成比率越高，个体行为领域内的行为活动对所属空间固有属性与功能的反馈影响程度越大；同时说明原有私密空间（P 空间）与半私密空间（S-P 空间）的设计不能很好地承载老年人个体行为领域，原有空间设计未能满足老年人对于私密性的内在需求。

（1）个体行为领域的场所分布与形成比率对所属空间的反馈影响

个体行为领域没有具体的尺寸，个体行为领域的形成与否依据老年人个人所意识到的不同情境而改变，反映老年人心理上所需要的最小的空间范围，他人对个体行为领域的侵犯和干扰会引起个人的焦虑和不安。为了将这种具有心理学特征的抽象空间概念具象化，本书将调研案例建筑空间内的老年人个体行为领域统一用灰色圆形标识，圆形标记处即为形成个体行为领域时老年人在空间内的位置。而不同类型的老年人对建筑空间的认知体验和利用方式不同，从而影响其个体行为领域形成的场所选择和范围大小。根据养老建筑内老年人对各空间的使用情况、移动范围、动线特征和行为发生场所的不同，可以将老年人进行归类，包括自立型、封闭群体型、开放群体型、室外活动型和封闭型。养老建筑内自立型和室外活动型老年人在卧室外部空间内对个体行为领域的形成心理需求较高，室外活动型老年人的个体行为领域通常在建筑外部的 PU 空间内形成；开放群体型老年人在卧室外的活动较多，但多为群体交往行为，个体行为领域伴随群体交往的产生而减少，其个体行为领域的持续时间相对较短，但形成频率较高；封闭群体型和封闭型老年人的个体行为领域主要集中在卧室内，观察对象的卧室邻近走廊尽端，该卧室内的封闭群体型老年人的卧室外活动也集中在走廊尽端的小空间内，当门厅空间内没有其他老年人活动时，封闭群体型老年人的个体行为领域会在门厅空间西北侧角落内形成。

由于老年人个体行为领域的属性具有较高的个体私密性特征，伴随个体行为领域的形成，其所在空间的属性向私密性转化，即个体行为领域在某一空间内形成的比率越高，该空间的固有属性向私密性转化的程度越高。因此，老年人个体行为领域在公共空间（PU 空间）与半公共空间（S-PU 空间）内的形成比率越高，则说明个体行为领域对所属空间固有公共交往属性与公共活动功能的反馈影响程度相对越高。通过对上述不同类型老年人在空间内的个体行为领域的场所分布与形成比率的实态调查分析，可以得出：

个体行为领域的形成对所属公共空间（PU 空间）固有公共交往属性和公共活动功能的反馈影响程度由高到低的排序依次为：室外活动型老年人、开放群体型老年人、自立型老年人、封闭群体型老年人、封闭型老年人（以老年人个体行为领域在 PU 空间内的形成比率高低为评价标准）。

个体行为领域的形成对所属半公共空间（S-PU 空间）固有公共交往属性与公共活动功能的反馈影响程度由高到低的排序依次为：自立型老年人、开放群体型老年人、封闭群体型老年人、封闭型老年人、室外活动型老年人（以老年人个体行为领域在 S-PU 空间内的形成比率高低为评价标准）。

同时，由于机构型养老建筑内的公共空间（PU 空间）比半公共空间（S-PU 空间）的公共交往属性与公共活动功能要强，半公共空间（S-PU 空间）本身也具有一定的私密性，如果同一类型入住老年人的个体行为领域在公共空间（PU 空间）内的形成比率大于其在半公共空间（S-PU 空间）内的形成比率，则说明该类型入住老年人个体行为领域的形成对整体建筑空间的公共交往属性与功能的反馈影响程度较大。

个体行为领域内承载的动态行为活动类型包括个体行为活动（I-A）、亲友间群体行为活动（L-A）、目的性自发行为活动（G-A），同时，在个体行为领域内承载的静态行为活动类型包括家具规定型与空间规定型，个体行为领域内承载的不同属性与类型的老年人行为活动需要对应空间属性的多样化与构成的合理性。

个体行为领域对所属空间固有属性及功能的反馈影响程度相对较高，说明已有建筑空间设计无法满足老年人的私密性内在心理需求，老年人个体行为领域的形成场所向公共空间（PU 空间）与半公共空间（S-PU 空间）内发展。伴随老年人个体行为领域的形成，所属公共空间（PU 空间）与半公共空间（S-PU 空间）的固有公共交往属性与公共活动功能降低，其中老年人之间不同属性与类型的行为活动会相互干扰，老年人行为活动之间的秩序性因此降低。

（2）个体行为领域的公共场所分布与形成比率对所属空间的反馈

自立型老年人会根据自己的需求对各属性空间进行选择利用。由于观察对象的卧室邻近共同生活空间，老年人的个体行为领域主要集中在卧室和护士站之间的 S-PU 空间内。开放群体型老年人对建筑空间的利用率较高，其个体行为领域形成的范围相对较大，但个体行为领域持续时间相对较短，开放群体型老年人之间的交往行为活动也是影响其他类型老年人个体行为领域形成的主要因素。封闭群体型老年人的个体行为领域主要集中在机能训练室前的小空间内，封闭型老年人的个体行为领域在卧室外部空间的形成比率较高。室外活动型老年人的个体行为领域的形成比率和封闭群体型老年人相近，卧室外部空间内的个体行为领域主要在半私密空间（S-P 空间）与半公共空间（S-PU 空间）内形成。

以老年人个体行为领域在公共空间（PU 空间）与半公共空间（S-PU 空间）内的形成比率越高，则说明个体行为领域对所属空间固有公共交往属性与公共活动功能的反馈影响程度相对越高作为评价标准：

老年人个体行为领域的形成对所属公共空间（PU 空间）固有公共交往属性与公共活动功能的反馈影响程度由高到低的排序依次为：开放群体型老年人、室外活动型老年人、封闭群体型老年人、自立型老年人、封闭型老年人（以老年人个体行为领域在 PU 空间内的形成比率高低为评价标准）。

个体行为领域的形成对所属半公共空间（S-PU 空间）固有公共交往属性与公共活动功能的反馈影响程度由高到低的排序依次为：封闭群体型老年人、室外活动型老年人、自立型老年人、封闭型老年人、开放群体型老年人（以老年人个体行为领域在 S-PU 空间内的形成比率高低为评价标准）。

同时，同一类型入住老年人的个体行为领域也在公共空间（PU 空间）内的形成比率大于其在半公共空间（S-PU 空间）内的形成比率，则说明该类型入住老年人个体行为领域的形成对整体建筑空向的公共交往属性与功能的反馈影响程度较大。个体行为领域的形成对整体建筑空间公共交往属性与公共活动功能的反馈影响程度由高到低的排序依次为：开放群体型老年人、室外活动型老年人、封闭群体型老年人、自立型老年人、封闭型老年人（以老年人个体行为领域在 PU 空间与 S-PU 空间内的形成比率高低为评价标准）。

形成上述情况的原因在于空间设计为入住老年人创造了自由丰富的活动空间，不同类型的老年人可以根据自己的行为习惯对活动空间进行选择，老年人在卧室外部空间内的活动范围相对较大。由于半私密空间（S-P 空间）的构成比率提高，老年人个体行为领域在 S-P 空间内的形成比率明显提高，同时个体行为领域在公共空间（PU 空间）与半公共空间（S-PU 空间）的形成比率明显降低。老年人个体行为领域的形成对公共空间（PU 空间）与半公共空间（S-PU 空间）的固有公共交往属性与公共活动功能的反馈影响程度降低，原因在于丰富的半私密空间（S-P 空间）设计满足老年人在卧室空间外的内在私密性需求，同时满足了不同类型老年人的个体行为领域内承载的动态行为活动类型—亲友间群体行为活动（L-A）、目的性自发行为活动（G-A），以及静态行为活动类型—家具规定型与空间规定型的需求。上述不同属性与类型的老年人行为活动之间具有相对较好的秩序性，同时，具有丰富形态的半私密空间（S-P 空间）设计，也有效提高了封闭型老年人在卧室外部空间内的活动频率，提高了其对居养空间的选择性。因此，个体行为领域对所属空间固有属性及功能的反馈影响程度相对较低，方可说明已有建筑空间设计满足老年人的私密性内在的心理需求。

（三）老年人群簇行为领域特征

1. 群簇行为领域和交往心理需求

（1）老年人的交往心理需求

老年人的交往形式包括：亲密性交往，指发生在最熟悉的朋友和亲属之间的交往，互相间彼此认同；必要性交往，指那些很少受到物质构成的影响，在任何空间条件下都需要发生交往的形式；自发性交往，指那些只有在环境条件适宜、空间具有吸引力时才会发生的交往形式；社会性交往，指在公共空间中有赖于他人参加的各种活动。

（2）老年人的群簇交往与群簇行为领域

区别于生态心理学中的传统领域概念，本书阐述的群簇行为领域概念注重养老建筑空间环境和入住老年人之间的交互关系问题，群簇交往的发生将建筑空间和人联系起来完成交互过程，从而在养老建筑内形成群簇行为领域。

2. 群簇行为领域的形成对所属空间的反馈影响

生态知觉理论中通过共振的程度来定量描述环境行为间交互关系的等级差别，相关理论研究表明人对所处空间环境信息的拾取需要一个认知系统而不是一种感觉，这个系统可以探索、调查、调整、优化、共振、抽取并达到平衡。在拾取信息的过程中有一个过程是"共振"，如果人和环境中的信息能协调，那么就会拾取这些信息，这就说明环境行为的交互关系具有等级，可以通过环境与行为共振的程度来衡量交互关系的等级差别。结合上述理论研究可知，养老建筑内老年人群簇行为领域与建筑内已有交往空间的重叠程度反映了养老建筑空间环境交互作用的强弱，即空间环境和老年人行为领域之间共振的程度，也是量度交互过程中老年人群簇行为领域的形成对所属空间的反馈影响程度。老年人群簇行为领域的形成反映了在养老建筑空间内老年人交往生活的实态，因此这一研究角度是从老年人日常行为关系出发，来分析建筑空间的实际利用情况。建筑平面内的交往空间，是建筑师通过设计经验从建筑平面构成形态出发所创造出的一种符合老年人的交往行为尺度、满足老年人内在交往需求的建筑空间环境。而机构型养老建筑内群簇行为领域与建筑平面内交往空间的重叠，可以将建筑师的设计预想和建筑空间的利用实态相联系。因此，交互过程中行为对建筑空间的反馈影响强弱（群簇行为领域的形成对所属空间的反馈影响程度），可以通过群簇行为领域与平面内交往空间的重叠程度进行量化评价。

群簇行为领域与所属交往空间的重叠频率越高，则说明建筑师对于交往空间的设计越能满足老年人的内在群簇交往需求。老年人群簇行为领域内承载的行为活动［动态行为活动类型包括亲友间群体行为活动（L-A）、非目的性产生的聚集（N-A）、被动性的行为活动（P-A）与偶发的交流行为（O-A）；静态行为活动类型包括家具规定型与对象规定型］与所属空间环境形成共振，因此群簇行为领域对所属空间的固有属性与功能的反馈影响程度较低。如果老年人群簇行为领域与所属交往空间的重叠频率较低，则说明建筑师对于交往空间的设计无法满足老年人的内在群簇交往需求，原有交往空间的设计与老年人的实际使用存在偏差，引发老年人群簇行为领域在其他属性空间内形成，出现行为领域属性与其所属空间属性相斥的状况，群簇行为领域的形成对所属空间的固有属性与功能的反馈影响程度较高。这里以群簇行为领域与平面内交往空间的重叠程度作为标准量化评价老年人群簇行为领域对所属空间的反馈影响程度。另外，由于群簇行为领域的形成主体为机构型养老建筑内的老年人群或老年人与护工、亲友间的交往群体，因此在分析群簇行为领域对所属空间的反馈影响时，无法对各类型入居老年人进行独立分析，这与分析老年人个体行为领域对所属空间的反馈影响存在差异。

3. 群簇行为领域的形成对所属空间的反馈影响差异

老年人对空间的利用具有选择权与自动的理性规范，同时老年人的行为会受到内在需求以及周围类似行为的影响而产生类化作用，在内在心理需求引导下的行为活动在建筑空间内形成具有人格化的交互介质（行为领域），从而反馈影响所属空间的固有属性与功能。应该通过对交互介质（行为领域）的设计有效降低其对所属空间固有属性与功能的反馈影响程度，使得行为领域与所属空间的属性相契合，满足老年人的内在心理需求。

老年人个体行为领域的场所分布与形成比率特征用以评价其对所属空间的反馈影响程度。机构型养老建筑空间内的私密空间（P空间）与半私密空间（S-P空间）不能有效承载老年人个体行为领域的时候，老年人将根据其对私密性的内在需求，在日常生活的居养空间环境内寻求个体行为领域形成的适宜场所。而当老年人个体行为领域在公共空间（PU 空间）与半公共空间（S-PU 空间）内形成时，PU 空间与 S-PU 空间固有的公共交往属性与功能受到老年人个体行为领域的影响将产生变化，表现为空间的公共性向私密性转化，因此，老年人个体行为领域在 PU 空间与 S-PU 空间的形成比率越高，个体行为领域内的行为活动对所属空间固有属性与功能的反馈影响程度则越大。

反映了空间环境和老年人行为领域之间共振的程度，也量度了交互过程中群簇行为领域的形成对所属空间的反馈影响程度。群簇行为领域与所属交往空间的重会频率较高，则说明建筑师对于交往空间的设计能够满足老年人的内在群簇交往需求，群簇行为领域内承载的行为活动与所属空间环境形成"共振"，由此群簇行为领域对所属空间的固有属性与功能的反馈影响程度较低。

第三节　生态养老建筑体系研究

一、老年居住设施建设服务体系

（一）老年居住设施建设的相关概念和理论

1. 老年居住设施建设的相关概念

（1）人口老龄化

关于人口老龄化，国际上通常看法为，当一个国家或地区 60 岁以上老年人口占人口总数的 10%，或 65 岁以上老年人口占人口总数的 7%，这即意味着这个国家或地区的人口处于老龄化社会。

（2）居住区

居住区是指在一个具有一定面积的独立地区上，通过建设一定数量的居住设施、服务设施、绿化、景观及道路等，构成的一个可供一定数量人口居住生活的空间 5 列。

本书按照适宜老年人居住的程度对居住区进行分类（如表 1-3）。

表 1-3 居住区分类

序号	居住区种类	适宜程度
1	普通居住区	一般
2	老年社区（专住型、混住型）	较好
3	养老院、老年公寓等养老机构提供的居住区	专业

（3）老年居住设施

本书中研究的老年居住设施是指在存在于居住区内满足老年人多元化居住需求的各类适老设施及住宅。主要包括老年人生活的居住区内的各类辅助生活的设施，之后按照位置不同可划分为室内适老设施、住宅内适老设施以及小区内适老设施。

表1-4 老年居住设施类型

序号	位置	设施类型
1	室内	无线呼叫器、扶手、闪烁灯光门铃、双控开关等。
2	住宅内	电梯、楼梯防滑条等。
3	小区内	托老所、健身设施、社区医院、老年大学等。

（4）老年居住设施建设途径

①既有居住设施改造。既有居住设施改造是指对一些现有的居住设施进行无障碍及智能化改造，使其能够方便各类身体状况的老年人使用。

目前最需要进行改造的是建成于上世纪七八十年代的普通住宅，这些住宅的适老化设计严重缺失，社区服务设施配套严重匮乏，加之入住的人群到现在大多已经变成了老年人，亟待接受适老化改造来实现住户的养老需求。当然，近些年开发的普通住宅在设计上已经基本满足适老需求，但也存在细节设计上的缺陷，并且小区内的老年设施配备也不充分，因此，同样需要进行简单的改造。

②老年居住设施开发。老年居住设施开发指在原有居住区新建一些适老性设施，或者系统性的进行老年居住设施的开发新建活动，并配备完善的居住环境，使其成为新的适老居住区。

既有住宅改造往往存在局限性，受制于原有建筑结构，空间大小、社区内空闲面积等条件，所以通过改造仅能实现一些基本的养老需求，而要满足老年人对于居住设施更高的多元化的需求，就需要开发配备深入的适老化设计以及完善的设施配备的居住设施，如养老院、老年社区等。

（5）服务体系

体系，泛指一定范围内同类的事物按照一定的秩序和内部联系组合而成的整体，是不同系统组成的系统。

本书研究的服务体系，是指为老年居住设施的建设提供全方位支持（环境、投融资、建设过程、运营过程）的一个完整的服务系统，

2.老年居住设施建设的理论基础

（1）老年生态学理论

人的行为同时受到个人能力和环境压力影响。个人能力多指适应环境和处理事务的生理和心智能力，环境压力是指环境对个人完成任务所产生的挑战或提供的支持。生理和心理能力强的人，能快速适应不同的环境。能力较弱的人，适应环境的能力较差，需要环境为他们的行为提供较有力的支持。青壮年时期，身体状况良好，可以承受较大的环境压力。然而随着年龄的增长，老年人的生理功能逐渐减弱，需要从居住环境中获得更多的物质和精神上的支持。因此，随着我国人口老龄化的加速，我们应加快改善老年人的居住环境，大力发展老年居住设施建设，也为老年人完成各种活动提供支持，使其

尽可能长时间地做到全部或者部分生活自理。根据老年生态学理论，我们在进行老年居住设施建设的过程中，应从老年人的个人能力出发，考虑老年人的身体状况和多元化的养老需求，从设计、施工以及运营等多方面提供老年人真正需要服务支持。

（2）建筑可持续发展理论

老年居住设施建设要在适应自然环境的基础上，更多的考虑如何满足老年人的多元化需求，促使居住设施、自然环境和老年人形成一个统一和谐的整体。因此，老年居住设施建设应以满足老年人多元化居住需求为原则，均衡发展各类老年居住设施，使老年人可以入住和使用与其生活习惯相适应的设施。同时其也在设计和建设过程中，考虑加入通用性设计，满足各年龄段入住者的生活需求。

（3）福利多元主义理论

福利多元主义理论认为养老服务这类福利事业，应由政府和各种社会力量（企业、家庭、社区等）共同承担。因为养老事业投入大，回报周期长，需要社会各界力量的支持，相互合作，从而共同推进老年人养老服务（住房、医疗、保健等）的发展与进步。因此，老年居住设施的建设和发展过程中，需要政府、协会、企业、家庭以及相关机构（投融资、公益、慈善）等积极配合，不断地提高和加强自己的服务输出，并共同分担养老压力，促进老年居住设施建设服务体系的形成和发展。

（二）老年居住设施建设服务体系的构建和运行流程

1. 老年居住设施建设服务体系的构建

老年居住设施建设服务体系的构建应遵循一些基本原则。

（1）体系构建原则

①以老年人需求为中心的原则．老年居住设施建设服务体系是为满足老年人的居住需求服务的。所以，在该服务体系的构建过程中，必须以满足老年人对居住设施的实际需求为中心。

②系统性原则。老年居住设施建设服务体系应涵盖所有参与建设过程的主体，并为建设过程提供全方位的服务支持。

②可行性原则。老年居住设施建设服务体系应该能够简单高效的运行，进而不断改善老年人的居住环境，提高老年人的生活水平。

④可持续原则。构建老年居住设施建设服务体系不仅应当考虑新建老年居住设施的建设服务，更应当加快发展既有居住设施适老改造服务。

（2）体系的构建

针对我国老年居住设施建设过程中存在的问题，遵循以老年人需求为中心、系统、可行等基本原则，分别从服务环境、资金、设施建设和运营等方面进行分析如下。

政策方面注重提高老年人收入水平，改善投融资环境，引导建设主体和运营主体参与，标准规范方面注重提高标准规范的全面性、适用性以及对老年人的关怀。同时，建立专门的监督部门对政策的落实、资金的投入、建设和运营的质量进行监督，共同建立一个完善的环境系统。

加快金融产品创新、提升融资机构的融资服务水平、推动和扶植专注于投资老年居住设施的专业投资机构的发展，从而为这类投资机构创造融资机会和条件，建立一个发达的老年居住设施投融资系统。

尽快成立社区适老改造服务机构，推动开发商、设计单位和施工单位进行密切合作，以满足老年人对既有居住设施适老改造的需求。同时，在新建老年居住设施开发建设过程中，应充分满足各类老年人的需求，提高开发、设计、施工与专业咨询等服务水准。

尽快引入专业的运营机构，如养老服务机构、物业公司等，丰富老年居住设施运营的内容和提升服务质量，逐渐形成一个满足老年人需求的老年居住设施运营系统。

通过以上分析，本书围绕老年居住需求构建适合所有老年人在内的老年居住设施建设服务体系。

在该体系中的各个服务要素都围绕老年人的居住需求而形成，并且随需求的变化而发展和变化。具备特定功能的服务要素组成了几个必不可少的系统。设施融资服务、新建设施投资服务、改造项目投资服务组成了投融资系统；设施适老改造服务、新建设施开发服务等组成了建设系统；家政、保健、医疗等养老服务以及物业管理、信息咨询等服务组成了运营系统；政策法规、行政监管、标准规范、行业自律等组成了环境系统。各系统之间相互作用和联系，共同形成了一个统一的整体，使老年居住设施建设服务得以发展。

投融资系统：

①设施投资服务。设施投资服务的主体是政府和投资机构。目前从事养老事业投资并具备极强专业能力和融资能力的投资机构很少，在我国发展还很不成熟。新建项目多由保险公司（金融机构）和房地产企业（开发商）投资开发。然而，保险公司虽然资金雄厚，但是投资项目数量毕竟有限；除了少数房地产龙头企业，大多中小型开发商融资能力不足，开发养老项目存在融资困境；与公办养老机构相比，大多数民办养老机构受制于资金限制（缺少投资机构的投资），开发出的养老设施条件差、种类少、服务不完善。改造项目除了依靠政府和一部分高校，更是鲜有投资机构涉足。因此，政府应加快构建完善的投资环境，催生并扶植专业投资机构的发展，提升他们的融资能力，从而吸引各类资本参与到老年居住设施建设中。

②设施融资服务。设施融资服务的主体是政府和融资机构。在为老年人提供融资服务方面，政府应加大改造资金支持力度，建立住区适老化改造专项基金（如从养老保险金或者住房公积金中设立专项的改造基金），为有改造需求的用户提供补贴，提高小区居民的改造意愿。政府应出台政策，鼓励银行根据老年人身体状况以及经济状况，为改造用户提供优惠贷款。在为投资机构提供融资方面，银行贷款作为投资机构融资的重要渠道，银行应该多提供一些合适的融资产品，帮助解决融资问题。此外，政府应出台相关政策，鼓励证券公司、保险公司、基金公司等专业的融资机构为从事老年居住设施建设的投资机构提供有力的融资服务。

建设系统：

①设施适老改造服务。设施适老改造服务的主体是改造服务机构。首先，改造服务

机构接受改造需求用户提交的改造申请，负责管理整个改造服务过程。之后，改造服务机构联系评估机构对改造用户的身体状况、居住条件以及经济条件作出详细的评估，并出具相关报告。最后，改造服务机构联系设计单位，设计单位根据评估机构出具的报告，设计合理的改造方案，并进行费用估算。改造服务机构将最终的结果反馈给改造用户，如果改造用户需要，改造服务机构也可以帮助改造用户向融资机构获取资金支持。

②新建设施开发服务。新建设施开发服务的主体是开发商。首先，投资商对投资地区的老年居住设施需求和投资环境进行研究、分析，根据对投资地区现有养老设施的了解和市场情况的调查，找到最有利的投资机会，选择与其合作的开发商，确定要开发的养老项目。然后，开发商进行项目的前期策划工作，拟定具体的项目计划。编制项目建议书和可行性研究报告，报有关部门进行批复。接着，开发商通过适合的方式获取土地，并进行前期的规划设计等工作，将初步设计送规划局进行审批，获取《建设用地规划许可证》等相关证件。最后，开发商进行建设项目报建登记，申请招标，办理招投标手续，选择施工企业。

③评估服务。评估服务体系的主体是专业的评估机构。评估机构评估的对象是老年群体和运营机构。在老年群体方面，评估服务的内容包括：老年群体的身体状况、居住条件以及经济条件等，评估完成后出具相关报告。老年人可以根据出具的报告申请并获得改造、补贴以及优惠贷款等支持。在运营机构方面，评估服务内容包括：运营机构的专业能力、服务质量以及运营效果等，评估完成后出具相关报告。

④设计服务。设计服务主体是设计单位和审图单位。改造方面，设计单位要根据改造申请者的身体状况、经济状况以及改造内容设计合理的改造方案。在保证改造效果的前提下，尽量选用价格低廉的方案，以降低社会整体改造成本的投入。新建方面，设计单位应依据相关法律法规、设计规范以及老年人的需求，从总平面布置、户型设计、房间结构设计、住宅内部设施、社区配套设施等多方面考虑，满足老年人的养老需求。设计单位完成图纸设计后，应由审图机构对图纸中设计的合理性与适老性进行评估：

⑤施工承包服务。施工承包服务的主体是施工单位和监理单位。施工单位在进行施工活动前，应先对施工材料、适老部品进行采购，组织技术人员对施工图进行详细的研究，并对施工人员进行技术交底，明确施工目标和施工质量。之后施工过程中，在监理单位的监督下，严格遵循设计图纸和相关规范的要求，采用合格的适老部品材料，按照设计要求配备完善的住宅内部设施和社区配套服务设施。项目完成后，尽快申请竣工验收，使工程顺利交付使用。

运营系统：

设施运营服务的主体是专业的运营机构，如养老服务机构、物业公司等。无论是改造项目还是新建项目，都涉及到大量和老年人有关的建筑及配套设施。专业的运营机构拥有专业的管理模式以及大量的专业技术人员和专业护理人员，他们负责对建成后的养老服务设施进行维护和运营，并提供护理、医疗、起居等相关养老服务项目。

环境系统：

①政策法规。政策法规服务的主体是各级政府。政府通过制定法律法规，为老年居

住设施的建设和发展提供保障，将参与老年居住设施建设的各个主体纳入法治化轨道，保障各个参与方的权益并维护市场秩序。当前，为了促进老年居住设施的建设和发展，我国出台的相关政策法规不在少数，但并不能面面俱到，没有形成一个完整的法律体系。

②行政监管。行政监管服务的主体是政府相关部门。通过引入行政监管体系，对政策法规落实情况，整个的建设流程以及各参与主体的市场行为等方面进行监管，促进老年居住设施的建设和发展。由于参与老年居住设施建设的行为主体数量较多，使得监管具有相当的复杂性，监管机构应该严格执行监管标准，保障老年人的相关权益。

③标准规范。标准规范服务的主体是政府、行业协会以及相关企业。目前我国老年居住设施建设标准匮乏，行业协会应该积极制定并执行行规行约和各类标准，协调本行业企业之间的经营行为。等到行业标准发展成熟，得到广泛认可的时候，政府应以现行行业标准为基础，制定在全国范围内适用的国家标准，同时来规范市场秩序。本行业内的企业应制定严于国家标准或者行业标准的企业标准，在企业内部使用，以此来提高老年居住设施的建设质量和水平。

（3）体系的特点

①满足老年人的居住需求是服务体系的核心。服务体系的核心即为了满足老年人多元化的居住需求。体系中的投融资系统、建设系统、运营系统以及环境系统都是围绕老年人的需求运行和发展。融资机构不仅为投资机构提供投资服务，也为老年人提供贷款融资服务，帮助其获得所需的服务和设施。投资机构则提供多种设施及服务的获取方式供老年人选择。建设系统包含改造服务和新建服务，老年人依照自己需求进行选择。运营系统包含家政、保健、医疗等养老服务以及物业管理、信息咨询等服务，通过以居住设施为载体，向老人传递所需的服务。

②环境系统是整个服务体系的支撑。环境系统中包括政策法规、行政监管、标准规范以及行业自律等服务要素，这些服务要素共同为整个服务体系创造了一个良好的运行环境，为建设系统、运营系统以及投融资系统的运转提供了有力支撑。其中政策法规和行政监管服务推动和规范了参与老年居住设施建设各个主体的市场行为；标准规范为一些投资、建设和运营行为提供了可以参考或者遵循的准则；行业自律就是自我约束，起到了规范行业行为，协调同行利益关系的作用。

③投融资系统是整个服务体系的动力。投融资系统包括设施投资服务（新建项目投资、改造项目投资）以及设施融资服务，为整个服务体系提供动力支持，保证其稳定运转。投融资系统中的专业投资机构（投资商和改造服务机构）在把握老年人的需求后，向建设系统和运营系统供给资金，使他们分别产出相应的设施及服务，供老年人使用。

④建设系统是整个服务体系的基础。建设系统包括新建设施开发服务、设施适老改造服务、设计服务、施工承包服务、设施研发供应服务等，涵盖了适老改造和设施新建两大流程，分别产出改造设施和新建设施。设施作为一种具备特定服务功能的实物，本身具备老年人所需求的一定功能，同时它又作为一种载体，传递家政、医疗以及保健等虚拟的养老服务。而老年人想要获得这种实物，又要向相关机构支付一定的费用，所以建设系统作为一种实物产出系统，这也是整个服务体系的基础。

⑤运营系统是整个服务体系的保障。运营系统涵盖家政、保健、医疗等养老服务以及物业管理、信息咨询等服务，这些服务一般是附加在相关居住设施上输出的。而运营机构作为设施的运营方，对于设施运营效果以及附加服务输出效果起到了决定性的影响。因此，加快在居住区内引入专业的运营机构（养老服务机构、物业公司等）是保障居住设施可以发挥最大效应，并解决老年人所需的各种服务需求的重要保障之一。

2. 老年居住设施建设服务体系的运行流程

老年人的新建需求主要通过设施开发来实现，老年居住设施开发流程由多个参与主体配合完成。首先，用户或者投资商提出新建需求，在从融资机构获取资金的同时，寻找与其合作的开发商，并让其提供项目策划方案。方案经用户或者投资商确认后，开发商负责从政府获得建设用地许可，并联系设计单位开始进行规划设计。开发商确认设计方案后，再从政府获得建设规划许可以及用户或者投资商的资金投入，至此前期准备工作已完成。然后，设计单位负责初步设计和施工图设计，审图单位负责图纸审查，施工和监理单位分别负责施工和监理，开发商负责沟通协调，政府负责监督各个主体的行为，保证项目可以按时验收、结算，交付老年人使用，运营机构则负责使用过程中的管理和维护，并为老年人提供所需的服务。

既有居住设施改造流程与老年居住设施开发流程大体相似，只是开发商的角色由改造服务机构来替代，并引入了评估机构对老年的身体状况进行评估，为改造设计提供依据，以设计出合理的改造方案。

从改造需求用户和新建需求用户的服务流程中可以看出，融资机构为整个系统提供充分的资金支持；评估机构和改造服务机构分别为改造需求用户提供一个身体状况评估服务和住宅改造方案服务；老年居住设施开发商为新建养老设施的开发提供一个完整的策划方案并予以实施；设计单位和审图机构负责提供图纸设计和图纸审查服务；招标代理机构为老年居住设施的建设选择合适的施工单位；施工单位负责改造项目和新建项目的采购、施工和竣工交付工作；适老部品研发机构负责研发并供应所需的适老化产品；运营机构负责设施的管理和维护，并为老年人提供所需的各种服务。各个参与主体相互协作，共同推进和完善老年居住设施的建设与发展。

二、医养结合养老建筑设施的设计策略

（一）我国医养结合型养老模式概述

在"医养结合"型的养老模式中，不但能够在养老机构配备医疗康复的设施设备，还可以为老年人提供养老服务等。

目前，我国的养老建筑模式基本上以居家型养老为主，此外还包括社区和养老服务机构养老。在养老建筑项目建设实践中，不同类型的养老模式共同发展，形成了医养结合和以地养老、旅游养老和社区养老等多种形式的养老模式。

因老年人身体健康状况、生活和饮食作息习惯、思想观念等因素的影响，由此导致

当前我国养老服务产业发展出现了诸多问题，还有待进一步改善。

（二）医养结合型养老建筑设施设计的对策

1. 医养结合型养老建筑主要表现形式

医养结合是对于不同身体机能、不同年龄段的老年人提供养老和医疗康复服务的一种养老模式。而医养结合型养老模式又分为养内设医模式、医内设养模式、医养协作模式等。

养内设医模式是根据服务对象数量、服务规模，在养老机构内部配置急救室、医务室和护士管理站等医疗基础设施，为老年人提供生活照料与医疗康复服务的养老模式。

目前很多养老机构都采用这种养内设医的医养结合的养老模式。

医内设养模式是在医疗服务机构内设置养老床位，采用与医院相同的管理模式，便于老年人进行急救护理与日常康复训练。

医内设养型养老机构的对象主要为患有突发性疾病或失能需要急救的老年人。

医养协作模式的养老机构主要是联合周边医疗机构，与其签订合作协议，由医疗机构提供专家会诊、绿色通道等医疗服务，满足老年人的医疗护理服务需求。

2. 合理控制医养结合型养老建筑规模

就建筑设计而言，医养结合型养老机构的建筑设计理念应遵循医疗建筑设计与养老建筑设计原则相结合的理念同。一般情况下，以医疗康复为主的养老机构，整体布局上以周边医疗设施现状为依据，床位总数量和护理疗养床位可以合理调控。床位数设置与养老机构性质和医疗服务条件相匹配。

通常情况下，医疗护理单元床位数不能少于 40，超过 75 个床位。养老机构的各个居室每间房的床位数基本上都控制在 2 ~ 3 个床位，最多不会超过 4 个床位，各个居室间的使用面积不能少于 6m² / 人。

以养老服务为主的养老机构，总体规模的床位数量还要以市场容量为准，需养老机构合理控制护理单元的床位数量。

通常情况下，一个护理单元以 25 个床位为标准，不同的运营方式和不同档次的养老机构，护理单元的床位数量也不相同，单体养老建筑规模基本上控制在 50 ~ 200 个床位。

3. 选择适宜医养结合型养老建筑的地理位置

要选择靠近公共交通设施的场所，以便于老年人出行和家属探望。

要选择靠近专科医院或是综合性医院的地方，养老机构还需要与综合性专业医疗服务机构合作，对于突发疾病的老年人，能够提供快速转诊的通道，确保患者能够及时得到救治。同时，养老机构内部还要配备专业的医护人员和相应的基础设施。

医养结合型养老机构选址时还要考虑能够为社区服务，选择临近社区或是社区内部的地址。因为医养结合型养老机构是为老年人提供可持续性生活照料与医疗服务。

因此，还需要满足不同年龄阶段、生理状态的老年人能从社区中获得个性化服务，如生理机能正常的老年人可以从医养结合型养老机构中获取居住、休闲娱乐、生活餐饮等服务。

（三）医养结合型养老建筑的功能设计策略

1. 医养结合型养老建筑功能配置

经过实地调研和对比分析，发现多数医养结合型养老机构都配备有餐饮、康复理疗、娱乐活动与文化设施等服务中心，高档医养结合型养老机构甚至设有佛堂、礼拜室等多个基础设施。

医养结合型养老机构需要配备专业的医护团队，设置护理专区，有专业的医生坐诊、护士值班，且配备有药品、康复理疗等基础医疗设施，为老年人提供医疗服务。

另外，医养结合型医院交通空间适老化设计，主要包括电梯、楼梯适老化设计。电梯适老化设计会设置客梯、货梯和医用电梯，客梯、医用电梯使用无障碍电梯。无障碍电梯宽度不小于1800mm，电梯门外口宽度不小于900mm，深度不低于2000mm，以保证病床、担架能够在电梯中通行。轿厢壁距离地面900mm、750mm处设置扶手，盲文选层按钮在距离地面900～1100mm处设置。

电梯上下运行速度控制在1.5m/s之内，电梯内必须设置报层音响。可以通过在楼梯上设置踏步、扶手等作为无障碍设计，楼梯踏步前缘部分为平行等距。楼梯踏面宽度：320～330mm，高度：120～130mm，踏面前缘设置高度不超过3mm的异色防滑警示条，且其向前凸出距离少于10mm。扶手设计方面，要以圆形扶手为主，可以沿楼梯两侧安装。

2. 老年人居住及公共活动空间设计策略

医养结合型养老模式从本质上讲是以主体间资源交换、整合为基础，实现多方利益共生的一种养老模式，而且，医养结合型养老机构始终将老年人的健康放在首位。

在医养结合型养老机构中，无论是老年人的居室住所，或老年人的公共活动空间，在进行建筑设计时，都比较重视老年人的生理与心理上需求，能够为其提供个性化的服务。

居室空间门厅设计可分为准备区、通行区、轮椅暂放区和更衣换鞋区。门厅应该保持宽敞明亮，以免门厅设计过于狭长。使用声控或是推拉门，户门把手旁边要留出超过400mm的空间，以便需要坐轮椅的老人开关户门。

门厅中家具布置不宜过高，卧室与门厅间确保视线通达。卧室需要设计起夜灯与光感控制系统，床头可以设置紧急救援系统，以便老人起夜和进行突发救援。双人间要进行分床垫设计，降低失眠干扰。

床周边可以预留大于800mm的空间，便于轮椅能够正常在室内通行，阳台避免高差存在，以便老人能够使用轮椅安全通行。室内卫生间可以分为洁污分区与干湿区，确保老人使用卫生间时的安全。

医养结合型养老机构作为老年人医疗与养老的场所，在进行建筑设计时还需要明确医养结合型养老机构的定位、周边医疗、交通等资源优势，可根据周边的具体情况进行建筑设计，以降低运营成本，提高资源利用率，推动医养结合型养老行业的可持续发展。

第二章 养老建筑的适老化发展路径

第一节 养老建筑类型概述

一、当前养老建筑的基本类型

（一）我国养老建筑的类型名称

我国的养老建筑尚处于发展初期，其类型体系及名称术语仍在逐步完善之中。一方面，国家标准规范对于养老建筑的类型名称进行了界定；另一方面，各地方政府在推动养老服务设施发展建设时也会根据各地的需求及特色，确定一些类型名称。与此同时，随着市场上人们对养老项目的探索，新的类型名称也在不断涌现。本部分主要以国家标准规范为依据，并结合现阶段我国的社会养老服务体系，介绍一些常见的养老建筑类型名称及其相应的服务定位。

我国以往的相关规范通常将养老建筑中专门为老年人提供照料服务的机构及场所笼统地归纳为养老设施。目前，我国的相关规范将提供照料服务的养老设施称为"老年人照料设施"，以强调其专业照料和护理服务特点。

（二）不同养老建筑的特征

1. 不同类型的养老建筑的特征比较

不同类型的养老建筑的差异主要体现在面向的老年人群体和采用的服务管理模式等方面。

当前，大部分老年人住宅都是供具备自理能力的老人以家庭为单位开展独立的居住生活；而老年养护院、养老院则主要为不同程度失能老人提供集中的居住和护理服务。相应地，二者在建筑形式上也呈现出不同的特征。老年人住宅通常采用与普通住宅类似的单元式布局，而养老院则多采用廊式布局，方便高效开展护理服务。

2. 不同的养老建筑的差异性

"老年人公寓"（或老年公寓、养老公寓）一词目前在市场上出现的较多，但许多人对这一概念的认识比较模糊，存在一定误解。从现行的标准规范定义来看，老年人公寓是指介于老年人照料设施和老年人住宅之间的，为具备自理能力和轻度失能老年人提供独立或半独立家居形式的建筑类型。与老年人住宅相比，老年人公寓一般会配套生活照料设施与文化娱乐设施，来为老人提供服务。相比面向中、重度失能老年人的老年人照料设施，老年人公寓更倾向于居家式的服务和空间氛围，通常以"套"为单位，而非"床"。目前，市场上部分养老院也以老年公寓命名，有些是沿袭下来的名称，有些则是觉得这个名称更加亲切，其更易被老人及家属接受。老年人公寓、老年人住宅和老年人照料设施之间的比较见表2-1。

表 2-1 老年公寓、老年人住宅、老年人照料设施的对照

建筑类型	老年人公寓	老年人住宅	老年人照料设施
定义	为老人提供独立或半独立家居形式的建筑，含完整配套服务设施	以老人为核心的家庭使用的专门住宅	为老人提供的以集体居住和生活照料为主的养老院、老年养护院等的总称
销售方式	多为租赁	用地性质为住宅用地，以售卖为主	以床位租赁为主
管理服务	为老人提供以餐饮、休闲娱乐为主的生活照料服务和综合管理服务	老人主要利用社区的公共配套设施获得服务	为老人提供生活照料、康复护理、精神慰藉、文化娱乐等专业服务

二、中国养老建筑的发展方向

（一）我国养老建筑未来的发展趋势

1. 回归社区是养老建筑发展的共性趋势

近年来，一些国家开始倡导和推行让入住机构的老年人回归"社区照顾"，指在最大限度地发挥社区的各类资源及其服务功能，尽可能地延长老年人在原有社区生活的时间，减少老年人对养老机构的依赖。

在"社区照顾"理念的影响下，养老建筑建设策略开始逐步朝着社区化、小型化、家庭化的方向演化，并发展出两类主流的社区养老设施类型。

遵循"在社区内照顾"理念而设立的养老设施类型，主要包括辅助生活老年公寓、持续照料老年公寓、社区内小型护理之家等。老年人居住在社区的老年公寓或为老服务机构中，不仅可以获得专业人员的照顾，而且可以在自己熟悉的社区环境中生活。

遵循"由社区来照顾"理念而设立的养老设施，主要包括社区日间照料中心、社区老年人活动中心、社区暂托服务处等。这些设施通过连接社区与家庭养老资源，可以使社区里需要照顾的老人继续留在家里生活。

2. 积极探索和发展社区化养老建筑

中国现阶段的养老建筑发展建设应在结合我国国情的基础上，推进居家养老和社区养老，其原因主要有以下三点。

（1）中国的居住形态适合依托社区建设养老建筑

与一些西方国家相对分散和低密度的居住形态不同，中国城市居住形态普遍是以多层、高层集合住宅为主，居住人口密度大，意味着单位空间的人口会以较大的密度集中老化。这既是一种挑战，也是一种优势。从空间层面看，近十几年来，商品住宅开发建设所形成的居住小区，为社区养老服务的开展划定了空间范围。基于既有的城市居住区空间形态，利用社区内的各项资源来发展居家养老及社区养老适当且合理。

（2）发展社区养老有助于提高服务效率，节约社会资源

从服务层面来看，由于居住形式相对集中，开展社区服务的效率会比在分散化居住模式下开展服务的效率更高。相比大批量地新建养老机构，基于现有社区条件改造或添建养老设施，让老年人依托原先的住宅和社区就地养老，不仅符合中国老年人主流居住意愿，而且可以节约社会资源。

（3）社区化养老建筑的建设发展方向 —— 社区复合型养老设施

以往的社区养老设施以提供单一、特定的服务内容为主，能够同时提供长期居住、上门服务的养老居住设施很少，如社区日间照料中心、老年人活动站等只在白天为老年人提供服务。如果老年人需要长期居住、上门服务等，也只能选择入住养老院或雇用家政服务人员。社区养老服务的承载力十分有限，这成为社区养老设施发展的瓶颈。社区复合型养老设施是指依托社区建设的，可提供居住托养、日间照料、上门护理、康复保健等多种养老服务的多功能复合型养老设施。与传统的设施相比，社区复合型养老设施具有功能更集约，更能满足老人多样化需求，空间使用率更高、更灵活等优势。许多国家的养老居住设施都开始向养老服务综合化、社区化的方向发展。

3. 建立明晰的养老建筑类型体系，提升服务与设计质量

建立完善且层次清晰的养老建筑类型体系，能够对明确服务内容、提升服务质量、规范设计标准起到积极的作用。当前一些国家养老建筑的类型体系和层次划分已经相对完善，这与养老政策及相关制度的发展成熟度有关。例如，日本、及欧洲的一些国家，通过法律或相关规定，明确养老建筑的类型及服务属性，其既有利于老人根据自身需求

来选择养老机构，又有利于建立相对应的建设要求和服务管理标准，实现对服务和设计质量的细致管控。

4. 清晰定位不同老年群体的需求并实现细分

中国当前的养老建筑在类型体系和层次划分方面尚存在类型划分不清晰、定位不明确等问题。从现实状况来看，很多养老院的服务对象包含健康状况不同的老人，由于这些老人的需求有很大差异，在服务管理模式上容易出现照护不周等问题，不利于服务的精细化发展。

随着相关政策及服务体系的健全，我国养老建筑的类型划分也将逐渐明晰，从而实现对各个类型老年群体需求的精准定位，并进一步促进服务标准与设计标准的建立与完善。

相关设计人员和开发商应关注多样化的老年人需求，注重拥有不同身体状况、不同支付能力的老年群体的养老需求，重视特殊老年群体（如失智老人、需临终关怀的老人）的照护需求；建立多层次的服务标准，明确与服务对象相对应的服务方式，根据老年人的需求建立相应的服务管理标准；形成明确的建筑设计标准，划分多层次的养老建筑类型，实现设计与建造的标准化和精细化。

（二）我国养老建筑设计的未来发展方向

1. 养老建筑设计理念不断扩充完善

养老建筑的设计理念一直在不断地被扩充和完善。例如，从 20 世纪中期开始，已经有国家逐步摒弃最早的以医院为原型的养老设施建筑形式，开始强调养老设施设计的人性化，包括建筑空间实现居家化（去机构化）、正常化、保护隐私与尊严等设计理念。近几十年来，随着健康老龄化和回归社区照顾运动的推行，许多强调健康老龄和强调社会融合的设计理念被提出来并逐步实现。

2. 进一步丰富我国养老建筑的设计理念

近年来，我国在养老建筑方面不断进行实践和探索，已经具备了一些对养老居住设施开发和设计的经验。在未来，我国老年人对生活环境和建筑环境品质的需求会随着老年人经济条件和教育水平的提高而提高。这就要求我国在养老建筑的空间规划和设计上应继续创新和探索，如在设计中融入康复医养服务，加入景观环境疗法等。

3. 养老建筑设计应同服务需求相匹配

养老建筑的后期运营管理和服务需求是设计阶段非常重要的依据，深深地影响着建筑的功能匹配、空间布局等方面。西方国家在养老建筑的发展过程中，积累了丰富的项目开发设计经验和运营管理经验，并建立了一套与运营服务相匹配的设计模式。

（1）体现运营管理方式

养老建筑空间形式选择，一般同项目的后期运营管理有密切关系。例如，国外对老年护理院的设计采取组团化的平面布局形式，同时希望建立小型、便捷、独立的运营管理单元，使所建设的养老居住设施同管理和护理方式相匹配。

（2）顾及服务质量和效率

从许多养老建筑项目对空间的设计中能够看出，设计师不仅要为老年人营造优美、高质量的生活环境，还要利用巧妙的空间布置和流线设计等方法，提升工作人员的服务质量和效率。例如，在护理院中设计开敞式的厨房、咖啡厅等公共服务空间，不仅可以促进护理人员同老年人的交流，而且能够提高服务质量和服务效率。

（3）考虑对外服务需求

有越来越多的养老建筑供应商开始尝试提供更多的公共服务内容，希望能够进一步扩大经营范围和提高社会影响力。为此，很多项目创造性地将养老建筑和社区活动中心、幼儿园、青年活动中心等设施结合在一起，有的还在养老建筑中增加游戏空间、社区课堂等公共服务设施。这些对外服务内容一般在项目策划阶段就已经明确，还会在项目建筑设计任务书中加以注明。

4. 进一步探索本土化运营服务方式对建筑设计的影响和要求

我国应该根据国内的实际情况，探索具有中国特色的本土化运营服务及其对建筑空间设计的影响和要求。我国养老设施项目的总体规模西方国家大，因此，我国的老年养老护理院应该采取比国外面积更大、床位更多的护理组团形式，只有这样才能符合项目的总体规模和人员配置要求。

5. 养老建筑设计应着眼于未来发展

养老建筑项目设计应该融入可变设计、可持续性设计、智能化设计等前沿设计方法和技术手段，以适应未来不断变化的养老市场需求和社会政策环境。

（1）设计应留有余地

随着老年人有了更高的私密性需求，有很多养老设施也都将多人护理间改造为私密性更强的单人居室。由于设计之初并没有考虑到以后的改造，于是在改造过程中出现了改造难度大、难以改造的情况。因此，我国新建的养老设施项目要为以后的改造留有余地，降低未来对居室空间和公共空间进行改造难度。

（2）结合可持续发展技术

20 世纪 90 年代，国外的一些国家开始在建筑领域应用绿色环保、节能减排等技术。采用一系列绿色节能技术和管理措施建成的养老建筑的日常能耗明显下降，不仅降低了运营成本，还增强了养老居住设施的主观舒适性，使其更加适合老年人居住。

（3）融入智能化技术

近些年，一些养老建筑项目正在尝试与快速发展的高新科技和产品相结合，使这些技术和产品融入养老建筑设计，形成先进的项目特色。这些新技术和新产品不仅提高了养老居住设施的服务质量，也为养老建筑的设计提供了新的思考方向。

6. 我国养老建筑应具有前瞻性

我国的养老建筑设计虽然能够满足当下的需求，但是很难满足未来的需求。因此，我们要考虑到未来的空间改造和硬件升级等方面，在项目的用地规划、结构设计、空间布置、设计选型等方面留出改造和升级余地，方便在未来市场和服务需求产生变化时能够快速应变。

为老年人提供舒适的居住环境，结合老年人的生理条件和心理需求为老年人的养老提供相应的服务，使老年人安享晚年，是我国建设养老建筑的目标。在我国，很多失能、患有老年疾病的老人都需要养护照料，这一现状为我国养老建筑的设计指明方向。因此，相关设计人员应该在满足老年人生活习惯和心理需求的前提下，设计出适老、功能配置齐全的养老建筑设施，如综合型养老设施、护理型养老设施等。

第二节　适老化建筑设计现状与趋势

我国老龄化问题日益突出，老年人各方面问题的有效解决成为当下重要任务，从老年人日常生活来看，居住环境是比较关键的一个因素，如此也就需要切实做好建筑设计工作，以便构建出更适合老年人居住的环境条件。基于此，居住建筑适老化设计成为不容忽视的重要方向，如何针对老年人的生活需求，创设出适宜合理的居住建筑物，需要设计人员从多个角度综合把关，要求体现出和常规建筑的差异。当然，未来居住建筑适老化设计还应该高度关注新理念以及新技术的融入，以此不断推进其优化发展。

一、适老化建筑设计现状

适老化建筑设计是指在建筑设计中考虑到老年人的生理和心理需求，以提高他们的生活质量和安全性。

（一）市场规模巨大

中国 60 岁以上的老年人口已达 2.5 亿，预计到 2050 年老年人口将达到 4.3 亿人。这为适老化建筑设计提供了巨大的市场空间。

（二）居家养老需求

由于居家养老占主流，老年人对家庭居住环境的适老化需求日益增长。当前，全国有 1.4 亿套住宅需要实施适老化改造。

（三）政策推动

中国政府已经出台相关政策推动老年人家庭及居住区公共设施的无障碍改造，一些城市如北京朝阳区已经开始实施相关改造工作。

（四）改造试点

一些地区如上海普陀区和宝山诺诚 M7 创意园已经开始适老化改造的试点工作，探索面向老年人家庭的居家环境适老化改造。

二、居住建筑适老化设计及其原则

（一）居住建筑适老化设计概述

居住建筑适老化设计主要是针对老年人生理、心理特点，设计出符合老年人需求的居住建筑物，进而促使其在日常起居生活中享受到更为理想的便利条件。伴随着当前我国老年人寿命的延长，老龄化问题日益严重，如何为老年人提供相适宜的服务成为值得研究的重要问题，进而也就出现了居住建筑适老化设计要求。基于居住建筑适老化设计模式的原则，其要求表现出较为明显的无障碍特点，避免相应居住建筑物在后续老年人使用时，出现较多的干扰和障碍因素，最终为老年人提供最为理想的生活居住环境。从老年人的身心发展特点上来看，居住建筑适老化设计方案往往需要表现出明显特殊性，要求和老年人相匹配，应该和年轻人居住建筑呈现出较为明显的差异，据相关研究应该引起高度关注。

（二）居住建筑适老化设计原则

从居住建筑适老化设计的基本原则和要求上来看，其需要设计人员重点关注老年人群体，详细分析老年人生理特点以及心理需求，进而促使相应居住建筑设计方案更为适宜合理，能够为老年人接受。具体而言，居住建筑适老化设计应该重点满足以下几点基本原则。

首先，居住建筑应该重点关注老年人的安全，因为老年人身体机能不断降低，日常生活中出现安全事故的概率更高，设计人员应该充分考虑到老年人在建筑居住过程中可能存在的安全风险和威胁因素，进而也就可以在前期规划设计中予以有效应对，以求更好地实现对于居住建筑安全性的保障。从居住建筑的构成及其周围环境因素入手分析，其中存在的安全风险因素相对较多，无论是户外交通条件，还是户内各功能空间的应用，往往都存在一些安全隐患，需要设计人员予以综合考虑，进而采取相应的策略进行优化处理，以此营造出安全居住条件，降低老年人出现居住意外伤害的概率。

其次，居住建筑适老化设计还需要重点关注于老年人的社交需求，因为老年人往往惧怕孤独，如此也就需要在居住建筑设计时考虑到该方面需求满足，力求为老年人提供较为理想的社交空间，同时装备相应的社交技术和装备，以便形成较为理想的沟通渠道，解决老年人存在的孤独问题。比如在居住建筑及其周围环境中合理布设一些娱乐设施，就是颇受老年人喜欢的重要手段，要求建筑设计人员能够结合当下老年人的喜好，在适当位置合理设置一些娱乐功能，让老年人可以灵活聚集和娱乐，营造出较为理想的老年生活条件。

再次，居住建筑适老化设计必然还需要重点关注老年人的居住生活质量，要求能够从多个角度入手，打造更为舒适健康的居住空间，避免老年人出现不舒适感受。这也是当前老年人比较关心的核心内容，要求从多个角度入手，为老年人提供舒适可靠的居住条件，尤其是在室内环境打造上，更是需要设计人员进行综合考虑，力求最大程度上规避可能出现的不利影响因素。比如对居住建筑的采光条件以及通风条件都需要予以综合考虑，进而在居住建筑适老化设计中予以优化处理，保障老年人具备理想的生活质量，对其健康有利。在居住建筑材料选择方面，更是需要考虑到绿色健康方面的诉求，严禁随意选用存在大量污染物质的施工材料，尤其是在室内装饰装修材料的选择上，更是需要高度关注甲醛等危害物质的量，以此更好地优化室内居住环境。

最后，居住建筑适老化设计还需要考虑到经济层面的要求，设计人员应该高度关注成本控制任务，确保相应居住建筑具备理想的经济性特点，规避因为过度改造或者优化布置，出现严重的超预算问题。这也就需要在居住建筑适老化设计中应用限额设计模式，确保设计人员能够在预算许可范围内开展设计工作，并以此实现成本的有效控制，保障相应设计方案具备更强的经济可行性。在居住建筑各类材料的选用上，更是需要高度关注采购价格，恰当平衡各方面诉求，在不影响老年人身体健康的基础上，选择一些价廉物美的施工材料，降低成本控制方面的压力。

三、居住建筑适老化设计要点

（一）规划选址

在居住建筑适老化设计中，设计人员应该首先立足于全局，综合分析把关整个居住建筑的构建要求，保障规划选址较为适宜合理，以此为后续居住建筑适老化设计创造更为理想的条件。具体到老年人居住建筑的规划选址中，往往首先需要关注老年人居住建筑对于所处区域的要求，结合城市发展规划以及自身建筑物规模大小，合理确定最优的老年人居住建筑位置，力求更好满足老年人对于居住生活环境的高质量要求。从老年人身心发展需求上来看，居住建筑的选址应该尽量选择一些自然环境较为理想的区域，以此更好地促使相应居住物符合老年人诉求，能够较好实现后续居住质量的提高，在空气质量以及通风效果方面具备明显优势。当然，相应地理位置的选择还需要重点考虑到所处区域的地形条件，虽然该方面要求并不高，但是也应该尽量避免选择一些地形较为复杂且高低不平的区域，以此规避因为老年人身体行动不便带来的安全隐患。

基于老年人身体素质越来越差的特点，在居住建筑规划选址时，设计人员还应该重点考虑到附近医疗条件，确保近距离能够拥有医疗设施，可以满足老年人常见病症的及时处理，进而规避该方面风险。这也就需要将相应老年建筑尽量设置在城郊结合区域，避免为了造价控制或者是环境优势，选择过于偏僻的区域，力求寻找到最优平衡点。居住建筑的选址同样也需要考虑到周围配套设施的完善程度，尤其是因为对于老年人日常生活所需要的餐饮、购物以及娱乐等需求，更是需要综合考虑，降低因为周围功能欠缺带来的不利影响。

（二）室外设计

居住建筑适老化设计还需要高度关注室外环境以及建筑物整体布局的优化设计，以便促使相应建筑物更适合于老年人居住，同时也能够为其创造理想居住环境。在老年人居住建筑室外设计中，设计人员应该充分借助原有室外因素，结合现有自然资源以及周围环境，探讨如何优化设计，以便更好实现老年人的优化运用，发挥出这些既有因素的应用价值。比如对于周围既有的一些绿色资源，设计人员就可以进行优化设计，促使其形成更受老年人喜爱的小园林项目，让老年人可以在该园林项目中休闲娱乐，契合老年人需求。结合老年人其他方面的休闲娱乐需求，设计人员同样也需要予以满足，可以在老年人居住建筑的周围设置一些健身、按摩或者是其他棋牌类设施，以便为老年人提供更为丰富的娱乐生活。这种将环境绿化和休闲娱乐结合起来的室外环境设计方式在当前越来越受欢迎，要求设计人员能够予以恰当结合。

在老年人居住建筑室外设计中，往往还需要高度关注老年人居住建筑的出入口，促使出入口便于老年人在最短距离内出入，避免该方面增加老年人的出行负担。与此同时，设计人员还需要重点关注出入口的坡度设置，应尽量避免在地面起伏较大的区域设置出入口，同时尽量减少台阶的设置，所有坡度的出入口都应该设置为缓坡，进而满足一些行动不便老年人的出行要求。在具体道路规划设计中，同样也需要尽量增强其防滑以及防磨损程度，规避该方面给老年人带来的安全威胁。

在老年人居住建筑室外设计中，设计人员还应该重点关注采光以及通风需求的满足，这也就需要从建筑物朝向设计以及门窗设计着手，方便提高老年人居住建筑的质量。比如建筑物门窗应该尽量设置为朝阳方向，以便满足绝大部分老年人在晒太阳方面的需求，同时有效实现通风效果的优化，提供更为理想的空气质量。

（三）室内设计

居住建筑适老化设计还需要高度关注室内设计，因为老年人在居住建筑室内的时间相对较长，进而也就需要结合老年人身心发展特点予以优化设计，以求更好地实现对于室内居住舒适度以及安全性的提升。基于居住建筑室内适老化设计工作的开展，设计人员应该首先重点考虑到无障碍原则，要求尽量减少居住建筑室内存在的一些不必要元素，进而规避可能对老年人日常生活带来阻碍和影响。比如对于建筑物各个功能空间之间的连接通道，就需要合理优化设计，以便促使老年人可以顺利通行，避免可能出现的通行阻碍因素，尤其是在卧室和客厅之间，设计人员应该保障其连接顺畅。当然，在减少室内障碍的同时，还需要规避可能出现的盲目减少室内家具的行为，以便兼顾老年人对于建筑物居住功能的要求，尤其是一些老年人相对较为依赖的家具，更是需要合理布置，以此满足老年人正常需求。

在此基础上，居住建筑适老化设计还需要重点考虑安全性方面的要求，对于室内环境中可能出现的各种安全威胁因素予以防控处理，营造出更适合老年人的室内空间。比如在室内地板设计时，就应该优先选择一些防滑地板，降低老年人日常生活中摔伤的概率；对于居住建筑室内各个部分的棱角也需要优化处理，避免出现较为尖锐的结构，以此更好实现老年人保护效果。为了达到这一目的，设计人员还可以适当引入运用一些智能化技术，确保智能家居的应用更为方便老年人生活，确保安全性。

居住建筑适老化设计还需要设计人员高度关注老年人的其他需求，比如可以在阳台上合理留设一些种植花草的空间，规避居住建筑室内环境出现的单调性问题。阳台除了可以布置一些花草植被，还可以设计为老年人身体锻炼的场所，让老年人在适当晒太阳的同时，做一些简单的锻炼项目，丰富老年人生活。对于老年人卧室应用提出的静谧要求，同样也应该予以优化设计，并促使相应结构具备理想的隔音效果，避免因为噪音过大影响到老年人睡眠。

四、居住建筑适老化设计发展趋势

居住建筑适老化设计成为现阶段越来越受关注的一个设计方向，尤其是当前我国老龄化问题的日益凸显，如何做好居住建筑适老化设计工作成为研究热点。在居住建筑适老化设计中，为了更好地促使其满足老年人的各方面需求，除了要切实做好上述各项设计工作，把握好各方面设计要点，往往还需要重点考虑到未来老年人居住建筑的发展趋势，力求不断引入新理念和新技术，以求更好地提升老年人对于居住建筑的满意程度。

首先，多样化是未来居住建筑适老化设计应该考虑的核心问题。虽然当前我国居住建筑适老化设计水平越来越高，但是却表现出了较为明显的千篇一律现象，越来越多的设计人员仅仅围绕着上述基本设计原则和要求开展设计工作，如此也就容易导致相应设计方案大同小异，很难体现出较强的针对性和个性化特点，如此也就难以满足老年人的多样化需求，成为未来创新优化的重要目标。基于多样化设计理念的践行，设计人员往往需要针对老年人进行深入调查，以便明确建筑物居住者的个性化需求，进而再予以匹配性设计，最终可以更好地满足老年人需求，形成更为理想的居住建筑适老化设计效果。

其次，未来居住建筑适老化设计还需要重点考虑到老年人的健康需求，力求创设出更有助于维系老年人健康的居住建筑。基于此，设计人员应该进一步全面分析原有居住建筑中可能存在的各方面健康干扰因素，除了做好上述采光以及通风方面的设计工作，往往还需要重点考虑其他各项有助于营造健康舒适空间的新型技术手段，比如在老年人居住建筑中合理设置应用新风系统就可以表现出明显优势，其能够有助于清除室内空间中存在的一些危害因素，应该促使其恰当融入老年人居住建筑。

最后，智能化也是未来居住建筑适老化设计的重要发展趋势，越来越受到老年人的青睐。智能化技术以及相关设备并非仅仅受到年轻人的喜欢，很多老年人往往更加热衷于各类先进智能化设施，这些智能化技术的应用同样也能够为老年人提供更为理想的便捷生活条件，尤其是在老年人社交需求满足方面，智能化设备的运用不容忽视，可以较好地缩短老年人之间及老年人和年轻人之间的距离。当然，大量智能化技术的应用同样也可以优化各个系统的运行效果，确保老年人在居住建筑使用时更为安全高效。

综上所述，居住建筑适老化设计作为当前建筑设计领域中不容忽视的重要设计方向，确实应该引起设计人员的高度关注，以便更好地为老年人提供适宜的居住建筑，保障老年人居住的安全性和便捷性，满足其相关诉求。设计人员应该重点围绕着规划选址、室外设计以及室内设计，予以全方位优化设计处理，并关注新理念和新技术的运用。

第三节　民生福祉影响下养老建筑的发展路径

一、生态视域下内蒙古沿黄地区养老建筑的可持续发展设计模式

（一）立项依据

我国正面临大规模的人口老龄化进程，呈现出空巢化、失能化、高龄化等特征。内蒙古沿黄地区养老建筑的设计相对滞后，存在功能配置不合理、适老化设计不足和生态节能设计不充分等诸多问题，导致养老建筑能源消耗量大，缺少生态可持续性。因此，在"生态"视域，立足内蒙古沿黄地区老年人口特征和养老建筑现状，并以社会重点关注的养老问题为切入点，在建筑设计层面探索适老化与生态可持续发展的内生关系。

1. 研究可科学意义

（1）生态环境保护

内蒙古沿黄地区位于中国北部、内蒙古中部，具有独特的自然生态系统，这项研究的首要科学意义在于通过采用生态视域下的建筑设计模式，可以最大程度地减少对当地生态环境的负面影响。基于合理规划与设计，优化建筑与环境设计，降低能源消耗对当地生态系统的破坏，有助于保护沿黄地区的生态环境。因此，从生态视角入手研究内蒙古养老建筑的可持续设计模式，符合人居环境科学研究的基本框架，充实了养老建筑适老化设计理论与实践，为城市规划和建筑设计提供了一个新的范例，而且对保证祖国北疆生态屏障的生态安全产生具有重要影响

（2）社会健康和生活质量

老年人的健康和生活质量是这项研究的核心关注点之一。而通过研究生态视域下的设计模式，可以创建更适宜的室内环境，提供自然采光、通风、无障碍设施等，有助于老年人的身心健康和社交互动，改善老年人生活质量。

（3）可持续发展设计

内蒙古沿黄地区在全国热工分区中属于严寒地区，气候条件多变。课题研究可持续发展设计模式可以助益养老建筑更好地适应当地气候条件，提供老年人更加安全和舒适的生活环境，减少极端气候事件对老年人的健康和福祉造成的风险。同时内蒙古沿黄地区资源相对稀缺，能源供应也面临挑战，通过研究可持续设计模式，便可优化养老建筑的能源效率，降低能源消耗，最大程度地减少对能源依赖，有助于养老建筑的可持续发展。

2. 社会经济需求

在生态视域下，社会对环境保护和可持续发展的需求不断增加。养老建筑的设计必须考虑到减少资源消耗、降低碳足迹、提高能源效率等因素，以降低对环境的负面影响，并确保长期可持续性。2010～2022年，内蒙古沿黄地区作为内蒙古经济发展的重要区域，老年人口比重不断上升。相较于我国其他地区，内蒙古沿黄地区进入老龄化社会时间较晚，养老设施落后且生态设计建立在高新技术的基础上比较困难，因此，社会需要更多、更好的养老建筑来满足老年人的居住和生活需求。课题结合当地气候条件，通过节能软件 BECS、能耗软件 BESI 模拟与分析，提出具有针对性的生态建设方案。可持续的养老建筑设计模式通常在长期使用中表现出更低的运营成本，这对于养老机构和老年人来说都具有经济利益。通过该研究可以帮助养老机构降低运营成本，提高其经济可行性的同时为养老建筑提供了创新的设计模式，还在多个方面推动了社会经济的可持续发展。

（二）研究内容

内蒙古东西跨度大，气候条件、生态环境、经济发展状况不尽相同，因此对研究范围进行了界定，课题以 "内蒙古沿黄地区" 为主展开研究。内蒙古沿黄地区主要包括内蒙古中部沿黄河流域的地区的呼和浩特、包头、鄂尔多斯和临河市，这一地区地理环境多样、经济活动丰富、民族文化多元，同时也需要在生态环境保护和可持续发展方面采取措施。内蒙古沿黄地区地域性突出，资源环境分布对于养老建筑的发展影响较大，老年人口分布较为集中，有利于养老建筑可持续设计模式的构建。课题研究内蒙古沿黄地区生态视域下，结合内蒙古地区风俗文化、自然资源条件和典型严寒气候区域特征等，以问题为导向，进行研究，主要包括以下三方面内容：

1. 生态建设与养老建筑设计的关联性

结合生态建设和养老建筑特征及发展规律，揭示生态建设影响下养老建筑发展的基本特征，建立发展演变过程的相关图谱，整合国内外优秀案例及实践经验，归纳总结形成类型，从而丰富并完善不同区域尺度下养老建筑可持续发展的研究。生态建设作为养老建筑转型并持续优化的一种新的外界推力，将改变养老建筑发展的动力因素。此部分研究将从需求与供给层面，解析养老建筑发展不同阶段中的社会需求、经济效益、空间格局、环境生态、政策支持等不同方面的驱动影响。探索养老建筑自身不同发展过程与生态建设的影响关系。

2. 内蒙古沿黄地区养老建筑的生态特性

在养老建筑设计层面，位置选择、人群需求、空间差异较大，故应根据生态因素的影响机理，综合确定养老建筑的规模、功能、空间序列、材料和窗墙面积比等。此部分主要分析养老建筑所在城镇面积、中心性程度、所在位置距离城市中心的空间关系等地理区位差异，经济水平、城市定位、老年人口数量等经济区位差异，自然条件、建成环境等环境区位差异。通过上述差异因素的分析来明确养老建筑的生态特性。

3.生态视域下养老建筑的可持续发展设计模式

基于养老建筑多维度内生特性，交叉分析"规模—功能—空间"要素之间的关联，运用系统分析原理获取要素体系结构意向图，并厘清要素系统层次结构，进行要素优选聚类，抽提主导要素。基于主导要素及其对其他要素的支配关系，提取影响养老建筑可持续发展的要素。结合养老建筑基础信息数据库、老年人行为活动数据等进行数据模拟与能耗分析，构建融合多要素与多目标发展需求的养老建筑设计模式。

（三）研究目标

1.揭示生态特性与养老建筑可持续发展的关联机制

基于内蒙古沿黄地区生态特性及内蒙古沿黄地区养老建筑功能演变规律，结合养老建筑转型发展的动力因素解析，仔细分析生态建设与交养老建筑可持续发展之间的内在关联及作用机制，为后续养老建筑设计模式的研究提供支撑。

2.明晰内蒙古沿黄地区养老建筑生态特性形成机理

通过揭示养老建筑转型驱动因素及作用机制，厘清生态建筑背景下养老建筑发展演变的内生特性，剖析其特征表现的内涵本质，探明其内生特性与都市圈发展变动的影响关系，为后续建立自洽建构原理，提出适应模型及设计方法奠定研究基础。

3.提出基于生态视域下的养老建筑设计方法

基于内蒙古沿黄地区生态特性，探索养老建筑可持续发展的理论逻辑，利用斯维尔分析软件对建筑布局形式、空间组合、功能特征等的养老建筑进行声环境、光环境、热环境影响因素进行模拟分析，建立低能耗、高舒适度的适应内蒙古沿黄地区气候条件养老建筑设计模式，为指导养老建筑可持续发展提供依据。

二、基于民生福祉视角下内蒙古养老服务设施建设与发展路径

（一）选题依据

民生福祉：民即为人民，生即为日常生活，宽泛意义上来说民生即为人民的各种日常生活事项，包括人民的基本层面生活要素以及提升层面的生活要素，为人民在经济、文化、环境等多方面所能享受到的权益。福祉是指人民日常生活中能够享受到幸福美满生活环境、和谐安定的社会环境以及稳定自由的政治环境等。在当今养老服务事业发展要求民生福祉不能只是保证老年人基本生存条件，更要求保证老年人精神境界的提升，因此，保证物质层面可作为民生福祉的基础，提升精神境界即可作为民生福祉的支撑，更高层次层面内容作为民生福祉的根本。

养老服务设施：养老设施主要包括机构养老照料设施、社区养老照料设施和老年人公共活动设施三类。基于内蒙古养老模式的发展进程，社区养老服务设施涵盖了托老所、日间照料中心、社区养老服务中心以及老年人活动中心等设施的功能。依据相关政策标准，与传统的机构养老相比，我区养老服务设施应具备生活照料服务、配就餐服务、健

康保健服务、文化娱乐服务、精神慰藉服务等五项基本服务。

（二）研究内容

1. 研究对象

本书突破建筑科学领域以往从个体需求角度出发的物质空间形态研究的局限，从民生福祉视角出发，自上而下地对城养老服务设施建设问题的根本动因、形成机制和发展路径进行系统性研究。

2. 框架思路

首先，先对民生福祉和养老服务设施相关概念及理论作出归纳和辨析，对发展模式特征、养老政策沿革及建筑类型进行比较，梳理差异化的应对策略和实践路径，归纳共通的发展趋势及经验成果。在理论结合实践的基础上，建立基于民生福祉视角的养老设施发展策体系框架。

其次，基于对养老服务设施调查分析、案例分析与解读和综合对比与评价，对解决内蒙古地区养老服务设施建设与发展问题的对策建议作出归纳总结。

第三章 养老建筑"规模 - 功能 - 空间"的可持续设计

第一节 整体建筑规模的适应性

在城市社区建设复合型养老居住设施的目的就是解决老年人看病困难、养护不足、交往欠缺等问题，搭建满足老年人基本诊疗、术后康复、预防保健、专业护理以及生活起居的需求，同时为社区居民开放、实现资源共享的服务平台。由此建筑布局应紧凑，满足合理的功能分区和建筑朝向，科学的洁污流线和便捷的内部交通，便于管理、减少能耗，为老年人和医护人员提供良好的服务环境。下面从基本型和基本型＋模块两个层面分述其建设策略，以便加强对该建筑整体设计布局的全面把握。

一、基本型

功能布局：基本型是按照老年人基本医养需求构建的设计模型，即建设时应当满足的最低标准。就整个建筑而言，包括与老年人生活起居密切相关的适老照护单元，为老年人提供诊疗康复、预防保健的核心医疗区，以及满足老年人休闲娱乐、日常照料需求的核心养护区。布局充分考虑三大功能体系的内容和属性，以及使用的便捷性、空间的可达性和环境的舒适性。深入研析其空间布局形态，可归纳为两种类型：

（一）台基塔型（层叠式）

照护单元以标准层的布局形式在竖向空间上叠加，这与处于建筑底部核心区域的

"医"和"养"模块发生关系，楼层随着老年人失能程度的增加而降低。该类型适用于体量较大、资源紧张的经济型医养设施的建设。

（二）多翼并列型（分散式）

三个区域均通过水平交通空间串联而形成的低层、高密度布局模式，照护单元的介护区和介助区可独立并排设置。此类型适用于规模不大、并对环境品质要求较高、资源相对充沛的舒适型医养设施的建造。

二、基本型＋模块

所谓基本型＋模块，是以标准化的医养模型为基础，根据社区及周边养老资源现状、当地经济发展水平以及老年人的切实需求，进行适度的功能复合、体块增补，目的在于进一步深化资源整合，为更多新建、改扩建的案例提供可供选择的菜单模式其建设应当满足一定原则，即功能融合下的服务效率最大化，促进老年代际互动下的参与性、归属感提升。根据现有规范和标准，将社区中应（宜）建的养老项目或其他社区服务与基本型养老居住设施（这里以经济型为例）的功能配置进行融合，汇总可能结合发展模块。

（一）老年人服务项目

1. 老年人日间照料中心

是为以生活不能完全自理、日常生活需要一定照料的半失能老人为主的日托老年人提供服务的设施。主要从项目构成、建设规模及服务内容三方面概括其营建标准，见表3-1所列。

表3-1 社区老年人日间照料中心建设要求

项目构成	建设规模			服务内容
老年生活用房：休息室、沐浴间、餐厅保健康复用房；医疗保健、康复训练、心理疏导老年娱乐用房；阅览室、网络室、多功能活动室辅助用房；办公室、厨房、洗衣房、公共卫生间等	老年人口（人）老龄化按20%计	老年人均房屋建筑面积（m²）	建筑面积（m²）	提供膳食供应、个人照顾、保健康复、娱乐和交通接送
	6000～10000	0.26	1600	
	3000～6000	0.32	1085	
	2000～3000	0.39	750	

对照构建的医养设施营建体系，老年人日间照料中心的功能构成基本囊括其中，若考虑二者合建，仅需在医养设施内适当增加一些老年人休息室，布局时遵循动静分区、适度隔离、安全便捷的原则，以每间容纳4～6人为宜，室内应设卫生间。此外，配置适量的交通工具并提供老人接送服务。

2. 老年服务中心

是为老年人提供各种综合性服务的社区服务机构和场所。服务内容主要包括：家政服务、健康服务、紧急援助、咨询代理、休闲娱乐，以及一定数量养老床位。其建筑面积宜为 150～200m²，服务半径宜为 500～1000m。相对医养设施基本型来说，在功能配置上更侧重为居家养老者提供送餐、保洁、助浴、代购、助医、精神慰藉等上门服务，设施本身主要为管理性质的辅助用房与少建养老居住用房。基于整合资源、节约成本的目的，可将其附加于医养基本型之上。

3. 老年活动中心（站）

是为老年人提供综合性文化娱乐活动的专门机构和场所。服务内容主要包括：活动室、棋牌室、教室、阅览室、保健室以及 150～300m² 的室外活动场地，用地面积宜为 300～600m²，建筑面积为 150～300m²。考虑该机构功能单一、体量不大且布局简单，与医养设施合并建设，不仅可以提高医养建筑中文娱活动用房的使用率，推进资源的整合优化，同时可以促进不同年龄段老年人的交往沟通，提升他们的社会参与性和社区归属感，在医养设施基础上附加老年活动中心（站）功能时，需要根据具体的老年人口规模及需求补充一些活动用房并适当增加一些教室和室外活动场地。

4. 老年学校（大学）

是为老年人提供继续学习和交流的专门机构和场所，其服务内容包括：普通教室、多功能教室、专业教室、阅览室以及若干独立的室外活动场地。随着数字信息技术的快速发展和普及，以及网络资源更加便捷的传播与共享，借助网络平台开展远程老年教育的实践已被越来越多的老年人所接受在进行社区老年学校的规划设计时，应当充分发挥网络信息技术的优势，在一定服务半径内进行合理建设可考虑与医养设施进行适度融合，通过在医养基本型的文娱区域中增加适量的教室及相关设施设备、扩展原有的阅览室规模、设置分区的室外活动场地等，由此实现进一步的资源优化。

（二）全民服务项目

1. 社区卫生服务中心（社区诊所）

以社区、家庭和居民为服务对象，以妇女、儿童、老年人、慢性病人、残疾人、贫困居民等为服务重点，开展健康教育、预防、保健、康复、计划生育技术服务和一般常见病、多发病的诊疗服务，具有社会公益性质，属于非营利性医疗机构。

由于医疗卫生机构的运作具有独特的专业性和复杂性，建设时需要综合考虑医技资源、设施环境、功能空间等多项要素。而社区医养设施具有这样的基础条件和发展空间，对于部分资源匮乏或需整合的社区，在进行规划布局时可考虑二者的融合。这要求本着以人为本、方便就诊的原则，通过对比医养建筑的构成标准，进行功能的增补和调整，例如：在临床区域中增加全科诊室和预检分诊室；在预防保健科室中细化预防接种室的各项功能，增补妇女及儿童保健室；医技区域中按标准增设消毒间，及适量观察床和康复护理床的设置。

2. 社区食堂

是以社区居民特别是居家老人、工薪阶层等中低收入群体为主要服务对象，以满足居民便利、实惠、放心的日常餐饮消费需求为目标，提供大众化餐饮服务的公共服务设施。建筑面积宜按一次提供集中用餐 50 人的标准进行配置，每座建筑面积为 0.85 ~ 1.1m²，餐厨面积比不低于 1 : 0.3，服务半径宜小于等于 500m。就餐公用部分包括门厅、过厅、休息室、洗手间、卫生间、收费处、小卖部和外卖窗口等，厨房部分主要包括食品加工间、备餐间、洗涤消毒间与食具存放间。鉴于社区食堂使用对象以老年人居多，在条件允许的情况下，若将食堂与医养设施合并建设，不仅更便于老年人享有其他各种养老服务，也为医养设施内外的老年人交往创造了机会。

二者在进行功能复合时，需要在医养设施的核心养护区域内适当加大餐厅、厨房以及相应辅助用房的面积，考虑社区居民使用的开放性和便捷性。

3. 社区药店

为社区居民提供优质平价的健康产品和专业的健康服务。其服务半径宜小于等于 500m，建筑面积为 200 ~ 500m²。目前社区药店的建设与发展存在诸多问题，如经营管理混乱，规划布局不合理，国家政策、社区医疗和平价药店对社区药店的考验和压力等等，基于其面临的困境，以及建筑本身功能简单、面积不大的特点，而医养设施提供一定的医疗服务，用药需求人群比较稳定且集中。因此，在与其进行社区规划时，可通过适当加大医养设施的药房面积，配备适量的药师或执业药师，实现与社区药店功能的融合。

4. 便民商店

为社区居民提供小百货、小日杂的小型商业服务设施。其服务半径宜小于等于 500m，建筑面积宜大于等于 80m²，一般设在靠近小区出入口的位置。对于规划布局在社区医养设施附近的便民商店，可考虑与其合设，并通过适量增加贩卖区的面积实现资源的整合，也为设施内老年人提供更便捷的服务。

（三）互动互助项目

1. 婴幼儿洗浴中心

为新生儿和婴幼儿提供洗浴、游泳等健康保健服务的设施，主要包括洗澡台、抚触台、消毒柜、游泳池以及供热设备。是国内目前非常流行的一项育儿保健运动，在部分社区的配套服务设施和医院中已有设置。考虑到婴幼儿洗浴中心功能简单、体量不大、多为复合型建筑的嵌入式模块，可以尝试将其纳入医养设施的营建体系中，不仅利于资源的整合，也可促进老幼代际间的交流，为这个养老建筑注入更有活力的"新鲜血液"。

2. 儿童照护中心

诚然，照顾好老人和小孩，社区就和谐了。一个健康有机的社区少不了邻里之间互助、尊老爱幼等传统美德的支撑与维系。在推进建设社区养老居住设施的过程中，一些提供临时托管儿童服务的设施也逐步发展起来，如儿童照护中心，主要是解决一些双职工家庭孩子无人照顾的难题。在社区规划中，若将这类设施与医养建筑合并建设，除了照看儿童的需求可以得到满足之外，还能为老幼互助创造有利条件。通过不同主体间的交流将日常程式化的活动形态提升为富有弹性和创造性的状态，运营方式也由被动性、客体性的"照料模式"转为能动性、主体性的"助长格局"。

第二节 配套功能的优化与整合

一、养老设施基本功能配置

（一）现有养老建筑基本指标分析

养老机构设施应根据老年人的特殊需求进行配置。养老机构设施应包括基础设施、接待设施、服务设施和无障碍设施。

1. 基础设施

一般是指水、电、路，包括交通、水电、通信、环卫、消防和标识等设施。基础设施是构建一家养老机构的物质基础，其必须满足养老服务与管理的基本需求。例如，消防建设应充分考虑老年人反应慢、行动不便等特点，可以在疏散路线和安全出口处设置火灾事故应急照明和灯光疏散指示标识，疏散指示标识选用大尺寸。

2. 接待设施

狭义的接待设施是指保障老年人入住需求的基本设施，其包括住宿、餐饮和文化娱乐等。例如，相关规范对老人居室的面积、配置的家具等进行了详细规定，还指明了介助、介护老人应在其床头配备紧急呼叫系统。

3. 服务设施

即与养老机构服务功能相关的设施，范围较接待设施广。除了住宿、餐饮、文化娱乐以外，其还包括健身、医疗、康复和教育等设施设备，从而提供与健康养老、智慧养老和文化养老相关的照护服务。例如，养老机构为长期卧床老人配置电动气垫床，为偏瘫老人提供了康复训练器材与场地，为保证老人心理健康建设了心理咨询中心，配置心理健康测评仪、失眠治疗仪等。

4. 无障碍设施

是指方便残疾人、老年人等行动不便或有视力障碍者使用的安全设施。根据国家相关的规定，养老建筑内部及其周围的室外场地包括主要出入口、通道、停车场，还有生活用房、公共活动用房和医疗保健用房等区域，应有无障碍设计，若不设台阶的无障碍通道，走廊的防摔扶手，卫生间的无障碍设施（无障碍厕所位置、沐浴凳、安全抓杆等），以及醒目的无障碍标识和盲文标识等。

当前，老年住宅和老年公寓规模划分主要参照了两项关键指标，即床均建筑面积指标和床均用地面积指标。

现有养老建筑，以机构养老为例，民政部门规定其不小于 35 m²/床，随着社会发展，单纯的居住功能已经不能满足当下老年人对养老生活的要求，在新建养老建筑中会增加更多的康复、休闲、娱乐设施，这些设施的建筑面积会平均为床均建筑面积指标，因此指标会随着养老设施的增加而提高。新建养老建筑的床均建筑面积指标建议为 55m² 到 65m²。

由于相应的小型、中型和大型养老建筑的规模增加使相应的养老设施的共享率及利用率有所提高，因此床均建筑面积指标则会随规模增加而相对降低。

新建养老建筑的床均用地面积指标建议为 80 ~ 100m²。从行为特性分析，老年人在室外活动的时间远大于室内活动时间，因此对室外活动场地的要求相对较高。在用地条件允许的条件下，低密度布局更符合老年人上下楼困难的活动规律，但大中城市的土地资源紧张，全部采用低密度布局相对困难。

伴随着社会发展及人类生活水平提高，老式的只满足简单集体居住的养老院显然已经不能适应当下老年人的需求。在社会需求推动下，机构养老模式与产业养老模式正逐步走向市场。

从功能配置方面来看，机构养老与产业养老都应满足基本要求，即老有所养，这包括相对舒适的住房、基础医疗救护设施、餐饮设施和娱乐设施。

（二）室内设施基本功能配置优化

1. 用床的规格

老年人用床对其健康至关重要。南方宜用"棕绷"，上面加上柔软舒适的褥子；北方宜用板床或钢丝床，上面再铺柔软的棉垫和褥子，这样布置才适合老年人休息和卧睡。沙发床虽是高级家具，但不宜老人睡用，因为它会使人"深陷"其中，老年人翻身不方便。海绵垫不容易透气，因此使用它时最好是铺在下层。

老年人用床的尺寸应符合下列要求。

单人床：长度 2m，宽度 1.1m，高度 0.4 ~ 0.45m。

双人床：长度 2m，宽度 1.6m，高度 0.4 ~ 0.45m。

2. 急救设备的规格

常用担架的尺寸：长度 2.3m，宽度 0.56m。

常用病人推椅的尺寸：长度 0.65m，宽度 0.8m，高度 1.25m。

常用病人推床的尺寸：长度 1.83m，宽度 0.56m，高度 1m。

常用氧气罐推车的尺寸：长度 0.6m，宽度 0.45m，高度 1.3m 到 1.5m。

3. 温湿度设施的配置

老年人内分泌不稳定，对气候的变化非常敏感，加之老年人适应能力相对较弱，温度和湿度的大变化很可能会导致老年疾病，如风湿病等。因此，老年人在吹空调时，时间过长可能会造成空调病，从而导致其抵抗力下降。而现在市场上的加湿器、抽湿器、空调的样式越来越多，选择适合老年人的电器设备至关重要。

中国国土辽阔，相对的气候多样。为了使老年人更好的生活和休息，人们要根据不同地区、不同季节，应采取适当的避暑防寒、防潮等措施。在温度比较低的环境下生活的老人，其建筑内需配置热水、暖气、空调等防寒设施；在气温较高的环境下生活的老人，其建筑内需配置空调及其他制冷设备，以利于更好的降温。由于各地能源条件不同，热水供应问题普遍存在，但在老年人的居住建筑配置热水供应设施是十分有必要的，并且厨房、浴室、卫生间都要做好供暖，以达到老人更衣洗浴所需要的温度。

4. 隔声设施的配置

老年人的生活环境需要安静，所有撞击、敲打、粉碎的声音都可能给老年人的身体带来不适，特别是金属撞击声。为了老年人的健康生活，要把那些刺耳的噪声隔绝排除，即使是音乐的声音也应该相对降低音量。在睡觉时，老年人睡得轻，稍有噪声就会影响其睡眠质量，而有些老年人经常打鼾，这就有可能影响其他老人，因此养老设施应特别注意隔音和噪声控制。

同居会互相影响，不利于老年人的身体健康，所以老年公寓、养老院等应尽量为老年人提供单人房或双人房。老年建筑起居室之间要特别注意噪声的控制，尽量配置隔音门窗、隔音墙等。老年人的起居室的噪声级不能超过45分贝，撞击声不能超过75分贝。

5. 安全设施的配置

目前，管道燃气依然是厨房的主要燃料。为了保证老年人的安全，燃气设备必须要配置燃气泄漏报警器。随着时间流逝，老年人的手脚会越来越笨拙，记忆力也会明显下降，老年人往往会忘记管道煤气阀门是否打开，从而有可能导致煤气泄漏。因此，为了老年人的安全和便利，老年公寓、养老院等老年建筑中，燃气设备应配总控制阀，防止燃气泄漏造成老年人人身和财产事故。

6. 床前设施的配置

独居且患有脑血管病的老年人需要随时召唤家人，其他行动不便的老年人也经常需要召唤他人，这都体现了对讲设备配置的重要性。床前设施的安排关系到老年人的安全。因此，在老年人的卧室内、床头板上应配置呼叫对讲系统。除此之外，老年人经常需要根据个人需求配置各种电器设备，还有必要在床前配置一定数量的安全电源插座。

7. 照明设施的配置

入口和出口的照明对老年人的安全至关重要。照明有增强入口处的标志性作用，因此老年人建筑物的出口遮阳板或门口侧墙需要配置灯光照明设施。阳台采光方便了老年人的生活，特别是在南方，夜间阳台凉爽，有乘凉的功能，在阳台上配置相应的照明设施是十分有必要的。在通往厕所的走廊、楼梯平台和台阶的连接部分配置的照明设施应距地面0.4m。在老年人的多人居室中，要防止老人上厕所时开灯而打扰他人睡眠，因此应配置亮度相对较低的照明设施。同时，晚上房间里的灯光不要太强太刺眼，也不应该太弱导致老人难于视物。

8. 电源设施的配置

首先，老年人在使用和配置家电时，电源开关的配置是其使用安全的重要因素之一。对于老年人来讲，电源开关应采用宽板防潮电动式按钮开关，以确保不会漏电。

其次，开关配置的位置要方便合理，便于老年人触摸，高度离地宜为 1 ~ 1.2m。卧室应配备多功能安全电源插座，并且每个房间最少要有两套，插孔离地高度宜为 0.6 ~ 0.8m，厨房、卫生间最少要有三套，插孔离地高度相对要高一点，宜为 0.8 ~ 1m。

9. 娱乐设施的配置

电视是老年人非常重要的娱乐活动。电视丰富老年人的文化生活，它能使老年人感受到更多的生活乐趣，给老年人创造了新的追求和寄托，拉近了老年人与社会的距离，使老年人获取了更多的社会信息，使老年人能跟上时代发展的步伐。老年人参与的室内活动往往是随意的，为了保证老年人良好的精神状态和培养老年人良好的兴趣爱好，在老年人的客厅和卧室应该配置电视等娱乐设施，以满足老年人的精神生活需要。

10. 应急设施的配置

社区养老网络主要以社区服务中心为核心，以社区敬老院，社区托老所、家政服务中心、社区卫生康复中心为依托，辅以社区志愿者服务。为社区老年人提供服务，顺畅的网络服务系统的作用不可忽视。求助热线应能联系到社区服务中心，如遇到突发情况，社区服务中心会立即派出相应的服务人员上门。老人在吃喝、起床、洗澡、上厕所等平常的生活活动中，也会出现心脑血管等突发疾病，需别人的帮助。因此，老年人居住建筑中应该配置电话和紧急按钮。

11. 装修墙面的配置

老年人的客厅和餐厅等空间，为了使空间安静和柔和，一般采用反光强度较低的材质，墙面常用的材料一般有乳胶漆、墙纸、木料、石膏板等。人们在选用各种材料时，产品的质量和性能一定要符合老年人的要求和需要。在选择墙纸时，可以选择透气性较好的，避免选择化纤的；对于墙面易磕碰的位置，可以使用安全材料制成的护角器，既美观又能防止老年人不慎磕碰；厨房和浴室的墙壁必须具有防水防潮，防污易擦的特点，能够避免污垢和细菌。厨房和卫生间要采用重量较小的材料，避免意外坠落对老人造成较大伤害；老年人换鞋、进出、上下楼梯时，往往需要靠墙支撑保持身体平衡，因此在墙壁体阳角、门的侧边、楼梯等关键部位都需要满足老人撑扶的需求，因此这些部位的墙面应该采用不会轻易被弄脏的材质，如采用防污壁纸、易擦拭的防水乳胶漆做墙面，采用木质材料做门套、护墙、护角等。

12. 装修地面的配置

客厅和卧室的地板材料要有适当的弹性，这样老人在不小心摔倒时才不会造成很大的伤害，适用材料包括软木地板、实木地板、复合实木地板等。针对部分老年人坐轮椅的需要，客厅和卧室的地板材料也应耐压力和磨损，地砖可以和强化木地板等材料一起使用。一些老年住宅为了提高居住环境的舒适性，采用地面辐射采暖，使用此采暖方法时应注意选用耐热性和导热性好的铺面材料，如地热地板等。考虑到厨房和浴室用水较多，地面应采用质地致密、防水、防潮、防污染、易清洁的材料，如石材和地砖。厨房地面考虑到防污的问题，选择材料时要避免使用表面纹理过大的砖料，以免积灰积垢。卫生间考虑到坡度排水的问题，地面单片材料尺寸不宜过大，也不宜使用过多的马赛克类小型材质，以免造成不易清洁的问题。阳台地面材质不宜过于光亮，避免有强烈的反光。

有些人喜欢地毯温暖柔软的脚感，将其用于居室生活区的地面，但在老年人的生活空间中需要慎用。在老年住宅中，应该避免使用厚软地毯，以免老人行走时感觉脚下不踏实。除此之外，老年人用轮椅居多，在厚软的地毯上驱动轮椅比较吃力，不利于乘坐轮椅的老人使用。比较厚的地毯还会影响家具摆放的稳定性，尤其局部铺设地毯，有时家具的底座一部分落在地毯上，一部分落在地毯外，高低不平，从而造成安全隐患。铺设地毯特别是局部铺设小块地毯或脚垫时，应使地毯与地面贴合紧密，避免局部鼓起、卷边和轻易移位使老人绊倒。在潮湿地区由于空气湿度大，地毯容易受潮而滋生尘螨等，不利于居室卫生，应避免使用。

13. 常用家具的配置

老人的室内应配置便于搬动的常用家具。老年人常根据季节的变换而改变部分家具的摆放位置。例如，老年人喜欢随季节不同而变换床的摆放位置，以便在寒冷季节时晒到太阳，在炎热季节避免被太阳直射。床摆放位置变动的同时也会影响到其他家具的布置，如床头柜、写字台等。因此，常用家具应便于搬动，以提高老年人居室的舒适性。

由于老年人的体能日渐减弱，在日常活动中，为了避免老年人用力时意外摔倒要多设置能够扶靠的地方，但由于室内空间有限，不可能到处配置扶手，我们可以利用普通的家具、设备来发挥扶手的作用。因此，老年人家具除了要考虑其便利性，还应注意家具的稳定性。例如，书桌、矮柜等台面家具可以放在座椅边和床边，使之不仅能够摆放老年人的物品，还能在老年人站立时发挥支撑功能。不应给老年人配置难以清洁的家具，家具的形状和线条应该简单易擦。家具的高度、硬度也要符合老年人的生理特点。座椅和床的高度应保证老年人坐着时能省力，坐垫需要有一定的硬度，以便老年人能充分借力。还要特别注意的是，家具、五金件不得有尖锐的凸出形状，以免老人不小心磕碰、划伤。

14. 绿植花卉的配置

与普通的装饰品相比，绿植和花卉更富有生命力，可以使室内环境更加舒适。在老人居室中放置合适的植物种类不仅可以净化室内空气、美化室内环境，而且可以安抚老年人的情绪，让老年人欣赏绿植花卉的同时能够感受到照料这些植物的乐趣。

在植物的摆放方面，应放在便于浇水、修剪和养护的位置，像是吊兰一类的植物，不应放置在太高的位置，以免碰触的时候导致其倾倒或掉落。如较小的植物最好不要放在较低的位置或阴暗的地方，以免老人意外绊倒。一些带刺的植物应尽量放在远离老人的地方，以防老人被刺到。有些植物的花粉会引起老人过敏和哮喘等症状，在摆放植物前，要对老年人的身体进行全面的调查。植物在夜间会释放二氧化碳，因此要避免在卧室里放置太多的植物。

（三）养老机构养老设施基本功能配置优化

养老设施的配置应随着级别变化而增加规模，但基本配置等级不变。

老年人常用功能用房（餐厅、活动室、多功能厅等）要设置于地块内的中心区域，避免出现老人行走距离过长的问题。辅助建筑应与主要建筑联系方便，同时还要避免噪声及废气对主要建筑产生影响。

养老院的管理部分用房可以分为行政办公和后勤服务两个部分，它们要与老年人用房保持适当隔离，并有一个相对独立的出入口，也可以设办公管理区于建筑的顶层。

首先，养老设施的行政办公用房主要有两点要求：一是应与老年人生活起居空间分区布置；二是应包括行政办公、会议接待、值班收发、档案管理、休息更衣、仓储库房等空间。

其次，养老设施的营业性服务用房的功能设置主要包括四点：一是应设在老年人易达的场所，可独立设置也可综合设置；二是对于1000人以上规模的老年人设施宜设商业、电信、银行、美容理发等业务用房，可与公共休息厅结合布置；三是应设置体检中心、紧急处理中心及临终关怀中心等设施；四是应设置备勤用房，备勤用房与工作区分开设置。

在机构养老的规模等级方面，我们建议建立与城市医疗资源等级相对应的规模体系，即市级、区级、社区级养老院分别对应三级医院、二级医院及社区级医院。首先，这样可以使机构养老设施与医疗体系挂钩，便于医疗监护治疗机构的管理及统计。其次，这样划分可以为城市资源管理部门提供相对的参考依据，以便于控制整个城市养老设施的总量及分布，有利于进一步规划和统筹资源。

根据护理人员对不同行为能力的老人的护理强度及护理半径，在每个护理单元中应设置不同数量的床位，以保证护理质量。

养老机构所处地域周边配置：如果养老机构周边有便捷的公共活动及医疗机构，并且机构用地紧张，养老机构可不单独设置内部公共设施而是和社会资源共享，如位于上海市区的老年公寓、敬老院等，相反如果养老机构所在地域较为偏远，用地宽松，没有完善的配套设施，则机构内部需设置较多公共设施以满足老人的要求。日间养老一般市区及成熟居民区距离较近，方便老人通勤，社会资源共享可能性大。养老院与老人养护院选址则受地价、周边环境影响较大，通常较为偏远，因此需要的独立配置设施较多。

（四）产业养老设施基本功能配置优化

产业养老因为针对高收入老年人群，其规模及配置项目都应相应提升。

在其功能设施中，除传统养老机构所必备的基本配置之外，它还尽可能多地导入供老年人休养生息的一些设施功能，根据担负的职能等级分这些设施可以分为医疗救治、养生康复与护理、休闲颐养及其相关的基础设施。

首先医疗救治设施。通过与当地综合医院合作的模式，养老机构可在社区内建立侧重于治疗老年病种的小型综合医院,其往往具有急救、治疗、慢性病治疗、全失能护理、临终关怀病房等功能,同时还具有一些综合性医院门诊及医技科室,还应有特需 VIP 用房为需要高端服务的老年人群服务。

其次养生康复与护理设施。康复性治疗护理等高端疗养设施包括物理治疗区,职业治疗区,水疗、泥疗、光疗、磁疗、怀旧回忆治疗区等。

再次休闲颐养设施。它包括为老年人提供老有所乐、老有所学、老有所为的活动场所,如老年大学、茶室、棋牌、运动室、制作工坊、展示中心、游泳池、电脑房、乐器室、映像室等,这些设施组成了社区日常生活的娱乐保健系统。如果用地面积允许,养老机构可通过在户外开辟种植园,让老人根据自己的喜好,在面积不大的地块中种植蔬菜、花卉,让老人充分接触自然,这对他们的身心健康大有裨益。

最后与上述功能配置紧密相关的一些基础设施。它们是维持社区正常运转及方便老人生活的基础设施,如集中餐厅,老年人对饮食的要求很高,该设施可根据不同喜好及病种将老人的饮食提供个性化饮食,借鉴医院营养食堂做法,有针对性地提高老人饮食水平以促进老人身心健康。超市、银行、理发店、鲜花店等方便老人生活的设施必不可少。除此之外,还要有室外活动场地,例如门球区、太极拳区等提供平时健康锻炼的场所。

二、"商养结合"社区养老设施配建思路和方法

老年人口范围鉴定:根据对老年人的日常生活需求和设施偏好的调研和分析,提出"商养结合"模式的主要服务对象;能融入社区生活的健康型和自理型老人。

(一)用地规划控制和选址

1. 用地规划控制

我国目前没有专门针对养老设施的用地规划,仅在城市控制性详细规划通则指出住宅用地 社区服务设施用地,规定了养老助残设施用地面积,然而没有具体规定怎么配建。经开发商拿地建设时,将规范中的养老设施用地和社区服务中心合并设置,最后社区建设完成后,逐渐演变成了居委会办公的场地。

对居住区分级控制规模依据步行距离划分居住区等级,分为四个等级如下表 3-2。

表 3-2 居住区等级

距离与规模	十五分钟生活圈	十分钟生活圈	五分钟生活圈	居住街坊
步行距离（m）	800 ~ 1000	500	300	–
居住人口（人）	50000 ~ 100000	15000 ~ 25000	5000 ~ 12000	1000 ~ 3000
住宅套数（套）	17000 ~ 32000	5000 ~ 8000	500 ~ 4000	300 ~ 1000

由于各地区的居住区、社区的规模有所差异,为了统一配套设施的配建,根据十分钟生活圈的定义,老年人接受的步行距离为 10 ~ 15 分钟,提出"邻里级"的概念,"商养结合"模式的用地规划就在"邻里级"的层级下,为社区带来更为完整、丰富的公共、

便民以及养老服务（针对健康老人）。

"邻里级"服务单元：人口规模 1.5～2.5 万人，服务半径为 500m，占地规模约为 1.8 平方公里，在十分钟生活圈中融入社区配套商业服务、便民服务、养老服务设施，在"邻里级"服务单元范围内，按照"商养结合"的模式进行配建。

2. 选址

新建社区规划在公共服务设施用地中预留"商养结合"模式的用地，可借鉴邻里中心模式的用地规划。随着新建小区老人的数量增加后，可在"商养结合"用地内逐渐增加养老设施，进行功能上的置换，老旧社区可在几个社区之间，选择改建或者扩建方法等。

选址上应考虑到老年人步行能力弱，少穿越马路，尽量选择小区次干道上。其次，注意建筑的遮挡，从而满足老年人对晒太阳的要求。应鼓励与居住区配套公共服务设施、绿地公园结合配建，"商养结合"配套设施的建筑布置、室外活动场地、规模面积应满足相关配套公建、社区商业、养老服务设施规范要求。

（二）"商养结合"的服务半径

通过前期的调研发现，老人的步行容忍距离为 10-15 分钟路程，在商业服务、生活配套和养老设施的配建中，要考虑到老年人的步行容忍距离，按照合理的服务半径配置相应的设施，满足老人使用。

十分钟生活圈居住区：以居民步行十分钟可满足其基本物质与生活文化需求为原则划分居住区范围，人口规模约为 15000 人～25000 人。

我国各个城市的社区规模存在差异化，"商养结合"的服务半径，根据居民步行十分钟可到达服务设施的范围，按照"邻里级"服务单元的规模，服务人口 10000～25000 人，服务半径控制在 500m 以内，配建社区商业、居家养老服务和老年食堂、便民设施、老年文体娱乐设施等。

（三）"商养结合"的配建方式

1. 新建社区配建方式

新建社区的配建方式尽量选择靠近居住区周边的公共设施区域，构建独立的"商养结合"用地，靠近小区次干道，减少噪声污染，增加老人步行的安全性。新建"商养结合"的用地应划分出各类设施用地规模，配建过程中应根据功能分区和人流动线组织好建筑空间和流线，注意和城市公共交通流线融合。

2. 老旧社区配建方式

对于老旧的社区而言，可以通过周边建筑改造、功能置换、荒废建筑改造等方式进行"商养结合"的配建。由于许多老城区周边的配套设施已经建设完成，大面积的拆建由政府统一规划，短时间难以实现。因此，可以有效地利用社区周边的资源集中式配建"商养结合"的各项服务设施。

（1）荒废建筑改造

对老旧社区周边的现状进行调查，从居住区规划和城市交通的角度进行可行性的改造，拆除一些无法再利用的建筑、改建扩建的方式，在合理的服务半径范围内，重新改造出"商养结合"的用地。但此种方式的做法需要拆除或者改造部分建筑，面积规模很难满足用地要求，同时面临着缺乏室外活动空间的问题。

（2）与公园绿地结合

通过对老年人日常行为的观察，老人普遍表现出对户外活动、公园等群体活动场所的喜爱，老人对晒太阳、闲逛、锻炼的场所需求度较高。由此可将"商养结合"用地结合公园绿地建设，既能满足"商养结合"提供的服务功能，又能给老人提供室外活动场地，有利于提升城市复合公共空间。

（3）与养老机构结合

随着养老机构市场化，许多品牌的养老机构功能配套齐全，拥有专业的护理人员和运营管理团队。养老机构的场地一般租用社区沿街店面，可将沿街商业和养老机构改造为"商养结合"的配建方式，即在此基础上增添便民服务功能、部分养老服务设施等，采用"商养结合"的配建和管理模式，重新进行功能置换和业态的整合。此种方式可节约土地资源，利用已有的场地和养老设施进行有机整合。

（4）与商业综合体结合

商业综合体一般是由开发商建设和运营管理，具体的设计和管理归开发商管理。而"商养结合"与商业综合体结合，就是在商业综合体中置换出部分空间，用来配建养老设施和便民服务设施，从而达到"商养结合"的配建功能要求。整个商业综合体由开发商的团队进行统一管理，只对公益性的养老设施收取少量的物业费，便民服务和便民菜市场收取少量租赁费用和物业管理费用，各类服务设施的责任主体按照"商养结合"运营管理模式进行。此种方式可以有效的利用土地资源和社会力量，丰富了公共服务设施的复合功能性。

（四）"商养结合"的运营管理

"商养结合"的运营管理方式是通过政府投资，由企业或者机构来运营，所带来的商业盈利支持公益性便民服务和养老服务。"商养结合"是一种不以营利为目的、半盈利性质的模式。公益性的养老设施如果仅靠政府单一的投资建设，后续的运营出现亏损，导致养老设施相继倒闭。

"商养结合"的运营管理明确各类配套服务供给对象、供给方式和支出责任主体，主要包括营利性的社区商业服务、公益性的便民服务和公益性的养老服务。由营利性的商业服务获得的收益支持养老设施和便民设施，各类服务对应具体的供给对象、供给方式和支出责任主体。

1. 场地提供者

由政府提场地并出资建设或者政府出让土地开发由建设单位建设，类似于配套公建一样交付给政府部门，并将"商养结合"的商业服务、便民服务、养老服务场地分配给各负责主体。

2. 责任主体

借鉴苏州邻里中心和上海的经验，将"商养结合"的运营主体归国企运营，物业管理和商业服务由国企或者开发商管理，便民服务归街道办或者社居委会管理，养老服务交给专门的养老机构进行管理。

3. 养老服务购买者

由政府购买基本的养老服务提供给辖区内的老人，根据老人的年龄、身体状况进行补贴和照顾，其他的养老服务由老人自行购买。

列的合理组织

一、建筑空间组合与秩序

（一）空间组合手法与组合关系

空间组合就是将两个或多个空间形体放置在一起，探讨它们之间的空间组合关系以及形成的空间序列。设计的目标是通过简单的要素操作形成丰富的空间体验。丰富的空间体验主要取决于空间序列上空间的对比、变化、大小、形状、方向，视线的位移，光线的变化等因素。

1. 空间组合手法

常见的空间组合操作手法有占据、连接、叠积、咬合、扭转、变异等，这些操作手法都可以用于板片与体块模型。

（1）叠积

大小相同、形体相同（或不同）、方位不同的空间形体互相叠加时，两个形体就会相互破坏了彼此的外形特性，并结合产生一种新的组合体。

（2）占据

体块的最基本操作之一是以体块来占据空间，同时产生体块与体块之间的空间。体块的大小和形状随体块的功能内容不同而不同。

（3）连接

两个相互分离的空间由一个过渡空间相连接，过渡空间的特征对于空间的构成关系有决定性的作用。

（4）咬合

两个空间部分叠合时，将形成联合、互锁、衔接的空间形式。两个体积的穿插部分，可为各个空间同等共有。穿插部分与一个空间合并，成为它的整体体积的一部分，穿插部分自成一体，成为原来两个空间的连接空间。

（5）扭转

两个单元空间相对的扭转变换方向，形成相对的旋转，称为扭转。

（6）变异

相似或相同的多个单元体中有个别单元体发生变化，称为变异。

2. 空间组合关系

空间组合即两个或多个形体之间的相切、相离、相交及包含的关系，其主要有以下几种：

（1）空间相切

两形体或多个形体在空间上相互接触，可以是点的接触，例如角对角，可以是线的接触，也可以是面的接触，但形体之间需保持各自独有的视觉特性，而视觉上连续性的强弱取决于接触方式。面接触的连续性最强，线接触和点接触的连续性依次减弱。

（2）空间相交

两个形体或多个形体在空间上相交，两者不要求有视觉上的共同性，可为同形、近似形，两者的关系可为插入、咬合、贯穿、回转、叠加等。

（3）空间相离

两形体或多个形体在空间上相分离，各形体间保持了一定距离而具有一定的共同视觉特征。形体间的关系可作方位上的改变，如平行、倒置、反转对称等。

（4）空间包含

一个形体或多个形体在空间上被另一个大的形体包含在内部，各形体要求有视觉上的共同性，可为同形、近似形，关系可为相切、相交、相离等。

空间组合的手法较为多样，其组合的关系也较为丰富。设计中，不仅可以利用体块相切、相离、相交的关系进行空间的组合，也可以通过空间操作手法进行空间演化，如通过体块之间的相互咬合、旋转、错位、掏挖等方法，形成上下连通、迂回曲折的内部空间。也可以利用相交体块之间的缝隙进行采光，进而强化体块间的相交关系。

（二）空间组合模式与序列

1. 空间组合模式

"空间组合"的研究不仅仅是分析独立的单元空间的关系，更重要的是探究其组合的模式和规律。

（1）线式组织

单元空间逐个连接，或由一个单独的线式空间联系。这种组织方式通常是利用走道等建筑公共交通作为纽带来组织群体的一种方法，各分支系统或建筑单元，按线性轨迹展开，适用于分支较多，各建筑单元之间又有纵横联系的空间等。

（2）集中式组合

一种稳定的向心式构图，由一定数量的次要空间围绕一个大的占主导地位的中心空间构成。中心主导空间一般为相对规则的形状，应有足够大的空间体量以便使次要空间能够集结在其周围；次要空间的功能、体量可以完全相同，也可以不同，以适应功能和环境的需要，

（3）辐射式组合

这种空间组合方式兼有集中式和串联式空间特征。其由一个中心空间和若干呈辐射状扩展的串联空间组合而成，辐射式组合空间通过特定的分支向外伸展，与周围环境紧密结合。这些辐射状分支空间的功能、形态、结构可以相同也可不同，长度可长可短，以适应不同的基地和环境变化。这种空间组合方式常用于山地旅馆、大型办公群体等。另外设计中常用的"风车式"组合也属于辐射式的一种变体。

（4）网格式组合

"网格法"是建筑设计中最常用的手法之一，它通过利用大小不同的网格对整个基地或建筑进行控制，从而使建筑形态呈现整体性这种组合方式通常是按照建筑的功能空间来进行组织和联系，称之为网格式组合。在建筑设计中，这种网格一般是通过结构体系的梁柱来建立的，由于网格具有重复的空间模数的特性，因而可以增加、削减或层叠，而网格的同一性保持不变。按照这种方式组合的空间具有规则性和连续性的特点，而且由于结构标准化，构件种类少，受力均匀，建筑空间的轮廓规整而又富于变化，组合容易，适应性强，由此被各类建筑广泛使用。

（5）组团式组合

将具有相似特性的小空间分类集中形成多个单元组团，然后再用交通空间将各个组团（单元）联系在一起，形成组合。组团内部功能相近或联系紧密，组团之间关系松散，具有共同的或相近的形态特征。实践中常用的庭院式建筑即属于这种组合方式。单元或组团的组合方式也可以采用某种几何概念，例如对称或交错等。

2. 空间序列

空间序列是空间的先后顺序，是设计师按建筑功能给予合理组织的空间组合。各个空间之间有着顺序、流线和方向的联系并形成一定的关系。空间序列一般可分为以下四个阶段：

开始、过渡、高潮、结尾。开始阶段是序列设计的开端，预示着将展开的内幕，如何创造出具有吸引力的空间氛围是其设计的重点。过渡阶段是序列设计中的过渡部分，是培养人的感情并引向高潮的重要环节，具有引导、启示、酝酿、期待以及引人入胜的功能。高潮阶段是序列设计中的主体，是序列的主角和精华所在，这一阶段，目的是让人获得在环境中激发情绪、产生满足感等种种最佳感受。结尾阶段是序列设计中的收尾部分，主要功能是由高潮回复到平静，也是序列设计中必不可少一环，精彩的结尾设计，要达到使人去回味、追思高潮后的余音之效果。其也可以把整个序列上的空间分为入口空间、过渡空间、高潮空间、结尾空间四部分。

（1）入口空间

入口空间是在实际进入一个建筑内部之前，沿着一条通道走向建筑物的入口，这是

整个流线的第一段。在这一阶段，人们已经做好准备来观看、体验和使用建筑空间、通向一栋建筑物及其入口的道路，从空间压缩后的几步路到漫长而曲折的路线，其过程可长可短。通道可以垂直于建筑物的主要立面，也可以与其呈一定角度。进入空间的入口，其最好的表现方式是设置一道垂直于通道路径的垂直面，此面可以是实际存在的，也可以是暗示的。可以通过不同的手法，从视觉上加强入口的意义，比如使之出乎意料的低矮、宽阔或狭窄，使入口深陷或迂回，或用图案装饰来清晰地表达入口等。

（2）过渡空间

过渡空间也可以称为交通空间，是任何建筑组合中不可分割的一部分，并在建筑物的容积中占有相当大的空间。交通空间的形式变化依据以下几点：①其边界是如何限定的？②其形式与它所连接的空间以及形体的关系如何？③其尺度、比例、采光、景观等特点是如何表达的？④入口是如何向交通空间敞开的？⑤交通空间中是如何利用楼梯和坡道来处理高程变化？

（3）高潮空间

高潮空间是整个流线上的核心空间，也是整个建筑精神性的体现。一般有剧场型高潮空间，通过利用多级踏步，产生舞台聚焦的效果，以塑造一种庄重、肃穆的感觉；也有广场型高潮空间，利用超尺度的宽广空间，创造一种宏大的、空旷的效果；还有一种是街道型高潮空间，利用多个空间的穿插、组合，营造一个多层次的场景。

（4）结尾空间

结尾空间是建筑的出口空间，主要是探讨建筑与环境相交接的关系，有些建筑的结尾空间往往就是起点空间，而有些建筑的结尾常常采用大的环境背景来衬托建筑，让人处于高点可以俯瞰建筑，处于低点仰视建筑，进而对建筑在环境中的关系做个整体的了解。

空间之间的关系以及空间序列营造的手法，一般有以下几种：

①空间的衔接与过渡。直接衔接包括共享、主次、包含等。间接过渡包括室内过渡空间、室内到室外过渡空间等。

②空间的对比与变化，也是空间丰富性的主要原因，可以使人产生情绪的突变，获得兴奋的感觉。对比手法有体量、形状、虚实、方向、色彩、光线、材料对比等。

③空间的重复与再现。重复，富有一种韵律节奏，给人以愉快的感觉。再现，是指在建筑中，相同形式的空间被分隔开来，通过一再出现而使人感受到它的重复性。

④空间的引导与暗示。引导与暗示不同于路标，处理要含蓄、自然、巧妙，增强空间的趣味性。表现手法：借助楼梯、坡道或踏步来暗示空间，利用曲面墙体来引导人流，利用空间的灵活分隔和利用空间界面的处理产生一定的导向性。

⑤空间的渗透与流通。其包含两个方面：内部空间之间的渗透与流通、内外空间之间的渗透与流通。

3. 流线空间

建筑的三维空间所产生的最为本质、最令人难忘的感觉源自人体验，这种感觉将构成我们在体验建筑过程中理解空间情感的基础。当我们穿越空间序列，运动于时间之中体验一个空间时，建筑的流线空间就是我们的感性纽带，影响着我们对建筑形式和空间的感知。流线一般可以分为三种类型：并联式空间、串联式空间、混合式空间。

（1）并联式空间

并联式空间是具有相同或相似功能及结构特征的单元并联在一起。它们彼此空间形态基本近似，不寻求次序关系，其空间可以分别与大厅或者廊道联系，不需要穿越其他空间。同时，根据使用要求它们可相互连通，也可不相互连通。这种连接方式简便、快捷，适用于功能相对单一的建筑空间。例如，该居室就以楼梯为交通空间连接楼上的书房、卧室以及楼下的餐厅及厨房。

（2）串联式空间

串联式空间是各单元空间依照先后次序相互连接，形成一个连续的线性空间序列。各空间可逐一直接连接，也可由一条联系纽带将各分支串联起来，即所谓的"脊椎式"。串联式空间适用于那些人们必须依次通过各部分空间的建筑，其组合形式必然形成序列。串联式流线具有很强的适应性，可直可曲，还可转折。如下图这个来回转折的楼梯就将上下三层串联起来，想从外部到达三层房间就必须穿过一层及二层房间。

（3）混合式空间

混合式空间即上述两种组织方式的混合。混合式空间也称为串、并混合式流线，其中即存在串联式，也存在并联式。如将建筑分为几个独立的空间，然后被一个连续的廊道串联在一起，形成了一个随着时间轴线动态变化的故事场景，产生串联式的空间体验。其空间也可以分别与大厅或者廊道联系，不需要穿越其他空间直接到达。由于串联、并联式流线的同时存在，空间中会产生两条流线的交错，形成富有戏剧性的时空效果，但同时也会存在迷乱和无序的空间感觉：

二、单元设计

建筑是由一系列功能各异但又相互联系的单元空间构成的，彼此之间存在着一种模式。探讨这种模式实际是挖掘整个系统层面上各单元空间的均衡性以及它们之间的内在联系。完整的单元设计包括对其建设规模、功能构成、空间布局、设施设备，以及人力资源和服务水平等硬件和软件指标的规定及操作方法的说明。

（一）适老照护单元

适老照护单元是与老年人日常生活关系最为密切的场所，不同于医院中由病房组成的护理单元，也区别于纯粹养老型建筑中的居住单元，而是由不同护理级别的居住区＋应急处理医护问题的护理区＋公共活动交往区＋辅助生活服务区构成的复合体系，打破了传统集中化、无差别的功能格局，通过分区管理、分层设置，基本实现向功能细化、服务层级化的转变。其设计的合理与否直接关系到老年人生活品质和服务人员工作效率的高低，故设计时应当严格遵循一定的原则，如高效性、私密性、健康性和舒适性，满足疏散、防火等要求。这里以经济适用、便于管理的集中式布局为例。

1. 基本型

适老照护单元的布局形态有两种分类方式：根据流线形态，分为中廊式、外廊式、复廊式和回廊式；根据护理站位置，常见有居中型和邻近交通核的入口型，以下将分别对这些布局模式进行详细解析。

（1）中廊式

中廊式该类型是利用一条内走廊作为主要交通空间，造价低、占地少，易取得较好自然采光及通风和朝向，且结构简单、易于实施。以直线形廊式布局居多，但随着床位规模的扩大，护理路线加长，其管线长、占地大的问题就愈加突出。T字形、L字形和Y字形，即打破了单一长条式的弊端，使功能更趋紧凑，提高了医护巡视效率，也利于护理站、辅助房间的布置，以及老人之间、老人和医护人员的互动。居室有单面布置和双面布置两种形式。在建筑一侧存在噪声源或景观非常好的场合，可采用一侧集中配置居室的单面型。

（2）外廊式

外廊式即利用靠外墙的走廊联系各房间的布局形式，其采光和通风均优于中廊式，但在同等面宽下可布置房间数量缩减，不利于节地，且对建筑防寒、保温的要求较高，节能缺陷也较为明显，目前主要应用于南方小体量适老化设施的建造之中。以L形外廊式为例。

（3）复廊式

复廊式是将居室沿周边布置，辅助用房置于中间的布局模式。相对于单廊式便于在不同走廊两侧安排身心状况有一定差异的老年人，私密性较好，比单廊单面型更利于护理路程的缩减、服务效率的提升，适用于较大规模设施的建造。为了改善中间一排房间采光不足的缺陷，可通过增加小天井改进其采光和通风，用在南方的多层或低层照护单元效果明显，对某些受地形限制的适老化设施来说，也不失为一种较好的选择方案。

（4）回廊式

回廊式即环形走廊将交通和护理站等用房包裹在中间，居室配置在走廊四周的模式。是在复廊式基础上，进一步压长加宽，使平面更加紧凑，护理路线也更短。形态多样、总体布局统一，从最初方形环廊到变形而来的三角形、圆形和多角形等等，它们具有布局紧凑、服务高效但自然通风和采光欠佳的共性外，还存在各自的一些优势或缺陷。如圆形回廊，护理站设于圆心部位，各居室绕厅布置，距离均等且视线开敞，利于医护人员与老年人的互动交往，但在护理站和环廊面积一定的情况下，不影响直观监护的效果，圆形半径不宜过大，即对居室进深有一定限制，床位规模宜为25张左右。

2. 基本型＋模块

以前文研析的整体布局＋嵌入式模块（各种社区设施）为基础，在照护单元基本型之上，附加相应的功能模块，这里以L形中廊式为例。归纳整合，主要包括两种类型：

＋老年人休息室或老年居住用房，鉴于二者服务对象与服务内容接近，故将其合并为一种模式。考虑到便于对外服务和合理分区的要求，将该模块置于照护单元底部、靠近核心养护区的部位。

+康复护理病房，是面向社区居民开放的卫生服务区域，靠近底部的核心医疗单元。

3. 优化型

依据专家调查问卷的权重分析结果，权值较小的功能房间可作为照护单元基本型附加设置进而优化的对象，包括亲情居室、公用厨房和公用沐浴间。此外，还可针对为老年人提供互动交流的场所进行改良，涉及老人居室中的阳台部分，以及公共交往空间和交通空间，结合老年人的兴趣爱好和生活习惯，设置具有较大机变性的弹性空间，例如便于老年人晒太阳、会客、种植花草的阳光廊，环境更舒适、更温馨、功能更丰富的公共交往场所，以及设置信报箱、休息座椅的候梯厅等等。其空间组织就如同一个大套间包括大客厅、公共厨房和带卫生间的卧室，这种"家庭模式"更能促进老人和医护人员的交流，提高护理质量和老年人生活质量。

（二）核心养护单元

核心养护单元是为老年人提供从入住接待到FI常生活照料以及休闲娱乐活动的综合服务区域，相对于适老照护单元，属于公共开放空间故其设计原则与空间布局形态都区别于较为私密的起居照护部分，是以对外开放性、便捷性、可达性和舒适性为宗旨，创造令人愉悦的、舒心的环境氛围。相比传统的养老设施，更注重人性化的细部设计和多样化的功能布局。

1. 基本型

基于对访谈调查的整理和国外案例的解析，同时针对核心养护区的布局形态进行归类整合，大致概括为两种类型，即一字形的中廊式和口字形的回廊式，下面将详细论述不同模式下的空间格局及其优劣特征。

（1）中廊式

中廊式按照使用者的活动路线和分区原则，将功能空间沿中央走廊两侧依次排列开来，形成一字形尽端式这种模式最为常见，具有结构简单、布局紧凑、使用率高、节约用地等优点，不过空间较为单一、缺乏变化性和灵活性，在布局时更须注重把握宜人的空间尺度，营造亲人的居家氛围，体现人本的细部处理，以改善并丰富其内部环境。

（2）回廊式

回廊式即以口字形的走廊串联各个空间，中间设置内庭院的布局模式，庭院不仅是调节微气候、供老年人赏景的室外场所，也可作为室内功能向室外延伸，提供老年人休闲娱乐、会客聊天、健身锻炼或种植花草的弹性空间。这一模式相较一字形中廊式，具有较好的景观视野和更明确的功能分区，但同时也存在占地较大，部分房间朝向稍差，流线增长等问题，更需加强流线及其标识的合理化、清晰化设计。

2. 基本型 + 模块

本着整合资源、便于服务的原则，并将社区配套服务设施与适老化医养设施进行适度复合，在核心养护区域则有相应功能空间的嵌入，按服务类型来分，主要包括为老年人服务的教室及室外活动场地，以及促进代际互动交流的儿童照护中心和婴幼儿洗浴中心。这里以常规的中廊式为例，布局时应充分考虑与原有功能的顺应关系，是否符合日常行为习惯等。

3. 优化型

就已建构的核心养护基本型进行优化，可从扩大规模、细化功能和增补空间三方面着手，诸如对原有餐厨空间和辅助办公用房、阅览室的适度扩大，为社区居民提供更便捷的多样服务；进一步细化入口大厅的服务功能，包括前台接待、入住登记、值班监控以及相对独立的信报收发和贩卖区域，为入住老年人创建舒适、便捷的居家氛围；在恰当区域增加书画练习、网络聊天和体育运动等活动室、理发室等。

（三）核心医疗单元

核心医疗单元是为老年人提供基本医疗护理和保健康复服务的区域，与核心养护区结合形成公共开放的为老服务场所，属于医养结合导向下新型适老化设施区别于传统养老设施的核心关键部分。故设计时应以相关规范为准则，着重处理其功能配置、布局形态、流线组织，以及与其他两个单元的衔接与室外环境的关系等。

1. 基本型

以经济节约、易操作、易推广为原则，整合归纳医疗单元的布局模式，同核心养护单元，大致分为两种类型，即中廊式和 mi 廊式。考虑到社区居民享有医疗保健等资源的便捷性，以及该区人流、物流与核心养护区的适度隔离，故在核心医疗单元设置次入口，以便对外服务。

（1）中廊式

参见核心养护单元中廊式的布局特征。设计时侧重医疗卫生的洁污分区、合理的流线组织，以及创建不同于传统医疗建筑阴森冰冷的明亮且舒适的室内环境。

（2）回廊式

其布局优缺点同核心养护区的回廊式。该单元中庭的设置不仅作为观赏、娱乐用，更体现在其促进人体康复、舒缓情绪的疗愈价值。

2. 基本型＋模块

以中廊式为基本型，当与社区卫生服务中心合并建设，需嵌入相应的附加功能空间，如儿童和妇女保健室、全科诊室与预检分诊室，以及消毒室。复合时应重点解决流线的合理性与使用的便捷性。

3. 优化型

即在基本型的基础上，综合规范标准和权重分析进一步改良的优化版本。主要涉及增补和细化两部分，体现在：增加内外科诊室、抢救室、心理疏导室以及适量观察床位和药房面积；细化检验区的功能，除常规检查化验之外，设置 X 射线、B 超、心脑电在内的功能检查。其次，改善输液室环境，考虑老年人消遣娱乐以及家人陪护的需求。再次，细化保健室和康复室内的功能布局，以适应更高配置、更多人群使用的需求。

第四节 环境设计的可持续性体现

一、现代建筑装饰工艺在乡村建筑环境

从 20 世纪开始，人们越来越重视生态环境问题，良好的生态环境对全面保障人们的身体健康至关重要。因此，如何合理改善人们的生活环境、提高人们的生活品质，已成为当今社会亟待解决的问题。建筑装饰从传统装饰发展到现代装饰，再到可持续发展装饰，这是人们对生态文明在建筑装饰艺术领域发展的创新结果，这也是最好的体现，更是进一步促进我国社会经济健康可持续发展的重要举措。在乡村建筑环境设计中，现代建筑装饰工艺的价值是极高的，通过合理运用现代建筑装饰工艺，能够更好地体现出乡村精神文化和自然生态环境的特色，从而为乡村建筑环境设计的可持续性研究提供良好的保障。

（一）现代建筑装饰工艺的主要内容

1. 色彩特征

在建筑设计中，不同色彩会给人以不同的视觉冲击，也会给人以不同的感受。因此，在实际设计中，设计师要注意建筑的色彩搭配，这样既能提高建筑装饰工艺的空间感，又能充分体现出建筑特色，给人以舒适的感受。例如，在实际建设中，如果涉及一些纯洁、简约的建筑物，就可以采用白色，以更好地体现出建筑物的特点，给人一种干净、整洁的感觉。而对于一些庄重、严肃的建筑物，则可采用黑色来体现建筑物的特征，使人不自觉地产生紧张感。在面对不同用途、不同特点的建筑时，也要充分结合建筑物的自身特点，根据实际建设需求，设计有针对性的建筑装饰方案，最大限度地发挥建筑物的特点，给人们带来舒适感，在一定程度上有效地改善人们的心理变化。同时，人们在看到不同颜色时，也会有不同的思维感受，因此，在实际建设过程中，也可通过颜色混搭给人以不同的视觉冲击，给人以不同的感受。例如，当人们看到绿色时，第一个反应都是这是大自然的颜色，清新和谐，所以，在实际建设过程中，通过在装饰工艺中合理运用绿色，适当融入黄色，可以使建筑物整体经过冷暖色调的相互融合，从而形成一种新颖的设计理念，给人们带来更优越的视觉体验。

2. 质感特征

在室内建筑设计中，为了给人们带来不同的触觉和视觉体验，可以通过使用不同的建筑装饰工艺材料来实现。在人们看到一个新的事物时，所察觉到的感受会在大脑中形成存储记忆，因此，合理使用不同的建筑装饰工艺材料可以使人们自然而然地产生不同

的感受，从而结合对建筑物的第一感受特点形成新的体验感。例如，在建设过程中，涉及大理石等材料时，由于大理石本身的质地比较光滑、颜色比较冷，所以，会给人一种清冷的感觉。而布艺类装饰材料本身设计比较精美，所以，会给人一种温馨的感觉。总之，不同种类、不同特征的建筑装饰工艺材料给人的感受是不一样的，通过合理使用建筑装饰工艺材料，可以更好地体现出建筑自身的特色，这样既能充分满足人们实际居住需要，又能进一步提高人们的居住舒适性和生活品质。

3. 肌理特征

相对于质感和色彩而言，肌理特征更能体现艺术性。在合理控制建筑物的色彩调配、提高建筑材料质感的同时，丰富建筑的风格设计也是非常重要的。肌理特征主要包括以下几个方面：一是人工肌理，指人为制造而成的，主要以大理石材料、金属材料上的花纹印记为主，可以对建筑材料起到一定的装饰作用。二是自然肌理，指经过自然变化而形成的自然界产物，如树木木纹、叶片纹理等。在建设过程中，设计师应根据居民的实际需求，完善纹理设计方案，从而在一定程度上更好地体现出建筑的艺术美，提高人们的生活居住水平。

（二）可持续乡村建筑环境建设的设计要点

1. 空间功能设计

建筑设计的关键是将有限的乡村土地资源进行有效划分，在可持续乡村建设过程中，要充分结合乡村建设特点，注重居民的乡土情怀，在充分满足居民居住需求的前提下，对乡村原有建筑物采取一定的保护措施，从而使乡村特色与现代建筑理念巧妙融合。近年来，我国的乡村建设始终以安居乐业为核心目标，以此有效提高建筑物的实用性，最大限度地保留原有的乡村特色，从而进一步提高居民的生活品质。

2. 灯光色彩设计

在以前的乡村建设观念里，房屋一般是能住人就可以，并没有过多的要求。而在可持续乡村建设中，房屋作为居民生活的重要保障，为了有效提高居民生活品质，提高房屋建设的舒适性是十分必要的。在房屋建筑设计过程中，以暖色调为建设中心对居民进行问卷调查，以充分了解居民的审美及实际需求，从而在一定程度上尽可能多地选择居民喜欢的颜色，再融合暖色调元素来体现乡村建筑设计的独特性，从而为提高人们的生活品质提供良好的保障。

3. 室内装饰设计

近年来，随着我国社会经济水平的不断提高，乡村建筑的设计工作受到了越来越多的关注，乡村建设必须以可持续发展理念为设计核心。在实际建筑设计中运用装饰工艺时，必须注重装饰工艺的实用性，同时也要保持装饰工艺与建筑理念的高度统一，尽量避免因乡村建设而对周边生态环境造成破坏和负面影响。此外，在乡村建设中，由于建筑物占据了大部分空间，导致自然景观极少，我们所看到的部分都是人造景观，这在一定程度上也降低了人们的体验舒适度。因此，在乡村可持续建设过程中，为了尽可能地避免自然环境出现失衡的问题，就更应注重自然环境与人造环境的巧妙结合，从而使人造环境可以很好地弥补自然环境的不足。

（三）现代建筑装饰工艺在可持续乡村建筑环境设计的应用

1. 图形组合

在可持续乡村建筑设计中，可以通过变化不同建筑图形的组合形式实现不同的建筑风格。为了充分体现建筑自身特色，必须对建筑材料的质地、颜色和肌理进行精准判断，实行严格控制，使其更加符合现代建筑理念。例如在设计乡村接待室时，可以适当选取冷色调，以体现其庄严性，从而更好地体现其自身的功能性特点。

2. 质感转换

对于乡村建筑而言，虽然使用相同颜色可以在一定程度上提高建筑的整体，体现出建筑特色，但也会给人们带来一定的视觉冲击，不会给人们带来好的视觉感受。因此，在可持续乡村建筑设计过程中，应注重对不同建筑装饰工艺的合理搭配和使用，通过冷暖色调相互结合的方式来形成多种建筑风格，从而有效提升人们的视觉感受。例如，在涉及金属类装饰材料时，因金属材料具有一定的隔离性，所以，可适当结合暖色调的装饰工艺材料来体现乡村的人文特色，体现出乡村建筑设计的多样性，从而在一定程度上促进乡村建设的可持续发展设计特色。

3. 材料搭配

在可持续乡村建筑设计中，材料搭配是十分关键的，不同的建筑装饰工艺材料能够体现出不同的建筑设计效果，给人们带来不同的视觉感受。近年来，随着人们生活水平的不断提高，人们对居住质量和环境的要求也越来越高，在乡村自然环境中，可以适当地选取建筑装饰工艺材料以进一步提升乡村建筑的自然美观性和艺术性，这也是我国实现可持续乡村建设的重要发展方向。同时，为了使乡村建筑风格更加统一，就应该充分结合乡村的实际发展情况，根据乡村建筑的实际需求，采取对比、夸张等建筑方式进行建筑工艺装饰，在保证乡村自然环境特色的同时，提高居民生活质量。

二、养老建筑环境与规划设计研究

随着社会经济的快速发展和人们生活观念的改变，我国老年人口在总人口中所占的比例越来越大，老龄化问题日益突出，面对老年人口数量的不断增加和养老方式的多样化，传统的老年人养老习惯已经发生了巨大的改变，因此，对养老建筑环境与规划设计的研究兴起。而由于建筑的规划设计应符合人们的生活方式，随着养老模式的转变，建筑环境与规划设计的改变也是重中之重。

（一）养老模式

社会发展的变迁对人们的生产生活产生了巨大的影响，传统社会只有简单的居家养老模式，但是随着社会发展和思想的不断解放，人们的生活方式发生了翻天覆地的变化，养老模式朝多元化方向发展，主流的养老模式以居家养老和机构养老为主，但也存在其他的养老模式，各种模式都是为满足人们的养老需求而产生的。

1. 居家养老模式

我国"家文化"历史悠久，这对我们的生活习惯产生重要的影响。居家养老模式与其他的养老模式相比，具有深厚的历史文化底蕴，因此在很长一段时间内，居家养老仍然是老年人的主要养老模式。居家养老模式之所以受到老年人的青睐，首先，由于老年人居家能及时、便利地与子女沟通交流，这符合"养儿防老"的传统观念；其次，因长期居住在同一建筑中并形成固有的生活习惯，老年人更不愿意迁居、更换生活环境，对新环境和新事物具有抵触心理；再次，退休老年人倾向于心理关怀，而在与熟悉环境中的邻居、朋友的交流过程中，通过了解彼此的生活状态，能进一步感受关爱；最后，居家养老无须投入过多的资金，符合退休老年人勤俭节约的消费理念。基于老年人的生活习惯和消费理念，更多的老年人热衷于居家养老模式，其认为选择居家养老模式能在身体和心理上同时得到满足，是一种性价比最高的选择。

2. 机构养老模式

随着社会主义经济的发展，新型行业不断涌现，养老机构随着社会老龄化进程的加快应运而生，其作为一种新的消费模式，在一段时间内饱受争议，而某些养老机构的不正当经营手段，也为养老机构的发展带来了很大的负面影响。目前，在国家政策的扶持下，养老机构的经营模式不断成熟和完善，其发展也逐渐受到了部分老年人的关注。

首先，机构养老模式能有效地解决老年人的社交问题，为老年人提供良好的交际平台，避免老年人产生孤独心理，有利于老年人心理健康的建设。其次，养老机构是老年人聚集、居住的健康养老场所，也是由老年人组建的一个小型的老年社区，其配套设施较为完善，且可以根据老年人的需要提供个性化服务，进一步满足老年人的特殊养老需求。

机构养老模式是孤寡老人和子女工作繁忙的老人的最佳选择，其不仅能照顾老年人的生活起居，也能缓解子女的负担。但是养老机构也导致老年人亲情缺失问题，老年人在缺乏子女照料、陪伴的情况下极易产生心理落差。

3. 其他养老模式研究

除了上述两种养老模式以外，还存在诸多的养老模式，多是以满足老年人的养老需求为目的的享受模式，典型的有售房入院养老、售后回租养老等以房养老模式。选择这类养老模式的老年人的思想较为开放，其一般根据自己的实际情况作出不同的选择，选择能符合自己养老要求、保障基本生活的养老模式，这也是养老模式多元化发展的重要因素。随着社会的不断发展，新型的养老模式将不断涌现，但无论是居家养老、机构养老还是其他养老模式，都离不开老年人的居住，其最终目的都是满足老年人的衣食住行需求。

（二）养老建筑环境的营造

养老建筑与其他建筑最大的不同之处在于环境，养老建筑环境的营造是老年人生活舒适与否的重要因素。建筑环境的营造应该从室内、室外及配套设施等方面入手。

1. 居家养老建筑环境的营造

居家养老一般是指老年人在自己长期居住的环境中养老，部分老年人会选择在退休后对居住的房子进行二次装修，以方便自己的生活。退休后的老年人闲暇时间较多，会花费较多精力在自己日后的生活方面，因此对居住的环境进行一定的改变。退休前的老年人由于工作繁忙，没有时间、精力布置自己的居住环境，且居住环境多以其年轻时的生活习惯装修，已不符合老年人的生活习惯。居家养老涉及的建筑环境多为室内建筑环境，这类建筑应该考虑与老年人生活息息相关的衣食住行方面，以方便老年人的生活。视觉上的冲击能带给人最直观的感受，因此，居家养老建筑的室内环境应以鲜明的色彩为主，以便营造轻松、愉悦的环境。改装室内家具也是居家养老建筑改造需要考虑的重点内容，以方便老年人的穿衣和物品存放习惯。随着年龄的增长，老年人行动不便，因此在进行室内改造的时候应尽量减少台阶数量，方便老年人使用轮椅。与此同时，要考虑厨房、卫生间的装修和相关配套设施的尺寸安排。

2. 机构养老建筑环境的营造

养老机构的出现为老年人养老提供了更多的选择、更专业的服务和更为舒适的生活环境，为老年人创建了一套符合老年人心理的养老模式，使老年人获得安全感和幸福感。营造机构养老建筑环境的要求较为复杂——既要配备开放的社交场所，又要保障老年人的私生活，因此应充分考虑内部空间在尺寸设置方面的合理搭配，同时满足私密空间和开放空间的要求。机构养老建筑的设计还应注重营造亲和力，使老年人乐于入住、长住。应避免过于新颖、另类的环境设计，营造为老年人所熟悉的环境，以迎合老年人的心理。整个养老机构建筑应整体把握声、光、热环境，避免对老人产生刺激性影响。养老最终的目的是安享晚年，因此机构养老建筑的建筑造型和内部装饰应以安逸、祥和为主，营造养老机构的和谐氛围。

3. 其他养老模式建筑环境的营造

随着养老需求多元化，养老建筑也呈现出多元化发展的趋势。除了对建筑进行二次装修的居家养老模式和以满足老年人需求为目的的机构养老模式，最为典型的是乡村养老模式。乡村因为经济发展较为落后，消费水平偏低，对于经济条件较差的老年人而言是最佳的选择。且在乡村中，老年人可以享受丰富的自然资源和廉价的服务。尤其是对曾经长期居住在农村的老年人来说，应该"落叶归根"。营造乡村养老建筑环境，应该以植被景观塑造为主，结合农村特色元素，以满足老年人对大自然优美环境的向往为出发点，打造花草为伴、依山傍水的乡村养老建筑。除乡村养老模式以外，还存在将养老建筑定址于环境优美、交通便利的郊区的基地养老模式。一般多选择该模式的老年人追求高质量的生活品质，注重提高养老品位，因此，基地养老建筑环境的营造应以高雅的艺术风格为主，提升建筑的气质和形象。

（三）养老建筑的规划设计

养老建筑的规划设计主要是针对机构养老建筑的规划设计。科学、合理的规划设计对机构养老建筑具有重要意义，应慎重考虑选址、交通、配套设施等一系列问题。

1. 医养结合的养老建筑

医养结合养老建筑的发展已成为一种趋势，其能有效融合医疗机构与养老机构，为老年人的生命健康提供坚实的保障，而医养结合养老也是老年人养老的必然选择。医养结合的养老建筑要求医疗与养老并重。医疗机构的设置应该以满足老年人养生需求为主要目的，针对老年人的常见流行病进行各科室的配置，同时定期为老年人体检，并将科室设置在临近老年人居住地处，医疗机构相当于养老机构的附属设施。医养结合养老建筑的基础设施建设应将交通的便利性及覆盖范围的广泛性纳入考虑，以满足更多老年人的实际需求，为扩大市场规模奠定基础。此外，医养结合的养老建筑设计应该遵循以人为本原则，充分体现人文关怀的精神，在建筑设计上以庭院式设计为主，方便老年人日常交流活动的开展，院落内应该以连廊设计为主，避免阴雨天气对老年人的影响。医养结合也可以以医院为依托，在医院附近修建养老机构，进而实现老年人的及时就医需求。

2. 以城区为依托的养老建筑

位于城区内的养老机构，一般以老年人寄宿为主，也是较为传统的养老院，其设计主要是满足老年人基本衣食起居、日常交流等需求，通常选址在居民区附近。其中，典型的有集中养老模式，在这样的模式下，老年人聚集在公共区域进行交流娱乐、健身活动。该类建筑的整体规划布局是在城区内呈点状分布，以方便老年人回家或者亲人探望。由于该类建筑处于城区内，便于老年人就医且老年人精神文化生活丰富，与医养结合的养老模式存在一定的差距。以城区为依托的养老机构满足就近养老的需求，同时能够依托城区内的基础设施，充分满足养老的需求。

3. 以优美环境为重点的养老建筑

依托优美自然环境的养老建筑，其目标群体是收入微薄的城区老年人，这些人往往向往优美的自然环境，但是缺乏足够的养老费用作为支撑，因此选择距离城区较远但是环境较为优美的养老机构，类似于乡村养老。以优美环境为重点的养老建筑一般选址较为偏远、远离城市，并拥有良好的生活环境，但是其配套基础设施较为落后，尤其是医疗条件较差，距离市区也较远，一般配备有满足老年人日常基本需求的配套设施。

三、绿色建筑在可持续发展中的具体体现

建筑物反映了人和社会环境、自然环境的关系，为了使这些关系融洽和谐，进而促进人类文明的提升和环境效益，有必要发展绿色建筑。绿色建筑设计的指导思想要适应于可持续发展的要求，即可持续发展在建筑设计中的反映。其原则包括资源经济和较低费用、全寿命设计、宜人性设计、灵活性、传统特色与现代技术思想统一以及环境友好等。

（一）区域规划的合理化

规划是建筑的前期工作，其关系着建筑物所处环境与之相关的建筑体系，规划是否合理，不但影响土地的利用率及建筑物使用的便利性，对通风、采光、视觉环境及能源消耗等都有相当大的影响。

（二）绿色化

绿化是改善城市小气候的最有效的生态因子。绿化可以调节环境的温度和湿度、美化环境和净化空气等作用。如在夏天的晴天，每亩草坪可以蒸发 $1500m^3$ 的水，可以吸收热量 33600KJ；而实体建筑材料有很强的蓄热能力，城区内热量长时间保持不散，夏季尤其明显。以树木花草等植物组成的自然环境蕴涵着极其丰富的形态美、色彩美、芳香美和风韵美，给人们带来心理上一系列享受。在建筑设计中应充分利用绿化这一有效的生态因子，为居民创造出高质量生活环境。

1. 建筑四周绿化

在夏季，地面受到的辐射热反射到外墙和窗户的热量约占总热量的一半，为了降低这部分从地面来的反射热，适宜在建筑物室外种植灌木和草坪，尽量减少反射到房间的热量。对于冬季寒冷的地方，则适宜种植落叶性植物。

2. 建筑立面绿化

通过种植攀缘性植物使墙面绿化，如常春藤和野葡萄属于自攀缘性植物，不需要其他辅助支持物，常春藤可以生长 30m 高的墙面，野葡萄可以长到 15m 左右，可减少热辐射，对建筑物装饰性也很好，可以使高大的建筑物更具有特色。

3. 阳台与屋顶绿化

阳台是室内与室外自然接触的媒介，阳台绿化不仅能使室内获得良好的景观，而且也丰富了建筑立面造型并美化城市景观。阳台有凹、凸及半凹半凸三种形式，形成不同的日照及通风情况，产生不同的小气候。要根据具体情况选择喜阳还是喜阴，喜潮湿还是抗干旱的不同品种的植物。阳台绿化注意植物的高度，不要影响通风和采光。屋顶绿化给居民的生活环境以绿色情趣的享受,其对人们心理的作用比其他物质享受更为深远。此外屋顶绿化具有蓄水，减少废水排放，还可以保温隔热、隔声等作用。

（三）结合气候设计

建筑物是消耗能量的大户，全球能量的 50％消耗于工业、交通及其他行业，45％用于建筑的采暖制冷与照明，5％用于建筑物的建造。所以，与建筑相关的能耗几乎占了全球能量消耗的一半。因此，应该进行结合气候的设计，减少对空调采暖了依赖程度。

1. 建筑热工的改进

由于建筑物内部的热量是通过维护结构散发出去的，传热量就与外表传热面积及密封状况有关。在其他条件相同时，建筑物的采暖耗热量随体型系数的增大呈比例增高，为节约能源，应合理控制建筑的体型系数。密封状况影响空气渗透，尤其对于采暖建筑，由于建筑门窗质量不佳、安装精度不合理及结构接缝处理不当等都可增加空气的渗透量。

2. 利用太阳光

利用太阳能可以较少对自然资源的开采，太阳能也是最清洁而廉价的能源。利用太阳能采暖、照明也是实现建筑与环境的友好而协调发展途径之一。如水墙和托洛姆（Trombe）墙集热装置，都是利用太阳能与其他能量的转变来调节室内温度，而使房间变得舒适。

3. 自然通风

室内环境的无害化问题是人们关心已久的问题，在通风情况不佳的房间内，空气质量一般较差。在设计时，尽量考虑能自然通风的问题，这样不但能补充新鲜空气改善空气质量，且可通过节约大量能源减少对整个大环境的污染。

（四）合理选用建筑材料

建筑材料占建筑总投资的50%以上，建筑物的功能是通过合理选择建筑材料和施工来完成的。绿色建筑的内涵大多通过建筑材料来体现。

1. 对人体无害化

人是建筑的主体，是建造活动的服务对象，所以任何建筑都应该有益于人的健康。建筑材料对人体健康的影响主要从三方面来评价：人体长期与之接触是否造成危害；建材中的放射性元素的含量是否超标；建筑的有机物散发总量及散发速度。室内空气的污染主要来自于室内装修材料的表面散发出来的气体，不仅包括施工过程中的散发，也包括在长期使用过程中的缓慢散发。从建材表面散发出来的气体和物质在污染室内空气的同时，还会引起多种疾病，危害人的健康，如室内环境中的 CO、CO_2、甲醛、挥发性有机物、颗粒状有机物、纤维、氡和各种不良气体等常见的污染物。建材里的放射性元素对人体的危害性也很大，如目前广泛应用的陶瓷砖中约有30%放射性超标。

2. 节能

建材工业是资源耗费最大、破坏土地最多、大气污染最严重的行业之一，每年生产水泥和石灰排放的 CO_2 量就达6亿t之多，建材在生产过程中还要消耗大量的能源和排放 SO_2、NO_x 等有害气体。建筑材料节能包括两方面的含义：其一是建筑材料在制造过程中尽量消耗少的能源；其二是建筑材料使用过程中使建筑物达到节能的效果。建筑材料在制造过程中一般需要高温烧制而成，需要消耗大量的热能和机械能，选用资源消耗少、低温制成或者常温制成的建筑材料就可以减少整个建筑物的能量。建筑中选用具有适当功能的新型建筑材料可以达到使用过程中的节能效果，例如选用空心砖代替实心砖、泡沫建材、轻质建材等的使用都能达到节能目的。

3. 重复使用与循环使用

绿色建筑从节约能源和材料的角度出发，希望尽可能实现重复使用和循环使用的建筑材料。这有助于减少废弃物的产生，对于降低自然生态系统的破坏、减少环境污染都具有重要意义。

4. 调节环境

近年来光催化技术在建筑材料领域得到了广泛的应用，如在陶瓷的釉中加入 TiO_2，在光线的照射下产生氧化能力极强的基团，使陶瓷具有防滑、抗菌、防污、防臭的功能。研究结果表明，这种陶瓷对杀灭大肠杆菌、金黄色葡萄球菌、绿脓菌等均效果好，将这种陶瓷应用于医院、卫生间、游泳池等处，可杀死附着于其上的细菌及净化环境的空气。

第五节　养老建筑的生态与节能

一、基于绿色建筑设计理念的养老建筑立体绿化设计

中国已经进入老龄化快速发展时期，人口老龄化的趋势不可逆转，未来老年养生、养老、康复产业将步入快速发展期。老年人的居住地和生活与其所处的建筑物密切相关，因此，养老建筑的重要性不可忽视。绿色建筑作为建筑行业可持续发展的重要方向，能够为人们提供健康、舒适的使用空间。由此可见，引导养老建筑走向绿色，对养老建筑和绿色建筑都具有十分重要的意义。

（一）养老建筑与立体绿化的联系

养老建筑是按照老年人的心理和生理要求专门设计建造的，为老年人提供起居生活、照料和护理使用服务的建筑的统称，包括养老社区、老年公寓、养老院和护理院等建筑。由于使用人群比较特殊，养老建筑属于特殊住宅。

立体绿化是将建筑技术与绿化艺术融为一体的综合性现代技术，它不仅可以使建筑物的空间潜能与绿色植物的多种效益得到完美的结合和充分的发挥，而且作为城市绿化发展的崭新领域，具有非常广阔的发展前景。

国内大多数养老建筑的绿化设计较为随意，没有明确的布置形式，不能组织和引导建筑空间，绿化的物种、层次、高度以及其他附属设施的配置都未能满足老年人的特殊需求，而且未能突出绿化特色，绿化效果较弱。总体来说，养老建筑的绿化程度、绿化质量、绿化量整体偏低，植被种类单一，绿化结构过于简单，使老年人的活动方式和活动时间受到了限制。这些现象充分说明了我国养老建筑的立体绿化还有很大的提升空间。

（二）养老建筑立体绿化的设计

1. 养老建筑屋顶绿化设计

屋顶绿化，也称"屋顶花园""空中花园"，多指在各种建筑物、构筑物的屋面、露台、天台、阳台上进行绿化造园活动。屋顶绿化是养老建筑走向绿色的重要环节，其绿化效应主要体现在以下六个方面。

（1）保温隔热作用

在建筑物的顶部设计绿化，可以明显改善屋顶的温度。在炎热的夏天，当气温在30℃左右时，没有绿化的屋顶温度可以达到40℃以上；而进行绿化的屋顶，由于绿色植物的遮挡和水分的基质作用，屋顶温度可以下降到20℃左右。在冬天，屋顶的绿化就像一个保温罩，保护着建筑物顶层，起着保温的作用。

（2）调节小气候及优化环境

由于绿色植物本身的遮阳和同化作用，所以在建筑物的屋顶进行绿化可以使绿色屋面的净辐射热量低于普通屋面的净辐射热量。与此同时，植物能够通过蒸腾和蒸发作用吸收建筑物的热量达到降温的效果，从而减弱城市的"热岛效应"。

（3）增加屋顶储水和减少屋面排水

由于植物和基质能吸收和储存水分，所以在屋顶进行绿化可以延缓屋面排水。同时，绿化过的屋顶还能够通过种植基质和植物储存大部分雨水，然后通过植物的蒸腾和基质的蒸发作用增加空气的湿度。

（4）除尘降噪，改善空气质量

如今，噪声成为城市的一大污染源。绿色植物具有吸收声波的作用，因此，屋顶的绿化相当于一道天然的隔音屏障，并且绿色植物能够吸附空气中的固定颗粒，改善城市的空气质量。

（5）提高绿地率，改善城市空中景观

衡量城市生态环境质量的一个重要指标就是城市中的人均绿化面积的大小。屋顶绿化的出现，使绿化向立体化发展，提高了城市的绿化面积。同时，养老建筑屋顶绿化的设计，使灰色混凝土和黑色沥青被绿色植物所代替，老年人可以看到绿化与建筑之间的相互渗透，感受到屋顶绿化。在屋顶进行绿化使建筑物更加柔和、充满生机，并丰富了城市空中绿化景观的魅力。

（6）心理和美学作用

如今，城市中的人们居住在高楼之中，密闭的楼房将人与自然隔绝，然人们本能地向往大自然。屋顶绿化可以给老年人带来一种轻松、怡然的情趣，带来一种美的享受，可以给老年人提供休息娱乐的户外休憩场所，可以促使老年人更好地交流和表达自己的内心，有利于老年人的身心健康。

2.养老建筑墙体绿化设计

墙体绿化一般是利用植物的吸附、缠绕、卷须、钩刺等特性，使其依附在各类墙面和空架上生长发育，以达到绿化、美化目的。若我们能充分利用建筑物墙面，采用合理的绿化技术，就可以打破传统的、平面的绿化形式，逐步将"混凝土建筑"转变为"生态建筑"。较为自然的墙体绿化是利用藤本植物的攀爬吸附特性，加以人工控制植物的走向，而形成向上或向下的"绿墙"，使植物与外墙在颜色及材质上形成对比，体现建筑与环境和谐共存。绿化的墙面与混凝土墙面相比，具有生态、温暖、有新意、易于亲近等特点，这些特点恰好符合老年人的心理需求。由此可见，墙体绿化对养老建筑转变为绿色养老建筑有积极作用，它不仅能够节省空间，美化建筑外立面，增加城市亮点，而且具有保温隔热、除尘降噪的作用。目前，外墙面绿化技术已经相当完善，并且其造价低廉、管理简便，各地政府部门也在制定相关政策鼓励外墙面绿化。需要注意的是，不同地区的气候、风俗习惯以及植物特性各不相同，在进行外墙面绿化时要因地制宜。

3. 养老建筑阳台绿化设计

阳台立体绿化是在建筑物的阳台进行植物栽培，利用植物进行绿化装饰的一种绿化形式。阳台立体绿化可以美化居室环境，改善居室气候。老年人由于角色的转换和生理的变化，渴望与他人交流，特别是孤寡老人和行动不便的老年人。阳台或露台作为联系室内外的过渡空间，为老年人提供了一个与外界沟通的场所。老年人可以在阳台上锻炼身体、养花种草、晒太阳、观赏景色，这样不但可以愉悦心情，而且有利于消除身心疲劳，促进身心健康。因此，应积极采取适当的阳台绿化措施。在住区环境中，阳台绿化通常采用盆栽以及种植槽的方式，这样既能节省空间，又能随意改变摆放位置，方便管理。同时，具有艺术美感的花盆也能与植物一起达到美化景观的效果。常见的盆栽植物有兰花、水仙、发财树、富贵竹、幸福树等。

4. 养老建筑庭院绿化设计

庭院是养老建筑中重要的休闲空间，可以促进老年人之间的交流，方便老年人与外界交往。庭院要体现出院落的生态韵味，通过植物将庭院分隔成若干小空间，每个小空间之间又可以相互联系，以容纳大的团体活动。因此，养老建筑的庭院绿化设计十分重要。庭院设计一般采用园林的设计手法。园林一般可以概括为三大类，分别是中国式"虽由人作、宛自天开"的古典园林，日本的"枯山水"，以及欧洲严谨、规整的园林模式。

中国式庭院通常采用委婉含蓄的手法达到"虽由人作、宛自天开"的自然景观效果。常用的布置方法主要有两种：一种是中间空、四边实，即在中间设置草坪或水池，在四周设置由乔灌花草组合起来的有层次的群落；另一种是中间实、四边空，即在中间种植高大、茂密的植物，在四周设置道路、小型地坪等，给人一种曲折蜿蜒的感觉，可供老年人活动、散步。

养老建筑的庭院绿化设计除了要适合该地域的风格特征外，更要讲究植物的选择和配置，使养老建筑庭院绿化中的花草树木生机盎然，四季皆有景可赏。植物一般应选用生命力强、病虫害少的本地树种，这样不仅可以保证树木生长茂盛、好打理，还能体现出地方特色。除此之外，还可以种植周期短、施肥少、管理简便的果、蔬等经济植物，如李子、葡萄等，不仅美观经济，可使老年人体会到种植的乐趣。

二、绿色建筑理念在养老建筑节能设计中的运用

（一）合理选址

综合考虑到老年人的生理机能逐渐退化，在选址的过程当中，设计人员需要全面考虑养老建筑节能项目所在区域的地形与环境特点，合理确定养老建筑节能项目的具体位

置。通常来讲，养老建筑节能项目需要远离噪声污染与扬尘污染比较严重的区域，同时，在选址的过程当中，还要全面考虑养老建筑节能周围公共配套设施是否完善，其主要包含购物、医疗和娱乐等一系列内容。

在养老建筑节能项目所在区域内部，为确保绿色建筑理念得到有效运用，设计人员需要合理规划绿地，有效扩大绿地的实际覆盖面积，不断提升人均公共绿地面积。在此养老建筑节能项目当中，通过栽种乔灌木和低矮灌木，包括各种花卉和草皮等，进行科学搭配，形成错落有致的植物村落，对养老建筑室内的生态环境起到一定改善作用，有效提高生态效益。在此养老项目的活动场地中，种植一定量的高大乔木与灌木进行有效遮阴，防止夏季高温天气条件下老年人发生中暑现象。在场地内部，采取人车分流方式，人行道与自行车道均需要采取无障碍设计，也有效满足特殊人群的实际出行要求。

除此之外，通过有效利用架空层，有效扩大居民的实际休憩与交流空间，架空层可以设置成老年棋牌室和舞蹈室，能够为老年人提供一个更加舒适、温馨的文化交流空间，进一步满足广大老年人的实际娱乐活动需求。对于场地内部的人行通道进行合理设计，尽可能选择透水性能较好的施工材料，减少降雨天气地表径流过大对老年人日常交通出行带来的负面影响，有效提高地表渗透率，延长道路的运行寿命。

（二）节能设计

第一，加强建筑外围保温设计。大部分老年人身体免疫能力比较差，若长时间处于空调环境当中，特别容易诱发风寒和风湿病，因此，在建筑外围结构保温设计环节，要求设计人员加强隔热设计，并密切关注建筑室内的通风条件，加大改善力度，确保空调设备能够正常运行。建筑外立面结构可采用自保温或者外保温模式，不断减小建筑保温系统内部与外部之间的温差，防止发生热桥或者结露现象。若采用金属窗框作为建筑外窗材料，还要合理设置断桥，通过科学设置断桥，避免窗框位置出现热桥或者结露现象，减少建筑室内热量的大量流失。

加强建筑屋顶绿化设计，能够对室内空气起到一定净化作用，且可以吸收灰尘，从根本上减少屋面热效应的发生，外遮阳针对改善建筑室内环境具有比较好的效果，从节能角度来分析，其能够避免连续高温天气建筑室内温度过高，同时也可以降低眩光对老年人带来的负面影响。

第二，加强建筑采暖设计。很多老年人的新陈代谢速度比较慢，其自身的体温调节能力比较差，若条件允许，设计人员在进行养老建筑节能设计时，需要充分认识到做好采暖设计的重要性，我国南方地区人们主要采取分体空调或者电暖器作为核心的取暖设备，但是，从节能角度来分析，分体空调和电暖器使用时间过长，不但会浪费较多电能，而且会让建筑室内的空气更为干燥，老年人特别容易出现内火过盛现象。与此同时，取暖电器的安装也存在安全隐患，和电器取暖方式相比，采取地面辐射供暖方式，也可以有较好效果，随着建筑室内温度的缓慢升高，让老年人温足头凉，更符合养生需求。利用壁挂燃气炉作为主要热源，并利用太阳能进行取暖，可以取得比较好的效果，真正达到节能减排的目标。

（三）节水与节材设计

1. 节水设计要点

首先，尽可能减少超压出流现象的发生。在养老建筑节能项目给水系统设计环节，设计人员需要进行科学的压力分区，可采取合理的减压方法，有效减少超压出流现象出现，防止水资源浪费。

其次，合理运用节水器具。在养老建筑节能项目内部，通过合理运用节水器具，不但满足养老建筑节能节水需求，而且可以为老年人的日常使用提供更多便捷。比如，设计人员通过选择可以直接显示出具体温度，同时能够实现恒温控制目标的淋浴器，不但能够减少调温引起的无效冷水大量流失，而且可以防止外界温度过高或者过低，对老年人身心健康带来的负面影响。

最后，加强雨水回收。做好雨水回收工作，能够节约大量的水资源，针对养老建筑节能设计人员来说，其在运用绿色建筑设计理念的过程当中，为提高雨水的实际回收率，可在地面合理设置储水设施，收集大量雨水，并利用过滤系统，针对外界雨水进行有效的净化，用来灌溉，或者清洗道路或者车辆，不断提高雨水的实际利用效率，节省大量淡水资源。

2. 节材设计要点

第一，加强养老建筑节能厨卫绿色设计。在养老建筑节能项目当中，盥洗室与厨房尽可能选择整体的控水系统，在实际设计环节，设计人员需要全面了解老年人的日常生活习惯，并以此作为重要基础，利用有限空间，加强绿色设计，打造集多种功能为一体的卫生单元，同时，还要设计出多样化与便捷化的厨房空间。

第二，加强养老建筑节能装饰装修绿色设计。大部分养老建筑节能采取土建装修一体化设计与施工模式，采取此种模式，其不但能够节省大量材料，可以显著减少垃圾的实际排放量。老年人对建筑室内环境和空气质量要求比较高，因此，设计人员需要选择节能效果好、环保效果好的建筑装饰装修材料，有效减少甲醛的排放，从根本上减小对老年人带来的不利影响。同时，在选择建筑施工材料的过程当中，尽可能选择容易清理、耐久性比较突出的建筑材料，从而取得良好节能效果。

此外，在对建筑外墙进行节能设计时，设计人员尽量采用新型的节能保温材料，并加大质量控制力度，合理采用保温涂料和轻保温板等一系列材料，运用复合型建筑外墙施工技术，从而取得比较好的节能效果。比如，通过积极运用加气混凝土材料，将其粘贴到建筑外墙的外部，不但能够有效吸附建筑外部的噪声，且可以明显提升建筑物隔音效果，在保证建筑余热的基础之上，全面辐射、扩散太阳光紫外线，使得自然资源得到高效利用，减少能源消耗。

（四）注意要点

1. 遵守以人为本的设计原则

养老建筑节能项目设计的主要目标为有效满足广大人民群众的实际居住需求，在实际设计环节，设计人员需要遵守以人为本的设计原则，综合考虑多项影响因素，并加强细化分析，在全面满足广大用户实际居住需求的同时，为用户提供一个更加舒适、健康的居住空间。在绿色建筑设计理念下，通过加强建筑设计，并全面贯彻以人为本的设计原则，注重人性化设计，能够取得较好效果，设计人员需要根据养老建筑节能项目所在区域的实际情况，提前做好调研工作，做到就地取材，不断减少材料的运输成本，降低工程造价。

养老建筑节能项目的耗时比较长，工程量较大，需要使用较多的能源与材料，故会产生大量的建筑垃圾，若建筑垃圾处理不及时，会引起严重的污染。在绿色建筑设计理念下，设计人员需要加大环境保护力度，结合养老建筑节能项目的具体情况，遵守环保性设计原则，从根本上减少能源的损耗，提高建筑材料的综合利用效率，促进建筑项目和环境之间的协调发展，减少不必要的损耗，不断提高资源的综合利用效率。养老建筑节能项目需要全面考虑项目所在区域的实际情况，也包括该地区的气候环境与水文地质条件，并加强各个环节的优化设计。

2. 加强平面布局设计

在养老建筑节能设计环节，设计人员需要加强平面布局设计，确保绿色建筑设计理念得到良好运用，通过充分利用外界自然光，并获取自然光之中的热量，针对建筑室内进行有效的杀菌与除潮，可以为老年人提供一个更为舒适、健康的生活空间。

3. 加强建筑阳台绿化设计

阳台绿化设计，主要指的是在建筑阳台栽培绿色植被。有效利用绿色植被进行绿化装饰，能够对建筑室内环境起到一定的美化作用，有效改善建筑室内气候环境。老年人因为自身角色发生转变，以及生理发生变化，其更渴望和其他人交流，尤其是孤寡老人，加强建筑阳台绿色设计，利用建筑阳台或者露台作为和室外联系的过渡空间，能够为其提供一个更加稳定的沟通场所。老年人能够在阳台上面锻炼、养花种草等，不仅能够愉悦自身心情，而且可以消除其孤独感。

4. 加强智能化设计

绿色养老建筑节能智能化设计，主要是对老年人的年龄特征与身体特征进行设计，可以让其居住环境更加安全，比如，针对患有糖尿病与脑血栓的老年人来讲，一旦发病，因为其自身情绪较为紧张，无法及时拨打求救电话，容易引发严重事故。在绿色养老建筑节能项目当中，通过加强智能化设计，在建筑室内安装无线紧急救助按钮，老人通过按钮及时求助，能更好保障其自身的生命安全，有效减少安全事故的发生。

第四章 养老建筑的可持续发展

第一节 可持续建筑发展

一、可持续发展的基本原理

（一）可持续发展基础理论

1. 关于可持续发展的形态与特征认识

可持续发展是既满足当代人的需求，又不对后代人满足其需求的能力构成危害的发展。它们是一个密不可分的系统，既要达到发展经济的目的，又要保护好人类赖以生存的大气、淡水、海洋、土地和森林等自然资源与环境，使子孙后代能够永续发展和安居乐业。可持续发展与环境保护既有联系，又不等同。环境保护是可持续发展的重要方面。可持续发展的核心是发展，但要求在严格控制人口、提高人口素质和保护环境、资源永续利用的前提下进行经济和社会的发展。发展是可持续发展的前提；人是可持续发展的中心体；可持续长久的发展才是真正的发展。由于可持续发展涉及自然、环境、社会、经济、科技、政治等诸多方面，所以研究者所站的角度不同，对可持续发展所做的定义也就不同。大致归纳如下：侧重自然方面的定义；侧重于社会方面的定义；侧重于经济方面的定义；侧重于科技方面的定义。综合性定义为：当然所谓可持续发展，就是既要考虑当前发展的需要，又要考虑未来发展的需要，不应以牺牲后代人的利益为代价来满足当代人的利益。

可持续发展的定义和战略主要包括四个方面的含义：第一，走向国家和国际平等；第二，要有一种支援性的国际经济环境；第三，维护、合理使用并提高自然资源基础；第四，在发展计划和政策中纳入对环境的关注和考虑。

可持续发展的第一种理论包含三方面含义：一是人类与自然界共同进化的思想；二是世代伦理思想；三是效率与共同目标的兼容。这些观点支持可持续发展的目标是恢复经济增长，改善增长质量，满足人类基本需要，确保稳定的人口水平，保护和加强资源基础，改善技术发展的方向，协调经济与生态的关系。

可持续发展的第二种理论包含生态持续、经济持续和社会持续，它们之间互相作用不可分割。认为可持续发展的特征是鼓励经济增长；以保护自然为基础，与资源环境的承载能力相协调；以改善和提高生活水平为目的，与社会进步相适应，并认为发展是指人类财富的增长和生活水平的提高。

可持续发展的第三种理论认为可持续发展就是可持续的经济发展，是确保在无损于生态环境的条件下，实现经济的持续增长，促进经济社会全面发展，从而提高发展质量，不断增长综合国力和生态环境承载能力，来满足日益增长的物质文化需求，还要为后代人创造可持续发展的基本条件的经济发展过程。

可持续发展的第四种理论认为可持续发展经济内涵是指在保护地球自然系统基础上的经济持续发展。在开发自然资源的同时保护自然资源的潜在能力，满足后代发展的需求。

可持续发展的第五种理论认为传统可持续发展的概念具有不确定性，而是一种无代价的经济发展。据此将可持续发展定义为："以政府为主体，建立人类经济发展与自然环境相协调的发展制度安排和政策机制，通过对当代人行为的激励与约束，降低经济发展成本，实现代内公平与代际公平的结合，实现经济发展成本的最小化。既满足当代人的需求，又不对后代人对其满足的需要构成危害，既满足一个国家的和地区的发展需求，又不会对其他国家和地区的发展构成过于严重的威胁。"

可持续发展的第六种理论认为可持续发展是经济发展的可持续性和生态可持续性的统一。认为可持续发展是寻求最佳的生态系统，以支持生态系统的完整性和人类愿望的实现，使人类的生存环境得以延续。

2. 可持续发展要素

可持续发展包含两个基本要素或两个关键组成部分："需要"和对需要"限制"。满足需要，首先是要满足贫困人民的基本需要。对需要的限制主要是指对未来环境需要的能力构成危害的限制，这种能力一旦被突破，必将危及支持地球生命的自然系统如大气、水体、土壤和生物。决定两个要素的关键性因素是：收入再分配以保证不会为了短期存在需要而被迫耗尽自然资源；降低主要是穷人对遭受自然灾害和农产品价格暴跌等损害的脆弱性；普遍提供可持续生存的基本条件，如卫生、教育、水和新鲜空气，保护和满足社会最脆弱人群的基本需要，为全体人民，尤其是为贫困人民提供发展的平等机会和选择自由。

（二）可持续发展的理论体系

1. 可持续发展的管理体系

实现可持续发展需要有一个非常有效的管理体系。历史和现实表明，环境与发展不协调的许多问题是由于决策与管理的不当造成的。因此，提高决策与管理能力就构成了可持续发展能力建设的重要内容。可持续发展管理体系要求培养高素质的决策人员与管理人员，综合运用规划、法制、行政、经济等手段，建立和完善可持续发展的组织结构，形成综合决策与协调管理的机制。

2. 可持续发展的法制体系

与可持续发展有关的立法是可持续发展战略具体化、法治化的途径，与可持续发展有关的立法的实施是可持续发展战略付诸实现的重要保障。因此，建立可持续发展的法制体系是可持续发展能力建设的重要方面。可持续发展要求通过法制体系的建立与实施，实现自然资源的合理利用，使生态破坏与环境污染得到控制，保障经济、社会、生态的可持续发展。

3. 可持续发展的科技体系

科学技术是可持续发展的主要基础之一。没有较高水平的科学技术支持，可持续发展的目标就不能实现。科学技术对可持续发展的作用是多方面的。它可以有效地为可持续发展的决策提供依据与手段，促进可持续发展管理水平的提高，加深人类对人与自然关系的理解，扩大自然资源的可供给范围，提高资源利用效率和经济效益，提供保护生态环境和控制环境污染的有效手段。

4. 可持续发展的教育体系

可持续发展要求人们有高度的知识水平，明白人的活动对自然和社会的长远影响与后果，要求人们有高度的道德水平，认识自己对子孙后代的崇高责任，自觉地为人类社会的长远利益而牺牲一些眼前利益和局部利益。这就需要在可持续发展的能力建设中大力发展符合可持续发展精神的教育事业。可持续发展的教育体系应该不仅使人们获得可持续发展的科学知识，也使人们具备可持续发展的道德水平。这种教育既包括学校教育这种主要形式，也包括广泛的潜移默化的社会教育。

5. 可持续发展的公众参与

公众参与是实现可持续发展的必要保证，因此也是可持续发展能力建设的主要方面之一。这是因为可持续发展的目标和行动，必须依靠社会公众和社会团体最大限度的认同、支持和参与。公众、团体和组织的参与方式和参与程度，将决定可持续发展目标实现的进程。公众对可持续发展的参与应该是全面的。公众和社会团体不但要参与有关环境与发展的决策，特别是那些可能影响到生活和工作的决策，而且需要参与对决策执行过程的监督。

（三）可持续发展的目标

可持续发展目标旨在从 2015 ～ 2030 年间以综合方式彻底解决社会、经济和环境三个维度的发展问题，转向可持续发展道路。这 17 个可持续发展目标如下：

①在世界各地消除一切形式的贫困。

②消除饥饿，实现粮食安全、改善营养和促进可持续农业。

③确保健康的生活方式，促进各年龄段人群的福祉。

④确保包容、公平性的优质教育，促进全民享有终身学习机会。

⑤实现性别平等，为所有妇女、女童赋权。

⑥确保为所有人提供与可持续管理水及环境卫生。

⑦确保人人获得可负担、可靠与可持续的现代能源。

⑧促进持久、包容、可持续的经济增长，实现充分和生产性就业，确保人人有体面工作。

⑨建设有风险抵御能力的基础设施，促进具有包容性的可持续产业化，并推动创新。

⑩减少国家内部和国家之间的不平等。

⑪建设具有包容、安全、有风险抵御能力和可持续的城市及人类住区。

⑫确保可持续消费和生产模式。

⑬采取紧急行动应对气候变化及其影响。

⑭保护和可持续利用海洋及海洋资源以促进可持续发展。

⑮保护、恢复和促进可持续利用陆地生态系统、可持续森林管理、防治荒漠化、制止和扭转土地退化现象、遏制生物多样性的丧失。

⑯促进有利于可持续发展的和平和包容性社会，为所有人提供诉诸司法的机会，在各层级建立有效、负责和包容性机构。

⑰加强执行手段、重振可持续发展全球伙伴关系。

（四）可持续发展的原则

可持续发展的三大原则：公平性原则、持续性原则和共同性原则。可持续发展作为一种机会、利益均等的发展。它既包括同代内区域间的均衡发展，即一个地区的发展不应以损害其他地区的发展为代价；也包括代际间的均衡发展，即既满足当代人的需要，又不损害后代的发展能力。该原则认为人类各代都处在同一生存空间，他们对这一空间中的自然资源和社会财富拥有同等享用权，他们应该拥有同等的生存权。因此，可持续发展把消除贫困作为重要问题提了出来，应予以优先解决，要给各国、各地区的人、世世代代的人以平等的发展权。

人类经济和社会的发展不能超越资源和环境的承载能力。在满足需要的同时必须有限制因素，即在"发展"的概念中还包含着制约因素，因此，在满足人类需要的过程中，必然有限制因素的存在。主要限制因素有人口数量、环境、资源，以及技术状况和社会组织对环境满足眼前和将来需要能力施加的限制。最主要的限制因素是人类赖以生存物质基础——自然资源与环境。因此，持续性原则的核心是人类的经济和社会发展不能超越资源与环境的承载能力，从而真正将人类的当前利益与长远利益有机结合。各国可持续发展的模式虽然不同，但公平性和持续性原则是共同的。地球的整体性和相互依存性决定全球必须联合起来，认知我们的家园。

可持续发展是超越文化与历史的障碍来看待全球问题的。它所讨论的问题是关系到全人类的问题，所要达到的目标是全人类的共同目标。虽然国情不同，实现可持续发展的具体模式不可能是唯一的，但是无论富国还是贫国，公平性原则、协调性原则、持续性原则是共同的，各个国家要实现可持续发展都需要适当调整其国内和国际政策。只有全人类共同努力，才能实现可持续发展的总目标，由此将人类的局部利益与整体利益结合起来。

实施可持续发展战略，有利于促进生态效益、经济效益和社会效益的统一；有利于促进经济增长方式由粗放型向集约型转变，使经济发展与人口、资源、环境相协调；有利于国民经济持续、稳定、健康发展，提高人民的生活水平和质量；从注重眼前利益、局部利益的发展转向长期利益、整体利益的发展，从物质资源推动型的发展转向非物质资源或信息资源（科技与知识）推动型的发展；我国人口多、自然资源短缺、经济基础和科技水平落后，只有控制人口、节约资源、保护环境，才能实现社会和经济的良性循环，使各方面的发展能够持续有后劲。

二、可持续建筑概述

可持续建筑是一种建筑设计和建造的方法，它旨在减少对环境的负面影响，同时提高建筑的能效和居住者的生活质量。以下是关于可持续建筑的一些关键点：

（一）可持续建筑的理念

可持续建筑追求的是降低环境负荷，与环境相结合，有利于居住者健康。

（二）目的

其目的是减少能耗、节约用水、减少污染、保护环境和生态、保护健康、提高生产力、有利于子孙后代。

（三）总体原则

世界经济合作与发展组织对可持续建筑给出了四个原则，包括资源应用效率、能源使用效率、污染防止以及环境和谐。

（四）设计原则

可持续建筑设计需要根据不同区域的特点建立不同的模型去执行。

（五）技术应用

可持续建筑技术包括使用高性能建筑外墙、天窗采光、节能照明、地热交换系统、能量回收型通风设备等。

三、生态建筑、绿色建筑和可持续建筑

生态建筑、绿色建筑和可持续建筑，也是现代社会建筑界发展的一个趋势。但其之间究竟有什么联系和区别呢？从定义来看，生态建筑是天、地、人和谐共生的建筑，重点是处理好人与自然、发展与保护、建筑与环境等关系，切入点是生态平衡；绿色建筑是指在建筑生命周期内，消耗最少资源和能源、制造最少废弃物的建筑物，切入点是绿色环保；可持续建筑是指自然资源减量循环再生、能源高效优化组合、人居环境健康安全、生态系统平衡运行的建筑，切入点是资源、能源循环再生。

可持续建筑是指在建造、运营和拆除的全寿命期间，对环境的负面影响最小、经济和社会效益最佳的建筑，它是可持续发展不可分割的一个组成部分。可持续建筑应立足于综合环境效益的提高，提供给人们一个经济、舒适，具有适宜环境与人文关怀的场所。

可持续建筑的核心内容主要是节能、节地、节水、节材与生态环境保护等。从这个意义上讲，绿色建筑、生态建筑、可持续建筑的基本内涵是相通的，具有某种一致性，是具有中国特色的可持续建筑理念。

根据国际能源机构统计，石油、天然气和煤炭这三种人类使用的主要能源的可开采年限，分别只有 40 年、50 年和 240 年。所以，开发新能源已成为全球可持续发展的当务之急。

新能源是指以新技术为基础，系统开发和利用的能源。当代新能源是指氢能、太阳能、生物质能、风能、地热能、海洋能等。它们的共同特点是资源丰富、可以再生、没有污染或很少污染。研究和开发清洁且用之不竭的新能源，是 21 世纪发展的首要任务，为人类可持续发展做出贡献。

四、设计策略

可持续的生态建筑的设计细则：

重视对设计地段的地方性、地域性理解，重视地方场所的文化脉络。

增强适用技术的公众意识，结合建筑功能要求，采用简单合适的技术。

树立建筑材料循环使用的意识，在最大范围内使用可再生的地方性建筑材料，避免使用高度能耗、破坏环境以及带有放射性的建筑材料，争取重复利用旧的建筑材料、构件。

对当地的气候条件，采用被动式能源策略，尽量应用可再生能源。

完善建筑空间使用的灵活性，以便减少建筑体量，将建设所耗的资源降至最低。

减少建筑过程中对环境的损害，避免破坏环境、资源浪费及建材浪费。

第二节 自然采光与可持续建筑设计

一、建筑自然采光的意义

（一）建筑自然采光对人具有重要作用

人类从古代开始就在建筑中采用各种方法和手段来获取自然光，是因为自然光对于人具有重要作用。它让我们可以看见周围的世界，由此进行工作和生活；它决定了四季和日夜的循环；它影响着我们的生理和心理。白天人们绝大部分时间都是待在室内学习、工作和生活，因此，建筑中有充足的自然光就显得很必要了。根据相关的研究结果发现，建筑中充分利用自然光进行照明对人有如下重要作用：

1. 自然光有利于保持人的肌体健康和活力

人的眼睛最适应的光是自然光。在自然光下，人们可以接受的照度值范围更大，视觉功效更高。人类经过数千万年的演变才成为今天的人类，人的肌体所最能适应的是随着时间、季节等周期性变化的自然光环境，而不是长时间恒定不变的光环境。虽然人的肌体有一定的适应能力，可以适应较长时间不变的环境，但是恒定不变的光环境持续时间过长会让人觉得单调和疲倦，更为严重的是会让人适应变化的能力降低。正是因为人的这种对变化的光环境的需要，导致人工照明永远无法取代自然光。

更为微妙的是通过窗户接纳自然光让室内的人们有了"时间的方向感"，使人们的新陈代谢节奏保持与白天和夜晚的时间同步，从而保持一个良好的生物钟和睡眠周期。这就解释了为什么长期不见日光或在人工光环境下工作，则容易发生季节性的情绪紊乱、慢性疲劳症。

自然光还在人的生理方面有着直接的作用。全波段的自然光对生物的生长以及疾病的防治都有特殊的作用。日光的照射能预防佝偻病；降低血压，增加甲状腺中碘含量和血液中铁含量，有助于血红素的增长及红细胞、白细胞的增长；自然光中的紫外线能帮助人体合成维生素 D，而维生素 D 有助于骨骼的健康。

2. 自然光有利于提高人的学习、工作等行为效率

国外的研究表明有着良好的自然采光设计的学校教室可以提高学生的成绩，在标准测试中学生成绩提高了 13％～26％，而自然采光设计差的教室则与学生成绩的降低有关联。

在零售店中所做的类似研究也表明了自然光对人的行为的作用功效，自然采光设计良好的零售店销售额大大提高。

工业化国家的劳动力成本很高，获得更好的自然光而投资的费用一般可以轻松地通过使用者生产效率的提高而带来的收益进行弥补。即使自然采光使员工工作效率提高1%，所带来的价值也远远超出自然采光设计所投资的费用。

3.自然光还可以营造特定气氛的建筑室内空间，满足人的某种精神需求

（1）营造丰富和动态的室内空间，愉悦人的心理

对于直射，在一般的建筑室内空间中是予以避免的，但是在一些非作业区域如大厅、过道、休息厅、咖啡馆等，引入少量的直射光获得照度的同时，还起到强化空间、营造丰富而动态的室内环境的作用。自然光把一些室外环境生动的品质引入室内。太阳和云的运动通过室内的自然光表现出来，比恒定的室内人工照明营造的环境更加有趣。亮度上的差异和照明颜色的变化都可以唤起人们愉悦的反应。自然光还可以改善建筑空间和设计细节的外观。一个戏剧化且一直变化的光源去塑造形状，可以帮助人们去感知和欣赏形、色与材质。自然光还有助于植物的生长，这又进一步生动了建筑的室内空间，增加了空间的情趣。如贝聿铭设计的美国国家美术馆东馆中央大厅，阳光直射到大厅中，增加了室内空间的生气和活力。

（2）营造特殊气氛的室内空间

在一些特殊的建筑空间如教堂、殡仪馆等，可通过自然光的运用营造出空间的神秘、庄严和肃穆气氛，从而满足人们特殊的精神诉求。

（二）建筑中利用自然光照明实现建筑节能

随着全球人口数量的持续增长，社会经济不断发展，全球能源消耗总量持续攀升。在全球日益增长的能源消耗中，无论发达国家还是发展中国家，建筑能耗都占社会总能耗的很大一部分。

随着城市化水平的不断提高，房屋建筑不断增加，建筑能耗持续迅速增加是不可避免的趋势；当前我国即有的城乡建筑中99%为高耗能建筑，新建的数量巨大的房屋建筑中，也只有很少一部分按建筑节能设计标准建造，95%以上还是高能耗建筑，即大量浪费能源的建筑。建筑能耗占全国总能耗的比例，将从现在的27.6%快速上升到1/3以上。

而建筑能耗中的很大一部分是照明能耗，对于大量性的常规建筑如办公楼、学校等，照明能耗占总能耗的40%左右。在这些大量性的公共建筑中，即使白天日照充足，依旧利用电灯照明的情况大量存在着。这里有建筑使用者的日常习惯问题，但更多的是建筑师在建筑设计过程中缺乏精心的自然采光设计造成的建筑室内自然光环境不利于学习、工作和生活，从而导致使用者需要利用人工照明来弥补作业所需的光照要求或调节照明舒适度，最终导致照明能耗剧增。

与之相对应的是如果在白天充分利用自然光为建筑室内提供照明，则可以节省大量的照明能耗。自然光本身是不会节约能源的，但是通过自然光照明可以关闭、部分关闭或者调暗灯具实现照明能耗的节约；同时，在夏季由于自然光的光热效率高于灯具，减少了室内热增益，进而减少制冷负荷，实现制冷能耗的节约。此外电灯使用频率的减少

还可以间接带来灯具的维护、更新费用的减少。

在大量的中小型建筑中由于建筑体型相对简单、平面布局相对单一，可以利用建筑顶部、侧面综合采光，采用各种采光手段，做到在晴天的白天完全利用自然光照明，从而实现建筑节能。

二、建筑形式与自然采光设计

建筑自然采光的概念包含两个层面的内容：采光和遮光。采光就是将自然光引入建筑内部空间，利用自然光的美学特性和功能特性，以达到塑造建筑空间的目的。自然采光是一种最基本的采光途径，采光主要通过侧窗、顶窗以及采光器等。而遮光主要是为了防止或减弱自然光所带来的一些负面效应的影响，如眩光和引入过多热量等问题，这就必须通过恰当的技术手段来优化自然采光的效果。

在自然光设计中，建筑体量设计、平面设计、剖面设计和窗体设计都是基本决定因素，或被通称为"形式"，其在同一空间和不同空间塑造和引导光线的分配，或称之为"自然光的流动"。

进入建筑空间内部的光主要有三种：

经地面、路面、临近建筑和其他的物体反射到室内的室外阳光。

太阳的直射光，但是使用空间对这部分光一般是排斥的，这是因为它会给室内带来过多的眩光、热量和紫外辐射等问题。

进入室内的日光经室内的墙体、天花板和其他内部表面反射后形成的光。

精明的设计师总能利用自然光来降低照明所需的安装费用、维护费用以及所消耗的能源。在 19 世纪和 20 世纪早期所建造的一些学校教学建筑中就存在很多先例。它们显示出运用自然光的设计手法，包括对建筑体量的控制，门厅、采光井的安排，以及庭院的布置等。这些设计手法都是为了获得自然光，降低由单侧采光所引起的强烈光线反差，增加自然光的分配值，并创造优美的景观效果。

建筑形式对自然采光会形成影响，同时也会影响人们的感受度和舒适度。同时，建筑形式还要受到建造场地、环境因素以及气候因素的限制，在对自然光的追求中创造了各种经典的建筑形式，多包括中庭式、H 形、E 形、L 形、U 形和台阶形等。这些建筑形式都是为了减少建筑物的面宽，并保证整座建筑物内部可以获得充足的自然光。

对于进深小的建筑，单侧采光也能够满足工作面照度要求，采光设计相对较为简单；而在大进深的建筑里，尤其是高校里的教室，往往存在照度不均、进深内部照度不够的问题，此时只有通过巧妙的窗口设计加以解决。

三、中庭对自然采光的影响

传统的教学楼建筑，由于受到功能的限制，往往设计成中间走廊两边教室的长廊形式。走廊作为汇聚楼中所有人的人流集散地，却仅仅具有交通功能。这种传统的教学楼建筑已经无法满足现代教学的要求，现代个性化的教学，需要高效、灵活而有弹性的教学与相互交流空间，以满足学生多渠道获取知识的学习方式要求。中庭建筑将室外变成室内，也将室内变成室外，是一种便于人际交流的多功能空间，不仅仅是休息的场所，也是不同年级、不同专业的学生相互交流的地方，来自不同知识这体系的思想在这里撞击产生"火花"，也许会为他们带来许多创造灵感。

同时，随着能源危机的爆发，生态建筑理念被提出并得到迅速发展，中庭空间在自然采光、自然通风等方面的生态效应也逐渐被人们所认识。在国内外的现代教学建筑中，中庭建筑已成为一种常见的建筑形式。

对于自然采光来说，中庭最大的贡献在于提供了优良的光线和射入到平面进深最远处的可能性，允许进深较大的建筑能够天然采光，中庭本身则成为一个天然光的收集器和分配器。

中庭内的自然光性能非常复杂，中庭的朝向和几何形状、内部墙体、顶棚的设计以及开窗大小都对中庭内自然光的分布起了重要作用，中庭的比例决定了进入各楼层的光线数量，应尽量采用宽大的、高度小的、方形的中庭；而避免采用狭窄、高度很大、矩形的中庭。

（一）光的引入

因为直射阳光太刺眼而且产生很暗的阴影，在建筑采光照明中很难应用，所以从自然采光角度而言，必须避免直射光而采用漫射光，选择好的朝向、天窗玻璃和遮阳设施就显得至关重要。

为了能同时高效利用中庭的温室效应和烟囱效应，除了炎热地区以及有特殊要求的房间可以采用背向太阳的天窗外，采用朝向太阳的天窗并选择特殊的玻璃或者进行遮阳处理是一种很理想的方式。折光玻璃能够改变直射光的方向，消除眩光影响。遮阳设备有被动式和主动式两种，被动式遮阳是采用锯齿形屋面，使采光口玻璃面朝太阳，通过计算选择恰当的角度既避免夏日直射光又将光线反射到屋顶的内表面，然后向下进入中庭，而冬季柔和的阳光可直接进入中庭；主动式遮阳灵活多变，可通过自动系统对其进行控制，以适应不同的季节气候变化。

（二）中庭内光的分布

自然光进入中庭后，中庭便起了一个"光通道"的作用，光道四周的墙体决定光线的强弱以及有多少光线可照到中庭底部和进入建筑物最底层房间的内部空间，中庭的高度越大，光通道的设计就越重要。中庭内部墙体上的窗户也减少了反射光线的数量，如果以中庭内部只有白色墙体时的光线数量为参考值，那么50%的开窗面积将会较少一半的反射光线，而玻璃幕墙（100%的玻璃面积）则会减少三分之二的反射光线。所以每一层窗的排列设置应不同，顶层仅需极少的窗，这因为对于中庭的底层部分，对面的反射墙就是它的"天空"，往下的墙体应逐渐增加玻璃窗，直至最底层全部开玻璃窗。

在中庭里，昼光进入室内可能光线已经从中庭内部界面经过第二或更多次的漫反射，所以利用中庭采光是一种非常理想的方式。

四、建筑自然采光设计原则

建筑自然采光设计是整个建筑设计内容中的一个重要组成部分。因为自然采光有利于建筑使用者的身心健康和愉悦，能够实现建筑节能。同时，充分利用自然光的建筑会直接影响到建筑物的照明、采暖和制冷等其他专业设计，即自然采光设计将带来建筑各专业在设计上的变化和调整，这更意味着自然采光设计是整个建筑设计中的一个重要环节。建筑自然采光设计及其采光系统的维护开始于建筑场地的选择和调整，终止于建筑的拆毁，其周期是整个建筑的一生。由此，要在建筑设计过程中树立从始至终的自然采光意识。

有鉴于此，我们将根据中小型建筑体量小、平面布局相对简单等特点，对中小型建筑设计过程中有关自然采光设计的一些问题按照建筑设计的过程，以设计导则的形式做一个梳理和概括。

（一）建筑场地选择过程中的自然采光设计

建筑自然采光的光源来自于太阳、天空、相邻建筑与地面的反射光、散射光，其中最根本的是太阳的直射光和天空的漫射光。而位于不同地理位置上的建筑可利用的来自太阳和天空的自然光很大程度上要受到当地的地理纬度、空气温度、湿度和主导天气状况（如阴晴）等的影响。因此，建筑设计过程中的自然采光设计第一步需要根据当地的地理气候情况确定出最基本的、对后续设计具有指导意义的大的自然采光策略方向。

1. 高纬度地区的建筑自然采光设计

高纬度地区有分明的夏季和冬季，夏季日照时间长，自然光照度水平高，冬季日照时间短，自然光照度水平低。

因此，高纬度地区自然采光设计的重点是解决冬天自然光照度水平低，即采光数量的问题，通常设计者的目的就是最大化自然光进入室内的量。

2. 低纬度地区的建筑自然采光设计

低纬度地区自然光水平的季节性变化不那么明显，自然光照水平全年都很高，天气也较为炎热。

因此，低纬度地区自然采光设计的重点通常是通过限制进入室内的自然光数量来防止室内过热。阻挡来自太阳的直射光和天空中大部分尤其是靠近天顶部分的自然光，接纳来自天空中较低位置的自然光或者是地面反射的间接光线是有效的设计策略，同时注意避免过强光照尤其是直射光带来的眩光与室内照度不均。

3. 阴天主导地区的建筑自然采光设计

阴天主导的地区，对建筑自然采光设计最大的挑战是光照的数量。因此，自然采光设计的重点是解决全年自然光照度水平低的问题，设计策略就是最大化自然光进入室内的量。

4. 晴天主导地区的建筑自然采光设计

晴天主导的地区，对建筑自然采光设计最大的挑战是光照的质量。因此，自然采光设计的重点是控制过强光照尤其是直射光带来的眩光和室内照度不均匀问题，同时也要结合气候情况考虑遮阳防热。

（二）建筑场地调整过程中的自然采光设计

在确定了建筑场地所处的地理位置、气候之后，自然采光的主要设计方向就基本确定了。从建筑角度来看，自然采光取决于建筑设计的各个要素：窗户形式、采光辅助系统、室内空间布局、室内表面反射率和玻璃类型等，这些要素处理得好坏将直接影响到自然采光的数量和质量。另外，建筑场地上的室外环境也很重要，大量的室外遮挡物会减少进入窗户的自然光数量。从这个角度说，建筑场地上建筑所处位置的调整将直接决定建筑物可利用的自然采光数量。

在建筑场地上调整建筑的安放位置以最大程度获取可以利用的自然光。

从窗户中央向外看，可以看见的天空上缘和下缘所夹的角度就成为天空垂直角度。角度数值在 0 ~ 90° 之间，如果室外没有遮挡物下缘就是水平线，其角度值就是 90°。在南向阴天情况或者北向晴天情况下，进入窗户的自然光数量是与角度。成正比的。

通过调整场地上的建筑安放位置，避开周边的建筑或者树木等遮挡物，尽量保持天空垂直角度的较大数值是有利于建筑自然采光的。

当场地上遮挡物较多，无法有效调整新建建筑位置时，要在建筑方案设计阶段通过调整建筑体量、体形等来最大化天空垂直角度，由此最大化建筑自然采光的数量。在相同的场地环境下不同的建筑外观、体形获得了迥异的天空垂直角度，也产生了不同的自然采光水平。

在考虑新建建筑物的自然采光策略时，同样需要避免新建建筑对场地周边已有建筑的采光构成遮挡。

（三）建筑概念、方案设计过程中的自然采光设计

建筑概念、方案设计阶段是整个建筑的平面布局、空间体量和立面造型等构思、具象、成型的阶段。在这个阶段中的自然采光设计策略同样需要根据建筑的方案设计被确定下来。建筑的自然采光设计和建筑设计可以在多大程度上进行结合，这取决于建筑的类型。一些利用自然光线营造特定氛围的建筑，例如教堂，自然采光设计和建筑设计其方案几乎是统一的；而在其他公共建筑中，自然采光则仅仅是整个建筑设计中许多需要考虑的议题之一，自然采光设计和建筑设计的趋同性就小很多。

在建筑概念、方案设计阶段，作为建筑设计一个部分的自然采光设计应该在以下几个方面予以考虑：

1. 建筑形状、体量组合和空间布局必须有利于自然采光

（1）建筑形状与自然采光

建筑物体形的不同会导致不同的体形系数。建筑物体形系数大意味着有更多的外表

面积，有利于自然采光，但相反地却会影响建筑物的热平衡。因此，对于建筑形状的确定在概念设计阶段就需要根据所处的地理气候条件，在采光和热工的平衡问题上做出合适的选择。

（2）建筑体量组合与自然采光

在建筑体量的不同部分相互组合时要注意避免彼此遮挡而导致自然光数量不足。

（3）建筑室内空间组织、布局与自然采光

建筑的整体设计方案决定自然采光策略和内部所有房间的自然采光潜能。因此，在建筑方案设计的空间组织之前，需要列出所有内部房间的名称，进而确定这些空间区域对照明的需求程度和视觉环境的控制程度。最后，根据这些房间对光环境的不同要求结合其他的建筑设计思路综合进行空间的组织和布局。

具体的结合侧面采光窗体自然采光的空间组织、布局时要注意：

①根据作业对照明的需求程度安排作业区：这对自然采光要求不高的房间，放在建筑的内部而不是周边区域，自然采光要求高的房间放在近窗区域；把具有相似的人工照明需求、相似的工作时间表和相似的舒适度要求的任务集中在～起。

②根据舒适度要求安排空间和工作行为：把不固定的任务或者较小的空间设置在有不可避免的眩光、直射光和自然采光不足的位置上，把固定的和不可变更的工作行为设置在舒适的和无眩光的环境中。

③维护自然光通道：家具的布置不应阻碍自然光从窗口进入室内深处，不要平行于开窗的墙布置高度较高的家具，在较高的隔离物上部采用透明或者半透明材料，在房间和走廊之间的隔墙上设置透明的高侧窗。

④北向侧窗附近设置对光线稳定性要求较高的空间如画室、绘图区等，东、西向侧窗附近设置分时段的作业区。

⑤在观景窗附近设置固定作业区，如阅读区等。

⑥观景窗附近的空间布局要注意对眩光的控制，以此来合理确定书桌的位置、学生视野的方向等。

2. 根据不同的朝向制订自然采光设计策略

建筑物各个朝向上的天空亮度、日照时间及太阳辐射热增益不同，这些都将影响到侧面采光窗设计的窗体形式、窗口大小、遮阳形式等，使得不同的朝向上有着不同的设计重点。不同朝向上自然采光设计策略的侧重点：

朝南窗户的自然光尤其是直射光数量非常多，需要设置室外水平遮阳构件或者室内遮阳构件，进行遮阳并且控制眩光。

朝北窗户的自然光最稳定，一天当中的变化少，很适合某些对光照稳定性要求高的作业，对遮阳的要求不高。对于炎热地区来说是最好的方向，对于需要冬日采暖的地区来说，则要注意减小热损失。

东西朝向尽量避免开设窗户，因建筑使用上的考虑必须开设时，应尽量减小窗体面积，并设置内、外遮阳装置，最大程度减少室内眩光和过度热增益。

3. 根据建筑方案、自然采光的设计需要选择采光方式和采光辅助系统

（1）侧面采光方式和顶部采光方式的选择

建筑物的采光基本上都离不开侧面采光方式，而对于侧面采光窗中观景窗和采光高侧窗的设计、分配和位置布局，要满足建筑方案设计的需要，比如外观造型、艺术表现力等，同时要有利于自然光环境的创造。

顶部采光方式更多的是在室内采光不够均匀时对侧面采光方式的补充，天窗的布置同样需要考虑光线分布的均匀性。

（2）采光辅助系统的选择

采光辅助系统的功能是我们选择使用它们唯一理由，因此在选择一个辅助系统之前需要回答以下几个问题：在设计中使用一个自然采光辅助系统是否有益？利用自然采光辅助系统可以解决哪些问题？利用自然采光辅助系统可以获得哪些益处？

回答完以上问题，发现使用自然采光系统是有助于改善室内自然光环境的，那么接下来的问题就是：哪一个系统该选择。这可以从以下几个方面考虑：

①根据地理纬度、气候状况等条件选择有助于改善自然采光的辅助系统。

②根据建筑内部的采光需求进行选择。需要解决的与自然采光相关的需求有：改变自然光方向到照明不足的区域；提高室内照度均匀性；提高视觉舒适度和眩光控制；建筑遮阳和热量控制。

③根据采光辅助系统与建筑方案造型的融合程度进行选择。这主要是针对室外的辅助系统而言的，它们的外观造型会影响到建筑外立面的设计。

④根据使用者的操作、维护方便性选择合适的辅助系统。比如自动控制还是手动控制，固定的还是活动的等。

⑤根据采光辅助系统的经济要求进行选择。自动控制系统的价格较高，手动控制则相对便宜。

4. 与其他专业工种配合使各专业设计都有利于自然采光

在建筑方案设计过程中建筑师需要协同其他各专业的工程师参与，以便使得其他各专业的设计也能够有利于自然采光。比如，需抬高建筑周边的天花吊顶以获得更高的开窗高度时，管线的位置、走向就要调整，这需要设备专业的工程师参与；建筑周边的灯具与内部区域的灯具需要分区、分级控制，以利节能，这需要电气照明工程师的参与。

（四）建筑施工图设计过程中的自然采光设计

进入建筑施工图设计阶段，自然采光设计大的策略基本确定，这一阶段的自然采光设计更多的是在窗户和辅助系统的细节构造、材料的选择上面。

1. 窗户的构造与自然采光

在窗户的形式、大小等已经在方案设计阶段确定之后，施工图设计阶段的窗体细部构造同样会对自然采光产生影响：

侧窗设计中的窗户是否按照功能不同而分成观景窗和采光窗两个部分。

侧窗窗洞口外沿和窗框外沿的设计是否考虑对眩光控制。

天窗采光井道的材料选择、构造设计是否考虑减少光线传播的损失和扩大光线的分布范围等。

2. 采光辅助系统的构造与自然采光

在建筑方案设计阶段根据需要确定了要采用的采光辅助系统，如果在建筑设计阶段确定采光辅助系统，那么在施工图设计阶段就需要对辅助系统的细节构造进行设计，使之有更高的功效：

反光板的深度、表面材料、颜色、反射系数以及其他一系列的细节构造问题。

百叶帘的材料、颜色、反射系数等构造问题。

天窗扩散体的材料和形状。

天窗反射体和挡板的材料、形状和设计高度等。

3. 室内饰面材料与自然采光

室内的空间组织、布局和家具布置在方案设计阶段已经确定，施工图设计阶段则是确定房间内部各表面的外饰面材料，因为墙壁、屋顶和地面材料的颜色与反射系数会影响到室内的光环境。采光窗附近的室内表面推荐的反射系数值：天花 > 80%、墙体 50% ~ 70%（如果墙体开窗，就再提高）、地板 20% ~ 40%、家具 25% ~ 45%。

4. 玻璃材料的选择与自然采光

窗户玻璃材料的选择主要考虑如何平衡室内获得的光和热的关系。因此，施工图设计阶段需要从以下几点出发选择窗户玻璃：

根据不同窗户的功能定位选择不同可见光透过率的玻璃：观景窗可见光透过率低一些，根据各个朝向的自然光照特点，考虑自然光数量和太阳辐射热的不同，一般观景窗的可见光透射率大约是南向 40%，东、西向 30%，北向 60% ~ 85%；采光窗透过率高些，一般在 60% ~ 90% 之间；平天窗玻璃（垂直天窗玻璃选择参照侧面采光窗）的可见光透过率选择可以参照采光窗。

还需要根据所处的地理气候环境结合不同朝向对玻璃的光谱吸收性能做出分析以适应其气候条件：侧面采光窗在炎热地区可选用具有较高可见光透射率和较低太阳得热系数的玻璃，常规的气候区甚至是一般采暖区的采光高侧窗采用透明玻璃，建议慎用 Low-E 玻璃，因为大多数 Low-E 涂层会减少可见光 10% ~ 30% 的透射率；观景窗的玻璃一般采用有色玻璃或者 Low-E 涂层的光谱选择型玻璃，一般的气候条件下使用有色玻璃即可，在炎热和寒冷地区建议使用 Low-E 玻璃，以利节能和提高舒适度；通常最有效的平天窗玻璃（垂直天窗玻璃选择参照侧面采光窗）具有相对高的可见光透过率与相对低的太阳的热系数，选择 Low-E 玻璃是比较合适的。

（五）建筑运行过程中的自然采光系统维护

建筑设计结束之后，自然采光设计也随之结束，但是自然采光的窗体和辅助系统以及相关的机电控制系统需要在建筑运行过程中进行维护。

1. 窗户需要清洁和维护

建筑物中各种形式的窗户需要定期的清洁，尤其是平天窗更易积灰，需要更频繁的清洁维护。经过特殊设计的窗户玻璃要有相关的数据记录在资料上，比如，侧窗的上部高侧窗与下部观景窗二者的可见光透过率是不同的，当窗户上的某一块玻璃破损需要更换时，就必须查阅相关资料，获取玻璃的信息，以便更换相同玻璃。

2. 自然采光辅助系统需要清洁和维护

建筑中的自然采光辅助系统需要定期的清洁和维护。侧窗的反光板和导光百叶帘、天窗的反射体和挡板都是具有反射光线功能的辅助系统，这些构件的上表面需要定期清洁，以保持其反射性能；有些辅助系统采用了自动控制，如自动控制的百叶帘、自动感光控制的分区照明系统等，则需要在投入运行时进行调试和校准，随着时间的推移在以后的运行过程中也需要定期校准。

（六）旧有建筑翻新改造的自然采光设计

根据我国民用建筑设计通则的相关规定：普通建筑的设计使用年限为 50 年，纪念性建筑和特别重要的建筑的设计使用年限为 100 年。而随着我国经济建设从粗放型进入集约型，国家规划建设法规的逐步完善，我国大拆大建的时期会逐步离去，建筑设计、建设量也会进入一个放缓的时期。这必然意味着大量旧有建筑的翻新和改造将逐步增加。大多数工业化国家，在过去的 20 年中建筑物翻新比例稳步提高。

建筑物翻新过程中的自然采光设计可以根据建筑的结构形式、翻新的程度差异来选择不同的设计策略。

对于要彻底翻新框架结构的建筑，可以更换整个建筑立面，进行一个完整的自然采光设计。

对于承重墙结构或者翻新程度较小的建筑，则可以通过更换局部的玻璃、窗户，增加采光辅助系统以及重新进行室内空间布局、内饰面变更等手段来进行自然采光设计。

第三节　老龄化与可持续建筑设计

一、老龄化社会概述

（一）老龄化社会

任何事物都有自己的生命周期，变老是不可避免的。根据国际惯例，这对于一个群体来说，如果一个国家中 65 岁以上的人口占总人口的比例达到 7%，我们就认定这个国家为老年型国家，如果超过 14%，则称为老年国家。20 世纪 30 年代，伦敦经济学院组织研究了人口老龄化问题，并在成果 "The Future of Our Population" 中预测 2055 年老年人口将占世界人口一半。之后，关于社会老龄化问题的研究就被充分关注。

社会的老龄化必然会对当地乃至全球产生重大影响。老年人的生理、心理需求与年轻人不同，而社会人口中的老年人数量又在迅速增多，必然会对当地的社会经济等方面产生或多或少的影响，这种因为社会老龄化而引起的一系列问题就是老龄化问题。随着社会老龄化的逐渐发展，老龄化问题也在社会中逐渐出现。解决老龄化问题已经成为包括中国在内众多国家的重要问题之一，显现出典型的普遍性。寻找中国老龄化问题的解决之道，对于世界老龄化问题的解决也具有重要的现实意义之一。

（二）老龄化的发展与建筑业

随着老年人口在社会总人口中占比越来越大，老年人的权益越来越重要，老年人的需求也正渐渐地成为社会主流需求。1999 年是世界老年人年，这不仅标志着世界已经进入老龄化阶段，也标志着世界社会对老年人群和老年人地位的正式承认。尊老向来都是中华民族所推崇的美德，解决老龄化问题也是中国的文化核心价值的重要实践。

在对老年人生活水平的众多影响因素中，居住问题往往是最基础也是最重要的问题。因此在此项目中，我们从老年人的居住环境考虑，由此提出改善老年人建筑环境的解决方案，希望对解决老龄化社会问题有所贡献。

二、老龄化与老年宜居环境建设

老年宜居环境理念来自于国内外对宜居城市、人居环境的探讨，特别是国际社会对老年友好型城市的积极推动。在全球快速人口老龄化的大背景下，世界卫生组织提出的"老年友好型城市"的理念，旨在帮助城市老年人保持健康与活力，消除老年人生活障碍。

本书认为，老年宜居环境是指适宜包括老年人在内的各年龄人群，围绕居住和生活空间的各种环境的总和。狭义的老年宜居环境是指居住的实体环境，广义的老年宜居环境则是指社会、经济和文化等方面的综合环境。老年宜居环境是一个功能性概念，其建设目标是优化老年人的健康条件、参与机会和安全保障，提升老年人生活质量。

从建设内容来看，老年宜居环境建设包括空间建设与社会建设两个层面。从建设单元来看，老年宜居环境可分为区域、城镇、社区三个层次。其中社区宜居环境是老年宜居环境的微观基础，是实现老年人在适老化的基本保障。需要强调的是，老年宜居环境建设应立足于以生命周期为基础的视角，其不仅应适合于老年群体，这也应适合于其他年龄群体，以实现不同时代的和谐共享。

三、养老居所室内装饰设计的原则和理念

装饰是居住设计中重要的一环，一个好的装饰不仅可以使人赏心悦目，也可以方便我们的生活。建筑装饰需要遵循一定的规则，这些对于装饰的要求逐渐被人们重视。

养老居所设计与普通住宅设计不同的根本原因就在于老年人的身体机理和心态性格与之前发生了很大变化。唐代医药学家孙思邈的《千金翼方》中载："论曰：人年五十

以上，阳气日衰，损与日至，心力渐退，忘前失后，兴居怠惰，计授皆不称心。视听不稳，多退少进，日月不等，万事零落，心无聊赖，健忘嗔怒，情性变异，食饮无味，寝处不安……"生动地论述了人在年老过程中的记忆、视觉、听觉、味觉以及性格、情绪状态等生理和心理的一系列巨大变化。因此养老居所的设计理念与原则的提出，必然要符合老年人身体机能和心理状态。

（一）无害化原则

由于老年人的运动系统的衰退，行动往往不便，老年人的神经系统正在渐渐趋于衰弱，对危险的意识往往不强，更容易陷入危险当中，因此老年人对于建筑装饰中的无害化要求就显得格外重要。在一般的建筑装饰当中，也应当把无害化作为底线要求，即要求建筑的美观性和实用性都应当被置于无害化原则之上，对于专为老年人设计的适老化建筑的装饰当中，就更应该重视无害化。

常见的有害装饰通常有以下几点：

家具和墙体出现尖锐的直角。

使用过多的玻璃等易碎危险品装饰。

使用天然石材时未检测放射性。

涂料中甲醛等有害气体过量且未散尽。

某些装饰材料虽然具有很强的新颖性，但是其使用的有机材料往往具有一定的毒性，在使用时应当充分考虑。

（二）选材原则

对老年人专用的材料选用应当自然舒适、亲近人体。表面刨光的石材或瓷制品制成的装饰材料往往会过于光滑，同时这些材料破碎造成的残渣往往格外危险，因此不适于老年人的建筑装饰。因此，在选材上应当格外重视材料的亲和性，推荐使用经过防火处理的木材。使用有强烈凹凸花纹的地面材料往往令老人产生错觉与不安定感，应避免选用。

（三）色彩原则

心理学研究表明，不同的色彩对人的心理和生理有不同的影响作用。老年人的视觉系统对色彩的要求有特殊性，色彩的选择要适合老年人的心理和性格特点。

老年人更加青睐温暖色调和鲜艳色调的颜色组合。因此我们在设计当中应当避免单调乏味的组合，避免沉闷压抑的灰黑白等颜色组合。但是对于老年人来说，其身体机能的衰退会导致一些眼类疾病，过于鲜艳扎眼的色彩往往会加重老年人视觉负担，因此在设计当中应当切忌使用过于明艳刺激的组合。

（四）光照原则

毋庸置疑，良好的光照可以促进改善人的精神面貌，光照舒适性对于人的视觉系统、神经系统的健康都有重要作用。

自然光源可以促进室内干燥温暖，所以应当尽量使用自然光源进行照明。在无法使用自然光源的情况下，使用适宜的灯具进行照明。由于过亮的光源会刺激视觉系统，对于眼睛功能衰退的老年人更应避免。室内的主要人造光源不应使用单个过亮的照明灯，而应当使用众多小型温和型灯具共同照明，光照强度适中，或采用可以调节光照强度的灯具，灯具的颜色宜使用柔和色，而不使用白色光，这对于光照要求较高的重点部位，应加强光照。

四、养老居所室外环境设计的原则和理念

人的心情和情绪与外界环境有着紧密的联系，人的心情往往会受到外界环境的影响。在建筑设计中，室外环境的安排往往对主要建筑物的设计起到画龙点睛的作用，因此我们认为室外环境是建筑设计中相当重要的一环。室外环境设计是一个综合性的学科，它涉及城市规划、建筑学、心理学以及景观建筑学等学科的知识。

老年人对室外的娱乐服务设施与交通规划很重视。老年人多以运动健身作为主要的娱乐方式，所以室外的娱乐设施对于老年人的生活来说极其重要。其次由于老年人特殊的身体条件，室外交通通道安排应更加方便安全，适于腿脚不便的老年人出行。这对我们室外环境设计有着指导作用。

（一）安全

无论在建筑物的设计过程当中还是在其他设计中，保证其安全性都是底线要求。对于人类来说，保证生存的第一要素就是安全。若一个环境是对人有害，或者对人有隐含的危害，都是安全性问题，都是不能被容忍的。前文提到，老年人身体条件较差，对危害的抵御能力也没有青壮年强。对于专为老年人设计的建筑，应当着重考虑安全问题，比如交通安全、活动安全、治安安全等方面。我们推荐在建筑群的整体设计当中采用"四合院"布局，即将室外环境部分放置于建筑群的中央，所有建筑以中部庭院为中心，这十分类似于中国传统的四合院设计。这样的设计不仅保证了安全性和私密性，也从很大程度上提高了老年人心理的安全感和归属感，同时也能促进人与人之间的交流。具体可以参考英国佩里格罗夫老年公寓的平面设计。关于适老化建筑安全性的室内设计准则，我们将在无障碍原则部分中做出表述。

（二）愉快

对于老年人养老居所设计来说，建筑外部空间环境设计不但应当考虑整个建筑群的相互联系、选址和规模等方面，还应当充分考虑老年人的心理需求。老年人的休闲行为和身体活动能促进社会交往，而社会孤立往往会增加老年人的死亡风险。因此对老年人来讲，凡是满意的建筑，往往都是提供并重视其社交行为的场所。

老年人往往是退休在家颐养天年，并没有工作需要，因此我们设计的建筑环境应当尽可能满足老年人的娱乐和社交需求，这样才能让他们在其中感到愉快。鉴于提到的社交需求，我们推荐室外环境应当有较大空地，且室外休憩区域应当配有较大的围坐型或半围坐型条凳，而不推荐安装小型单人或双人条凳。

除此之外，我们重视老年人的心理健康，也应当从其日常生活中着手。我们应当充分考虑老年人的个人爱好，在建筑环境中适当添加象棋桌凳、露天阅览室等，为老年人提供充足的休闲活动空间。

我们应该注意到，老年人在一个建筑环境中是否足够愉快，并不直接取决于我们投资的多少，而在于我们是否能够提供他们所需要的空间（社交空间、学习空间等）。往往老年人需要的并不是一个豪华的环境，只要我们充分考虑老年人的具体需求和身心条件，就能设计出适合老年人的建筑。

（三）做

我们知道，随着老年人的身体机能日益退化，对色、光、味、声等的刺激变得不十分敏感。因此我们应当更多设计出冲击较强、色彩鲜明的整体效果，尤其是对于较为重要的区域和标志性器材。另外，由于老年人在坐的时候，靠背的使用可减轻其腿部与臀部的负担，并且可以缓解对于血管的压迫，所以从这个角度考虑，座椅的平面要与靠背的夹角大于 90°，关于老年人身体条件的相关文献显示，最适当的靠背与平面的夹角是 105°～110°。此外，我们应当充分考虑材料与人体的亲和性，使用较为温和的木质、塑料或者皮革制作座椅的表皮。老年人的力量变弱，尤其是膝关节和脊柱的力量变弱，并且常伴有疾病，因此我们在设计当中必须设置扶手和靠背。

（四）自然

老年人比其他人群更希望居住环境的设计具有自然的特征，在老年人建筑设计中应当注意的自然理念有以下几点：

生态建设：提高自然元素在整体设计当中的占比，比如提高绿化面积和水系面积等。

声环境：重视对建筑群体的选址，远离嘈杂和污染中心，可以适当远离市中心。但考虑到老年人对医院等基础设施的依赖性较高，我们在选址的过程中也绝不可忽视交通的便利性。

光环境：良好的采光作为建筑设计中考虑的基本因素，不仅为老年人的视力下降和生活活动提供帮助和便利，而且能为老年人提供舒适宜居的环境。充足的阳光照晒可以促进人体的维生素 D 的合成，从而促进对钙、磷的吸收，进而改善人体的骨骼内部微观结构。同时阳光中的天然紫外线可以为人体消灭大部分病菌，这对患有风湿性关节炎、过敏性鼻炎等疾病的病人有较好的效果。

五、养老居所无障碍设计原则

无障碍设计是指在设计过程中充分考虑身体条件特殊的人群的身体条件，以满足他们的正常需要，为他们创造一个舒适、安全、方便的建筑环境。设计老年建筑更应当关注无障碍设计。下面我们基于通行障碍、使用障碍以及可视性障碍问题，从无障碍居住环境和无障碍室外环境两个方面进行论述。

（一）通行障碍

我们知道，随着人的年龄增长，视力和活动能力会有较大幅度的下降，在为老年人设计建筑时应当充分考虑这一点。建筑的主要交通区域（走廊、楼梯、电梯等）中都应当避免外形较为隐蔽的通行障碍。

老年人的视力通常不会很好，常见老花眼、白内障等，因此建筑内地面应当采用没有过多花纹图案的地砖，墙面也应当整洁，以保证障碍物能被轻易看到。各种房间的门不应设有门槛，或者将门槛嵌入地面，或者在门槛两侧设置斜坡，从而避免通行线路中突然出现高差。对于地面材料的选择无疑是无障碍设计中极为重要的一部分。首先我们选择的地面材料不应过于光滑，如必须选择某种光滑的材料，应当尽量加防滑措施。对于斜坡道必须加装防滑措施（比如防滑条），斜坡道必须加装扶手，主要通道也应当尽量考虑加装扶手，便于使用轮椅的老人行动，一定程度上防止滑倒、摔倒。

在适老化建筑设计当中，应当尽量减少台阶的使用，推荐使用无障碍直升电梯。坡道也应尽量平缓，以满足经常使用轮椅或拐杖出行的老人的需求。如果必须使用普通楼梯（比如旧建筑的改建、扩建，而由于结构的限制不能加装电梯的情况），则一定要在栏杆对侧加装扶手，以便于上下通行。台阶前缘的防滑条尽量使用带有鲜明颜色的，未设置防滑条的每节阶梯或者坡道的开始和结束处也应贴有醒目的标识，以防踩空或滑倒。

（二）使用障碍

前文已经提到，老年人的运动系统正在渐渐衰退，同时神经系统也在渐渐衰老，反应变得不灵敏，身体的协调性也变差。通常的建筑，往往对于特殊人群有使用方面的障碍。虽然当今建筑的设计施工过程中正在逐渐重视这些问题，但重视程度仍旧远远不够。完善老年人常用的各种设备的方式主要有：

①降低使用高度，适合老年人使用轮椅时的身高，比如盥洗池、坐便器等。

②增大提示音音量。

③在方便的位置设紧急呼叫装置。

（三）可视性障碍

老年人最重要的身体变化就是视力下降，由远视眼或白内障等眼类疾病造成，因此对于老年人来说，可视性的标准会比年轻人群更高。保障老年人在设计的建筑物当中能够看得见重要标志、认得清交通障碍、看得到危险事物，往往是为老年人着想的最直接也是最简单的方式。

对于视力较差人群进行无可视性障碍设计时，首先考虑的应当是照明强度的提高。但由于过强的光照也可能使人的视野清晰度下降，并且强弱光的交替会损坏人的视力，因此我们也应当尽量使用漫反射光照，避免直射型光源和光源的镜面反射。

第五章 邻里空间适老化设计概述与设计原则

第一节 适老化空间环境设计概述

一、健康中国的内涵

健康是人全面发展的基础。首先，什么是健康呢？现代健康的含义并不仅是传统所指的身体没有病而已，根据世界卫生组织的解释：健康不仅指一个人身体有没有出现疾病或虚弱现象，还指一个人生理上、心理上和社会适应上的完好状态，这就是现代关于健康的较为完整的科学概念。现代健康的含义是多元的、广泛的，包括生理、心理和社会适应性三个方面，其中社会适应性归根结底取决于生理和心理的素质状况，心理健康是身体健康的精神支柱，身体健康又是心理健康的物质基础。良好的情绪状态可以使生理功能处于最佳状态，反之会破坏某种功能而引

"健康中国"的内涵有很多，主要为以下几个方面：从健康事业角度看，"健康中国"是一个发展目标，是指人民健康、长寿水平达到世界先进水平的中国；从人民生活角度看，"健康中国"是一种生活方式，也是人人拥有健康理念和健康生活，家家享有健康服务和健康保障的生活方式；从国家发展角度看，"健康中国"是一种发展模式，是把人民健康放在优先发展的战略地位，把健康融入所有政策，努力实现全方位、全周期保障人民健康的国家发展模式。

健康中国的内容非常丰富，意义十分重大，影响特别深远，换而言之，健康中国是

中国特色社会主义道路又一个伟大实践。

经济发展与人民健康应该相互促进。搞好经济建设是基础，可以为健康提供物质条件，健康水平的提高又将进一步促进经济发展。为此，要全面建立健康影响评价评估制度，系统评估各项经济社会发展规划和政策、重大工程项目对健康的影响。只有从发展理念、政策引导、产业结构等方面全方位引入健康优先的理念，站在全局的、长远的、整体的角度，用健康的尺度审视整个社会发展的方向和步调，才能真正保住"向好的势头"。在坚实的经济基础上，把更多资源投向健康，让公共财政为百姓健康提供更多保障。

健康中国是推进国家治理体系和治理能力现代化的战略任务。那么如何实现健康中国这一战略目标呢？健康中国的实现路径有哪些？从国家层面来说，要坚持把基本医疗卫生制度作为公共产品向全民提供，更加注重体制机制创新，更加注重预防为主和健康促进，更加注重提高基本医疗服务质量和水平，这更加注重医疗卫生工作重心下移和资源下沉。进一步健全全民医疗保障体系，不断减轻群众就医经济负担。进一步完善医疗卫生服务体系，不断提高医疗技术和服务水平，增强群众获得感。进一步加强传染病、慢性病、地方病等重大疾病综合防治和职业病危害防治。坚持中西医并重，促进中医药和民族医药发展，充分发挥特色优势，大力推动医药科技创新，大力发展健康服务业，为人民群众提供安全、有效、方便、价廉的基本医疗和公共卫生服务。

从个人层面上讲，实现健康中国，最主要的是保证自己的健康，如何保持自身的健康，从根本上实现健康中国这一战略目标，这是从古到今的话题，主要包括以下几点。

第一，我们每一个人活着就要保持积极的心态，大家知道精神情绪对人体健康影响很大，而精神和心态不好的人衰老得很快，所以大家要积极调节自己的心态。

第二，社交是一个影响健康的因素，健康和长寿的人一般都喜欢结交朋友，他们可以通过结交朋友，提高自己生活态度的积极性，排解烦恼。

第三，多进行户外运动，慢跑、游泳、骑车等有氧运动都是十分有益于身心健康的。

第四，阳光是世界上最美好的东西，每天保证自己的身体充分地享受阳光，可以使身体健康，提高抵御疾病的能力，而且晒太阳可以使人心情愉快。

第五，控制吸烟和饮酒量，作息规律。

从这个意义上来说，我们要建设的不是"福利国家"，而是"福利社会"。"福利国家"与"福利社会"的最大区别就在于后者的技术路线是"多层次混合型"福祉，而通过这个技术路线实现的目标始终是"获取福利"，那就是健康中国。

健康中国的美好蓝图，凝聚着全社会的共同理想。我们要努力建立起"关注生命全周期、健康全过程"的社会共识，让公民健康迈上一个新台阶，在"健康优先"理念下推动各项制度革新与技术更迭，努力赢得发展的主动权。

二、基于健康理念的老年人生活空间的设计概述

（一）健康城市的特征

提出健康城市有如下特征：

干净、安全、高品质的生活环境；

稳定且持续发展的生态系统；

强有力的相互支持的社区；

高度参与影响生活和福利决策的社区；

城市居民的基本需求。

近年来，又增加了一些特征：

借助多种渠道获得不同的经验和资源；

市民有较高质量的卫生与健康医疗服务；

市民有良好的健康状况与生活方式；

多元化且具活力及创新的都市经济活动；

能保留历史古迹并尊重地方文化；

有城市远景规划，是一个有特色的城市。

（二）老年人生活状态及活动特征

老年人具有健康的身体是指机体完整或功能完善，具备对疾病预防和治疗的基本知识，主要表现为肠胃好、活动自如、睡眠好、说话流利等。

老年人心理及行为健康是指有较好的自控能力和自我调节能力，情绪稳定，意志坚强，积极乐观，友善，喜欢与人交流，能够互相帮助，喜欢运动，有自己的兴趣爱好，保持心情愉快；每天至少保证半小时以上的户外活动时间；另外，还应该讲道德，讲文明，具有辨别真伪、善恶、荣辱的是非观念和能力。

（三）健康城市老年人生活空间的系统特征

1. 健康的环境支持系统

利用健康城市建设标准努力塑造人与自然和谐相融的城市老年人生活空间环境，要求空气清新、环境优美、交通顺畅，有舒适的居住环境、完善的公共服务设施、安全社区环境、优质的社区管理与健康服务等，提供便于老年人出行及健身的空间环境，从维护自然物质要素健康的角度出发，进而维护老年人生活环境的健康。

2. 健康的行为活动系统

利用城市触媒作用，调动起全民关注健康的积极性，加强社区管理，增加老年人社会关注度，增大爱心服务力度，建立为老年人服务的志愿者服务队，开设老年人健康教育培训班，建立老年人健康档案等，构建健康的、积极的行为活动系统，以鼓励老年人多进行户外活动，增加老年人交往活动，预防疾病产生，促进老年人生理、心理和社会交往的全面健康。

（四）健康城市老年人生活空间配置

1. 基于老年人心理需求空间配置

老年人心理需求主要表现在安全感、归属感、邻里感、家庭感、私密感、舒适感等方面。老年人的心理需求表达了老年人对生活空间环境的心理评价，创造健康的老年人生活空间首先要符合老年人行为和心理需求。考虑到老年人的社会交往需求，在合理配置相关基础服务设施的基础上，形成良好的社会氛围与意识网络，进而构建出健康的老年人生活空间。

针对当前老年人对安全感的强烈需求，在老年人生活空间的设计中首先要考虑到的就是安全方面的问题，如无障碍设计、道路系统、防火防盗、路面防滑、标识、警报系统等设施的设计。另外，就是要加强社区治安管理，严格控制非社区人员进出社区，减少坏人入区侵袭的危险，营造安全的社区环境供老年人享用，为老年人提供完善的社会保障，创造良好的生活及交往空间，增加老年人社会关注度，建设社区老年人服务队伍，在物质保障的同时增强老年人归属感。空间舒适感主要体现为环境安静，空气清新，污染小，绿化空间多样，街景美丽整洁，休闲娱乐设施丰富多样，散步场所舒适等方面。

另外，建立亲密的邻里关系对老年人身心健康有积极的作用。如设计尺度宜人的院落空间，有利于构建亲密的邻里关系，促进互助活动。此外，设计合理的休息空间、住宅出入口、健身娱乐场地等都有助于老年人发展邻里交往关系。同时，建立老年人参与社区的公共事务渠道，有利于加强老年人参与感，满足老年人实现自我价值的愿望。

2. 基于老年人活动时间集聚性的空间配置

老年人活动集中在早晨与下午，户外活动空间的设计要考虑这一时间规律，早晨要保证有充足的阳光以鼓励老年人到户外进行活动，下午要形成良好的遮光效果，给老年人提供休息场所。如活动场地东侧的植被以低矮的灌木及花卉、草坪为主，西侧种植高大的乔木，这样就可利用自然景观的设计达到满足老年人活动需求的目的。另外，晚饭后进行户外活动的老年人也较多，以散步为主。为了老年人出行活动的安全需要，要配备充足的照明，路灯的尺度宜选择37m高度，给人以舒适的感觉。

3. 不同活动圈层的空间配置

（1）基本邻里活动圈

基本邻里活动圈是老年人日常活动最为频繁、停留时间最长的场所。此圈层主要支持小群体活动，因此，该空间的设计应与组团绿地配置相结合，服务半径在200m左右为宜。活动场地要保证充足的日照，避免风口，植被的选择以花草和灌木为主，乔木为辅，避免挡光。配置简单的运动健身设施、自由活动场地及足够的休息空间，采用分散布局原则，满足不同层次老年人需求，此空间的活动应该在人们的视线范围之内，可以观察到老年人活动，起到自然监护的作用，提高其活动空间的安全性。

（2）区域活动圈

区域活动圈即社区范围内集中的、较大的活动场地。主要支持较大规模的群体性活动，服务半径最好小于500m。在这一空间范围内，应安排集中的、较为完备的健身器材及活动设施，绿地面积不小于0.4hm²。划分出不同功能分区，使得老年人活动丰富且有序。此活动圈虽不是老年人出入最频繁的活动空间，却是人流最多、活动最密集的空间，应加强社区交通管理并设置相应的安全防护措施。

（3）市域活动圈

市域活动圈为城市空间范围内大型活动场所。因此活动圈离老年人住区较远，所以老年人在此圈活动的机会较少，主要就是看望子女或是走亲访友。由于老年人行动缓慢，身体各项机能衰退，因此，出行到较远地方时不适宜步行或自驾车，主要依靠公共交通。建立完善、便捷的公交系统便成为此活动圈的主要任务。公共交通最好不通过居住空间，在居住区周边设置公交站点，住宅到公车站的距离最好在300m以内，步行大约需要4min；或为300～500m，步行6～7min也是比较方便的。建立城市老年人服务系统与爱心服务队，为行动不便的老年人提供帮助。

（4）集域活动圈

集域活动圈是位于区域活动圈与市域活动圈之间的交叉活动空间，起到联系区域活动与市域活动的纽带作用。区域活动圈与市域活动圈的空间配置，资源共享，避免重复建设。

另外，由于老年人独立性特征，需要有一个相对私密性的活动空间，服务半径在50～100m。配置在阳光充足，环境优美，人流少且有建筑物围合的区域，如L形建筑两翼间的围合区域，或U形建筑物的围合区域。

4. 老年人需求对建筑外部空间设施配置的影响分析

老年人需求对建筑外部空间设施配置的影响，主要体现在设施类型及服务内容、配建标准及布局模式、运营管理及细节设计等方面。

（1）设施类型及服务内容

无论是老年人生理、心理上以及行为活动的变化，还是老年人从工作到退休状态的转变，都让老年人各方面需求更多地集中到居住环境和生活配套服务上来，且呈现需求的多样性特征，这些会影响设施的配建类型及服务内容。老年人对医疗、照顾需求加大，这要求社区最大限度地优化医疗卫生设施及照护设施的配置，并提供疾病预防、治疗以及生活照料等服务。特别是介助和介护老年人对于照料需求更强，这就要求社区建设不同层次、类型的照护设施，以此来满足老年人差异化的需求。同时，为了让老年人保持愉悦的心情，社区应为老年人提供休闲娱乐的空间，扩大他们的活动范围，提升他们外出活动的热情，满足老年人的交往及求知需求，减少其因无人交流而产生的心理失落感和孤寂感，避免发生与社会隔绝的现象。

（2）设施配建标准及布局模式

社区应该完善设施的配建，在数量及建设规模上满足要求，但是建设规模与标准也要与老年人数量相对应，避免出现设施规模过大，供大于求，或者设施规模过小，供不应求。因为场地太小而导致老年人不愿意驻足的现象经常出现，且老年人对设施的不满意多是因为设施数量不足、配套不完善。

在布局模式上，社区公共服务设施要做到全面覆盖，让每个老年人都能享受社区服务带来的便利。目前设施普遍存在服务半径过大、距离过远的现象，这也是老年人对设施不满意进而设施使用率不高的原因，并且自理、介助、介护这三类老人可接受的步行时距均在15min以内，其中5min以内能够到达的设施使用最为频繁，就近布局能够满足老年人对设施的需求。同时还要结合老年人的特点考虑外界的声、热、光等因素，尽可能将设施建在安静、温暖及通风较好并且容易到达的场所。

（3）设施运营管理及细节设计

从设施运营管理上来看，老年人因其身体和心理上的变化，需要特殊的照顾。尤其是照护类设施，需要专业人员进行工作、为老年人提供精准化的服务，因此，老年人的需求也会对设施运营管理提出更高的要求。在细节设计上，要充分考虑老年人的行为特征，室内外的空间都要进行无障碍设计，能够方便老年人日常使用，以提高老年人对所处环境的安全感和归属感。

三、基于适老化理念的建筑空间设计

（一）适老化理念下的养老建筑设计原则

1. 安全性原则

安全是养老院设计中的首要原则，它直接关系到老年人的生活条件和人身安全。在规划设计养老院时，要考虑到门窗、家用电器等公共设施的易操作性，确保其使用安全，方便老年人使用。其次，根据老年人的行为和身体特点，老年人活动的空间具有良好的可及性，以免影响老年人的正常行动，如厕所设置、浴室扶手、地面防滑设置、急救按钮设置等。这些设施是改善老年人人身安全的硬件设施。

2. 适老化原则

设计人员在实施养老空间设计的时候，需充分地考虑到老年人的身体特征，确保无障碍设计的同时，也要注重扶手设置、地面防滑高设计。老年人在特定情况下，会借助一些家具来使行动更加便利，家具设计、休憩空间设计应符合老年人行为习惯。高照度，亮度均匀的灯光照明适合老年人因视网膜功能衰弱，瞳孔变小，对比度灵敏，对眩光敏感，视野减小以及视觉深度减弱的特点，避免眩光；在老年人建筑设计中，还需要采用先进降噪吸声的材料来使得老年人所接收到噪音减少。

3. 无障碍性原则

无障碍的设计原则即清除以前存在的，对于老年人不利的障碍性设计，并且在进行新的设计时，不能造成新的障碍问题。随着老年人年龄的增长，身体的功能明显减弱。排除或减少建筑空间设计中的一些障碍，才能为老年人提供便利、适用性强的养老建筑。如为有视力问题的老年人设立较为引人注意的标志性引导标志，减少对于他们的障碍；为有听觉问题的老年人加入隔音较强的材料，给老年人一个安静舒适环境。

（二）适老化理念在养老建筑中的应用

1. 居住空间的适老化设计

（1）居室空间

相对于其他年龄段，老年人因各种自身原因影响，居室的作用不仅仅只是夜间睡眠，很可能老年人日常休憩活动也会固定在居室空间以内，因此养老建筑的居室对采光、通风等要求要高，例如养老建筑冬日日照要保证不低于 2 h。同时室内不能有尖锐的锐角空间元素，防止出现老年人在居室活动中的意外事故。另外，室内空间保证空气易于流通，尽最大可能减少噪声污染。

（2）阳台空间

阳台空间作为起居室的延展空间，也成为老年人在居住空间中活动的理想场所，同时也是居住空间与外部环境的交流空间，首先，阳台空间的要解决与主居室的高差问题，方便老年人进出阳台空间；其次，要预留出绿植空间，以便老年人可以通过种植花草来接触自然、锻炼身体、陶冶身心；最后阳台的窗户设置也要避开当地不同季节的主导风向，避免强风对使用者的影响。

（3）卫生间空间

由于老年人的生理特点，卫生间的使用频率较高，其中设施较多并且环境复杂，一直以来是老年人最容易发生安全事故的地方，由此可见，卫生间设计是老年人起居室设计中的重要一环。

①卫生间总体布局要缩短与居室之间的距离，保证老年人能在短时间到达。

②卫生间出入口消除高差，方便轮椅进出，门应采用推拉式、折叠式或者外开门。

③内部要给轮椅回转预留足够的空间，地面做好防湿防滑技术措施，室内洁具设置人性化扶手，洗面台和浴缸设计应适合老年人坐姿。

2. 公共空间的适老化设计

当前我国的养老建筑行业，开发者在进行项目建设过程时，重点放在经济效益上面，尽可能地增加居住单元的数量，从而使公共空间区域大大缩减，这会造成老人的生活品质大打折扣，所以，对于公共空间的适老化设计也极为重要。

（1）入口空间

居室入口空间联通室内和室外活动空间，这也是老年人经常活动的场地，根据老年人的生活习惯和心理期望，老年人喜欢出门与人交流，休息观景，所以，入口空间应设置相应的老年人休息座椅，根据老年人的生理特征，应设置随时可以触碰到的可倚靠物。同时为避免老年人孤独感重现，入口门厅的尺度不宜太过空旷，应营造一种温馨舒适的家的感觉。

（2）交往空间

餐厅空间是交往空间的重要设计场所，就餐时，老年人可以与其他人对话、交谈，消除彼此的隔离感。基于这种情况，餐桌形式应避免较大，而选择相对较小的就餐形式，这样可以拉近就餐者的距离，从而形成就餐空间的融洽氛围，就餐氛围生活化，让老人在就餐环境中感受到温馨。

除就餐空间，还应设置学习室、阅览室和娱乐室等，这些功能房间也是老年人之间日常交往的重要场所，老年人可以在这些空间内相互交流兴趣爱好，进一步提高老年人们之间的社交氛围，在交流的同时，可以削减老年人心中的孤独感。

（3）医疗保健空间

医疗保健空间为老年人提供日常的身体健康检查，是养老建筑不可缺少的组成成分。除了重大的疾病需要去医院就诊外，医疗保健空间可以为老年人提供一些常见的疾病治疗，特殊病症监护以及看护料理等多种服务，其主要空间包括医疗室、护理室和康复室。在整体空间布局上做好动静分区，偏离嘈杂吵闹的功能环境，同时要保证有良好的可达性。而且，要与餐饮厨房片区保持一定距离，其空间针对老年人营造出整洁、幽静、亲切的室内诊疗环境。

（4）交通空间

养老建筑的交通空间最重要的原则就是安全。由于老年人的身体活动能力降低，细小的高差变化便可能致使老年人摔倒，因此在水平交通空间设计时，尽可能减少高差变化，如有避免不了的情况，应采取外加 1/12 以内坡道等技术措施来减少高差的出现，同时做好醒目标识来提醒过往老年人。地面材质同样采取防湿防滑材质。垂直交通空间要设置符合规范的缓坡楼梯，同时楼梯两侧设置安全扶手，并在每踏步踏面设置不超过 3mm 的异色防滑材料警示条。休息平台是老年人上下楼缓冲区，对休息平台的功能和空间形式进行丰富，可以设计相对的休息观景平台，从而能让老人体验到优良的建筑空间效果。

3. 建筑细节的适老化设计

适老化理念的细节设计应该符合老年人心理和生理特点，便于更好地照顾老年人生活的各个方面需求，让老年人的生活更为舒适、方便。所以，在做养老建筑细节的适老化设计时，应注意以下几点：随着老年人的年龄增长，记忆力会明显下降，在面对各个居室房间门都一样的情况下，很可能无法短时间内找到自己的房间，所以，应该在老人们的居室门口标上老年人的名字，或者做出能让老年人能够清楚辨别的室门设计，以便老年人可以正确识别属于自己的居室单元。也可以在老年人的房间安装监控器，方便医护人员对老年人的观察。在老年人房间内的设计，进出门尺寸和卫生间的空间一定要预留足够，方便医护人员对老年人的医护帮助。在养老建筑窗户设计中，应该对通风与安全性进行分析，尽可能选择下拉式的窗户，防止老年人出现坠落情况，预防推式窗户造成手臂挫伤。通过这些细节设计，在细微之处排除一些安全隐患，使养老建筑空间更好地为老年人服务。

四、人性化视角下室内空间设计的适老化研究

随着我国经济发展水平的提高、医疗服务模式的发展和医疗理念的更新，大型综合性医院的科室设置和病房分类更加科学，老年病科的发展在综合性医院也逐渐受到重视，

老年医疗服务模式已在全国引起高度重视。与此同时，立足于老年人健康促进、慢病管理、危急重症救治、中长期照护、舒缓治疗和临终关怀等服务的老年病医院也逐渐兴起，例如北京老年医院、郑州老年医院等。

护理单元作为老年医疗建筑中的核心设施，是老年人在医院诊疗过程中停留时间最长的场所，因此老年护理单元应建立在满足老年患者康复期间的心理和生理等各方面的需求、减少老年患者的痛苦和反感、调节老年患者心理状态的基础之上。

（一）老年患者对护理单元的需求

1. 生理需求

由于老年人群疾病多发，健康状况一般会比较差，行为能力退化，因此，医疗环境等硬件设施上要求无障碍设计。各空间规划要考虑老年人身体状况，在安全的前提下，以尽可能地为他们提供方便为主要目的。

2. 心理需求

通常老年人在患有疾病之后，心理需求比在家里更高，更需要得到关爱，因此，老年护理单元空间布局和各个空间环境设计在保有私密性的同时应能够缓解老年人孤独、失落、焦虑的情绪。同时，老年人也有很强的与社会交往的意愿，且老年人住院周期都比较长，所以在设计护理单元空间环境时，要在有限的空间环境内给老年人创造与他人交往的机会。在信息与交流方面，要为老年人提供方便。

3. 疾病治疗需求

相比中青年人，老年人在疾病治疗方面其人性化要求更高。需创造充满"高效率高情感"的医护环境。由于老年疾病是由于衰老和老化所引起的身体内的一系列生理和病理变化，有些疾病是不可短期治愈或不可治愈的，在这种情况下，为老年人提供一个使其"欢乐"的环境是非常重要的。老龄患者医疗护理环境的"家居化"设计可以给予老年人家的温暖，舒缓心理焦虑，改善精神状态，提高疾病治愈效率等，是医疗护理环境发展的方向之一。

（二）老年护理单元人性化设计

护理单元通常的组成功能空间是：病房、护士站、廊道、患者活动室、医疗辅助用房、污物间、交通用房等。老年护理单元的行为主体包括：老年患者、医护工作人员、患者家属。本文以老年患者的需求为中心，并对与老年患者密切相关的几个功能空间进行设计分析。

1. 病房

总体上，要求护理单元的规模根据不同国家、不同时期、不同经济水平有着不同的区分和界定。而老年护理单元由于其护理行为的特殊性，则要求具有比普通护理单元更为高效的小规模病房群。

病房空间设计老年护理单元应以设立双人病房为主。双人病房模式既能满足老年人交流的愿望，同时还获得所期望的安全感和私密感。考虑到病人的经济能力和收治病人数，还可铺设三床间、六床间及单人高档病房，以供不同阶层、不同情况的老年患者选择。多床间的私密性可以采用滑动幕帘或推式墙壁进行分隔来解决，这样灵活的分隔方式同时还能满足老年人的社交需求。病房尺度取决于护理程序所需的工作空间、病床的转变半径和轮椅等所需的面积。每床最小使用单元面积为2500mm*2900mm。而目前，每间病房开间多为3300mm～4200mm，进深多为5700mm～8400mm，病房层高多在3500mm～3600mm。

视线设计是病房设计需要考虑的另一个重要因素。考虑到老年病人的特殊护理，病房卫生间的设置要保证监护无死角，这样不仅可以方便护士从病房门的观察窗观察病人的面部表情，同时也能给老年病人带来安全感。老年患者强调自己的空间范围，在设计病房时，尽可能地设计可以全方位欣赏景色的靠窗位置和病床设施。

门的设计与病房有关的设施要适合医护需求，并根据老年病人的需要，借鉴人体工程学，做到设计"无障碍"。病房门的设计一般采用一大一小的双扇平开门，足够宽大，开启方便，把手要适合老年人抓握。病房门上设置供医护人员使用的观察窗，让医护人员能够及时观察病人情况。

卫生间的设计。卫生间是病房内老年患者必要的基础生理需求空间，由盥洗、厕位、洗浴三个部分组成。洗面器、坐便器、淋浴器、辅助设施的设置位置、尺寸、样式都应充分考虑老年人特殊的生理需求。例如，老年患者使用的洗面器应为悬挑型，洗面器的高度应高于普通洗面器。这样适合坐轮椅的老年患者使用，也可避免非坐轮椅老年患者使用时过度弯腰。考虑老年人握力降低，洗面器上水龙头应设计为感应式或掀压式的开关把手。洗面器旁边需设扶手，扶手可兼做毛巾挂杆。老年患者使用的坐便器周围应该留有轮椅可以自由旋转（90°、180°、360°）的净空间，最好留有护理人员可以提供帮助的空间，最低尺度400mm*600mm。老年人腿部肌肉力量衰退，因此，坐便器的高度应相对高些，以减轻下跨时腿部的负担。普通坐便器高度约300mm，老年人则应使用高约430mm的坐便器。若给乘轮椅的老年患者使用，坐高应为500mm左右。普通坐便器不够高时可在上面另加座圈或在下面加设垫层。在经济条件允许时，卫生间应安装温水净身风干坐便器，适合自理能力差的老人。

色彩的设计。因疾病而入院的老年患者，其生活大部分局限在医院病房中，病房就是他们在医院的"家"。若在"家"中整日看到的是单调的颜色，势必会影响到他们的心情，进而影响到身体的康复。适度的色彩和材质对比可以提供适宜的视觉刺激。对于老年患者这一脆弱的病人群体而言，更应关注精神和心理的安抚。病房中，建议以原木色为主色调，具有温馨感的浅色为辅色。注意色彩的搭配，丰富、具有层次感而不杂乱，营造一种"家居"氛围。

照明设计。首先，充分而合理地利用好自然光。自然光可以强化人的生理节律，杀死有害细菌，有益于老年患者的康复。其次，病房灯光的设计要合理运用基础照明和局部照明。太亮、太刺眼会影响睡眠，太暗又不利于夜间治疗操作。病房的基础照明要求光线柔和，营造宁静温馨的诊治环境，由此避免对老年患者产生过度的视觉刺激。局部照明适当提高照度，范围在 100 ～ 300lux 之间，主要用来供医护人员进行医疗操作和老年患者阅读、娱乐之用。

2. 护士站

护士站的位置设计，对病房布置、医疗护理效率和老年患者的心理都有直接的影响。考虑到老年患者需要更加频繁的护理、照顾，为减轻护士的工作强度，增强医疗护理的质量和效率，应设计以护士站为中心，到最远病房不超过 25m 的护理单元空间。护士站宜采用开放的岛式布局，在视觉上起到良好的导向和标志作用，同时具有较佳的监护优势。局部应设置无障碍低位服务台，方便坐轮椅或驼背老年的患者前来咨询。家具造型设计可多样化，材料质感温和，色彩搭配个性，配以鲜花、绿色小植物等家居化的陈设。营造轻松愉悦的氛围，缓解老年患者看病求医紧张心情。

3. 廊道

医院老年护理单元的走廊首先要满足功能需求，通过连续靠墙扶手、地面选材等来保证老年患者顺利通过。其次，廊道应该是一个老年人积极与外界互动的空间，通过多种手段鼓励老年人走出病房参加各种康复和社会活动。例如，在廊道设置座椅或小景观，作为老年人们休息和交流的场所。

廊道的色彩设计需有连续感，具有指引性。各路口、房间口要明确设置指示标志系统。为了方便老年患者阅读，标志中的文字要适当放大，字体规范、清楚；图案标志的色彩对比要明显；图形设计应简洁、直观。标志导向系统除了实用功能之外，还应该能够对老年患者的不良情绪起到缓解作用。廊道照明设计要注意自然光与人造光的多层次运用。合理搭配冷暖光源，多路控制，多运用柔和的反射光和漫反射光来照明，避免直射产生眩光。

4. 病人活动室

病人活动室作为护理单元的活跃因子，十分必要。首先，功能设置方面，可以设有老年病人的健身房、棋牌室、咖啡吧等娱乐休闲设施。其次，活动室的位置应设置在通风良好、阳光充足、空气质量良好且易于被护士站的护士观察到的地方。最后，通过室内设计，从环境色彩的设计、材料的搭配、家具的设置等几个方面，呈现与病房空间截然不同的氛围，并注重绿色植物与景观小品的添加，将自然元素引入室内，激发老年患者战胜疾病的信心。

在"以病人为中心"的医疗服务准则下，医院有责任为患者创造良好的医疗环境，给予其最佳的爱护。由老年人生理、心理、患病的特殊性切入，结合设计规律研究老年护理单元各空间人性化设计是十分必要的。要兼顾护理空间平面形态的高效率、护理空间的无障碍、护理环境的舒适性等几个方面，满足老年患者康复期间的心理和生理等各方面的需求，为其创造出舒适的、可持续发展医疗环境。

第二节　邻里空间单元概述

一、邻里开放共享空间形态的综合营造路径

（一）行为表达路径 —— 心灵载体，行为寄托

现代城市社区中，社区居民在邻里空间中的户外行为表达路径可以分为三种类型：必要行为语言、自发行为语言和社会行为语言。居民的各种日常行为活动在日复一日的重复中形成了具有规律的生活方式、习俗和规则等。

行为表达路径是社区居民生活态的直接表现。在城市社区空间中，社区居民很多，但是很少见到居民聚集在一个邻里空间中，以此来形成一定的行为语言。因为购物商场、娱乐场所、室内庭院和其他所谓的"公共空间"的数量急剧增加并且分布在社区周围，冲淡了社区邻里空间的公共生活，社区邻里空间的环境不足以吸引居民在此停留。邻里开放共享空间形态研究的营造需要对行为语言进行初步的分析，为后边的邻里空间综合营造方法奠定基础。

在当代社区的建设当中，即使社区居民楼色彩多样，体型变化丰富，但是社区生活都是从人的角度出发，人在社区生活中行为语言的体验更加重要，人们在社区中丰富的行为语言与频繁的相互交往才促进了社区邻里生活的生气活力，即便社区居民建筑营造的再多样丰富，单调无趣的行为语言体验也会使得社区生活则会变得死气沉沉。

1. 必要行为

必要行为语言是指在各种条件下都会发生的行为语言，在日常工作和生活事务当中，人们在相似的活动时间、活动范围、活动内容中不同程度上都要参与的行为语言。比如，现在快递事业很发达，人们都会去快递驿站取自己买的物品，在取快递的时候会必要的与快递员碰面交流，也会必要的碰见周围熟悉的人与事物；人们早出晚归的上下班路上，都会做一些必要性的行为，购物消费、坐地铁、坐公交车、打的士、骑共享单车等。

2. 自发行为

自发行为语言是指人们在时间、地点合适的情况下，有意愿参加的行为语言，比如饭后散步、在有趣的事情发生时停下脚步观望等。由于场地和环境布局宜于人们驻足、小憩、饮食、玩耍等，大量的自发性行为语言才会随之发生。在低劣的社区邻里空间中，很少有群居性活动发生，人们都匆匆回家。通过对邻里开放共享空间形态得到研究，提供产生更多自发行为语言场所环境。

3. 社会行为

社会行为语言是指在公共空间中人们之间相互参与的各种活动所产生的行为语言，包括嘘寒问暖、基本交流等广泛的社会活动，被动式的与人接触。社会行为语言是发生在向公众开放的空间中的社会性活动。如果社区空间得到改善，增加社区居民间接或直接进行社会行为语言交流的机会与场景，则会自然的引发各种社会性行为。

（二）综合营造路径 —— 以人为本，日用即道

邻里开放共享空间形态的设计研究要根据社区居民的生活需求、社区居民的行为尺度以及邻里元素等综合方面进行营造。邻里开放共享空间形态的设计研究是以人为出发点，每个地域的社区居民收入水平、教育水平、年龄层次、生活习惯、地域习俗都各不相同，所以要通过社区民意调查来了解多数社区居民的共同或不同的需求，制定邻里开放共享空间形态的类型。而邻里开放共享空间形态是服务于人的，人在空间中的行为尺度对邻里空间尺度的大小具有重要的影响作用，研究分析人体尺度、行为尺度对邻里开放共享空间形态的研究是必不可少。邻里元素中包含社区中很多要素，其中邻里尺度、邻里层级决定了社区居民在其中的个人感受，通过分析两者的不足，进而体现了邻里开放共享空间形态研究的重要性与必要性。

1. 需求层面

将邻里开放共享空间形态可以归结于四种：邻里图书馆，可以提供看书、聊天、照顾孩子、嬉戏打闹、遛狗等需求功能；邻里儿童娱乐室，可以提供聊天、跳绳、打篮球、踢球、骑车、嬉戏打闹、遛狗等需求功能；邻里棋牌室，可以提供下棋、打牌、聊天、遛狗等需求功能；邻里水果店，可以提供买东西、聊天、照顾孩子、嬉戏打闹、遛狗等需求功能。

2. 尺度层面

邻里开放共享空间形态是为人使用，为人服务的。人体尺度、行为尺度与邻里空间尺度塑造的关系是密不可分的。同样，邻里开放共享空间形态的尺度也会影响其在社区中的规模，多少人需要一个邻里开放共享空间形态最合适，邻里开放共享空间形态在社区邻里空间中应该怎么放，放几组最合适，邻里开放共享空间形态是保持固定的方形盒体、长形盒体，还是可以拆分开变成可以移动的空间形态更加适应社区居民行为尺度层面的需要，这些都是要建立在行为尺度层面上进行考虑研究的。

邻里空间环境下人的行为在空间中的姿态都会占据空间的一定大小，比如：站姿、坐姿、跪姿、卧姿、单人活动、多人活动等，都会构成人体行为的基本尺度。邻里开放共享空间形态的尺寸是在满足于社区居民需求基础上，根据人在室内活动时所占据的最小空间尺度进行整体规划考虑的，在满足人的基本行为尺度的基础之上，邻里开放共享空间形态的尺度在社区规模、模数化层面上的研究考虑也至关重要，因为在社区建设当中，国家有一定的规范要求对社区邻里有关元素进行制约，比如，社区道路的尺度大小、不同楼层高度之间所对应的楼间距有不同的要求等等。其不仅在需求功能层面满足于社

区居民的需求，还要在行为尺度层面给人以最舒适的空间状态，使得日益多样化的邻里开放共享空间形态遍布在社区邻里场域尺度中的任何角落，改善社区空间环境，促进社区交往和活力。

在邻里房屋间距为6米的时候，空间过于拥挤，不适合放置邻里开放共享空间形态，在邻里房屋间距为9米、13米的时候，由于国家规定社区道路宽度的原因，邻里开放共享空间形态 4000mm×4000mm 的尺寸过于宽大，不仅占用很多的场地空间，而且形态略显不灵活，因此，将邻里开放共享空间形态定于 3000mm×3000mm×2400mm。

（三）空间分析路径 —— 集散结合，共享融合

基于邻里开放共享空间形态的空间单元体块基础，分析空间单元体块的空间元素组成、空间统合关系、空间衔接关系、空间分割种类四大部分。邻里开放共享空间形态是建立在空间单元体块的基础之上进行设计研究的。因为满足居民需求要有一个可移动、可拆卸、可拼接的模块化盒子作为功能需求的基本载体，通过对空间元素、空间单元体块之间的关系分析，对单元体块进行集散结合，共享融合，营造邻里开放共享空间形态的基本路径，为邻里开放共享空间形态做铺垫。

1. 空间元素组成

任何物体都有组成元素，空间的基本组成元素可分为顶面、围合、地面三大元素，空间的大小以及各部分空间的组合形式会使得最终的空间呈现出不同的空间形态与功能，例如空间元素中的墙体可以有很多种呈现形式与组合形式，墙体的高度、宽度、曲折度、材质等因素的不同都会影响到整个空间的形态与功能的改变，这些空间的基本组合元素由人流动线连接起来，形成一个整体空间。整体空间的风格也会随着局部元素的变化而变化，整体风格的变化也会带动空间元素方式的改变，两者互为影响。

2. 空间统合关系

空间依据各自的功能需求会有不同的大小，当一个整体空间体外增加小空间或者体内分割成数个小空间的时候，通过不同体块的移动与合并，空间的不同大小会给整个空间带来不一样的体感感受。整体空间的基调氛围会受到主体空间的影响，整体空间的体量会大于其他数个小空间，如果整体空间是读书空间，那么附和它的小空间是服务于读书空间功能的，完善整体空间的基调氛围，并且会影响其他空间的基调氛围。整体空间中小空间的数量和组合的差异会构成不同的内部空间，形成新的、多样的、模块化的、便捷式的整体空间，使得空间具有灵动性，吸引社区居民聚集活动。

3. 空间衔接关系

现在的单元空间对于用户来说可以从主体空间的外部进入内部，内部空间的数个空间都是相互连通的。空间内的入口可以影响内部数个空间的连接方式与进入空间的形式，当入口为开放式（没有明确的围合形态）入口的时候，用户可以直接进入内部空间，在空间中来回穿梭，进入方式没有要求；当主体空间只有一个出入口的时候，与之连接的空间只有一个，但是出入口的位置、形状会对进出入的方式有一定的影响；当有两个或

两个以上出入口时，相互连接的空间可以只有一个，也可以有多个，这时可以把内部空间当做出入口的载体进行应用，进出入的方式也会增多。不同的空间和入口会构成内部空间不同的秩序形式，入口的形式、功能与位置对空间的衔接与进入空间的方式有一定的影响作用，使得空间活动与形式更具有灵活性。这种入口的形式、功能与位置对空间的应用，能够调整空间的结构、动线及趣味性，对空间单个单元的组合起到灵活的变化作用。对邻里开放共享空间形态的空间重构、体块方式转变、空间生活的为趣味性方面具有一定的决定性作用。

4. 空间分割种类

空间分割可以从两种形式进行分割，一个是分割的方向，一个是分割的种类；分割的方向包括横向分割、纵向分割、斜向分割三种分割形式；分割的种类包括内部分割、外部分割两种分割形式。当重复分割或者交错分割的时候就会产生分割层级性，随着层级性的增加会依次的产生分割的数量、方向、种类以及内部细节的分割形式。分割顺序在空间分割中也尤为重要，在空间顺序分割中，先横向分割或者先纵向分割对空间产生的影响是不同的。

二、邻里开放共享空间形态的综合营造方法

（一）营造之"融"，消融重生

空间单元通过形体之间的交织、交集、交合，并达到空间形态的形体衔接、从主融合、单元重组。空间单元的消融重生，通过体块之间的关系，融合生活场景的交织，融合行为载体的交织，融合生活习惯的交织。着力关注邻里开放共享空间形态的空间重构、生活方式转变、空间品质提升，用来打造更有归属感、幸福感和邻里感的社区邻里开放共享空间形态。

1. 交织 —— 形体衔接

空间单元都会与一些外在或者内在结构形成一种交织关系，空间交织形式可以明显的体现出空间整体样式的不同之处。比如说中国古代建筑多为整齐划一的斜坡屋顶的组合，俄罗斯的建筑多为浑圆饱满的穹顶为主。相同配置的空间，如果其交织形式的不同组合，会产生完全不同的特点；相同道理，如果交织形式相同，空间的配置不同，表现出来的特点也是完全不同的。空间交织可以分为组合形式与交织形式，一种是形体体块类型的组合，一种是空间关系的交织。通过后期的需求进行组合形成整个空间整体的外形。

交织的选择与组合形式可以分为三大类，其分别为统一、对比、多样三大类。统一则为相同交织类型进行空间组合，对比是两种交织种类进行空间组合，而多样则为三种及三种以上的空间形式进行空间组合。空间的交织种类只是单纯的形体上进行交织的选择和组合，然而交织形式也有其多样性的存在，比如说插入、包含、层叠、衔接等，这些交织形式会对空间外部与内部的空间特征产生一定的影响。

2. 交集 —— 从主融合

很多空间在本体的基础之上都会在地面、墙面、顶面增加规则排列的附加物或者凸起物作为三面的要素组成部分。地面是空间展现的主要载体形式，墙而是空间在外部或者内部的主要表现形式，顶而是空间在外部或者内部的主要装饰形式。交集的形式分为两种，一种是与整体空间融为一体，属于融合关系；一种是交集体块附着在整体之上，属于从属关系。融合关系中包括体块融合与材质融合，融合的方式可以分为规则秩序性与方向多变性；从属关系包括结构、功能、单体、组合的附着，从属的方式可分为规则从属性、单体从属性与组合从属性。

3. 交 —— 单元重组

空间单元重复组合构成的空间交合形式决定空间的状态，空间交合以空间最小单元为基本单位，进行局部集合、整体集合。空间最小单元可以是相同的，也可以是不同的。当空间最小单元相同时，局部交合形成的整体空间状态会产生一种秩序性；空间最小单元的不同可以分为数量、种类、形态的不同，当空间最小单元不同时，局部交合形成的整体空间状态会产生一种韵律多样性。在交合形式中，单个空间单元为最小单元，可以对局部集合、整体集合进行层级化的整合。在空间单个单元交合状态下，会有其他单元出现在空间单元交合之中，我们称其为中间单元。这种中间单元与整体空间集合，能够调整空间的结构、尺度、动线，对空间单个单元的组合起到灵活的变化作用。

（二）营造之"破"，意境转换

营造之"破"，意境转换，通过对空间单元边界界线的模糊化，营造规模小、无束缚、贴近生活、离散灵活，见缝插针式的邻里空间，最大限度的开放邻里空间边界环境，淡化空间单体与公共环境的界线，在高压拥挤的社会邻里环境中给居民提供舒适的邻里开放共享空间，使得空间具有融合性、连续性、共享性。场域移动、形态变化、功能满足是其最大的特点，服务于社区邻里居民的需求，实现空间意境转换。

1. 无形 —— 以减为加

现代化的城市建设虽然改善了人们的工作环境与生活水平，但在这高楼密布、高压拥挤的社会环境中封闭式的空间给人一种束缚感，而且封闭式的空间限制了人们的日常交流，城市社区中应当有一个无形的空间给市民提供舒适的室外交流场所。无形空间的特点是规模小、无束缚、贴近生活、离散灵活，在城市社区邻里空地泛滥浪费的大环境下，这种小而多，见缝插针式的无形空间，可以打破现在建筑师眼中所谓的时尚、所谓的前沿，以人为本，从人的角度出发增加市民的幸福度、舒适度、生活活力等。

现实生活中，人们常常在空余时间里无意的拿起手机，大量的信息让我们了解更广阔的世界，但也渐渐让人们与周围环境脱离。人们渐渐察觉不到旁边的人来人往，自己的内心，和当下的时刻。"隔断与连接"公共座椅设计是对于公共空间和公共座椅另一个角度的思考，旨在让人们在座椅上休息的同时，唤起人们对于自我独处、自我与周围环境的关系的敏感的感知。这组设计包含三个座椅，传达着不同的故事，隔断我们自身与外界让我们审视内心；隔断我们与他人的距离却让我们更意识到周围的存在；连接人们的空间却让彼此保持距离使我们更想互相了解。

2. 无界 —— 以消为现

"无界"并不是指空间没有边界围合，没有边界界限，而是通过边界界线的模糊化最大限度的开放空间边界环境，淡化空间单体与公共环境的界线，使得空间具有融合性、连续性、共享性。无界的形式可以分为单面无界、双面无界、三面无界、四面无界、角部无界五种，通过对剩余边界进行开窗、破除、后退来实现边界的模糊化，使得空间得到重组，形成集体生活聚落，寻找街巷、邻里、空间熟悉生活场景的融合关系。随着当前的城市发展，邻里空间单元与社会公共空间环境相对独立，而通过"无界"的理念来缓解空间单元与公共空间的关系。同时对边界的处理使得空间之间保持层次感，提高场地的活力。

3. 无域 —— 以静为动

由于现在城市建筑内部所能承受的空间数量有限，所以空间场域中所能承载的功能性空间单元也有限，在这样固定场域单元环境下，长此以往会产生体验疲劳，是否有这样一个空间单体，不受建筑内部场域的影响，而是根据居民生活的需求去调整。"无域"是一种空间场域的理念，场域移动、形态变化、功能满足是其最大的特点，在建筑空间中的任何地方开展移动式共享空间单体研究，使其没有固定的场域，也就是所谓的"小摊"式设计形式。昔日街角的"小摊"，如今已被属于各大超市、商场综合体所取代，缺乏生活气息与灵活性。小摊的形态变化会随着功能需求及场域进行变化，最为繁荣的时期是中国古代临街设摊、沿街叫卖的场景，摊贩所经营的买卖繁杂不一，如有绸缎、肉食、胭脂、玩具等，使人应接不暇，摊贩可以根据不同区域、不同时段的居民需求改变"小摊"的位置，在一定意义上"小摊"没有固定的场域空间，这种"无域"的理念创造出一个让行人暂时聚集逗留的空间，由此会增加邻里居民的来往与亲密度。

（三）营造之"展"，自然介入

通过叙事、叙物、叙景，将社区居民所熟悉的生活常态，通过邻里开放共享空间形态去做空间叙事，将空间单体内部节点串联，调节叙事方式，从而引导使用者感受空间单体所传达的使用寓意。不同的事物需要匹配特定空间对其进行重

现与烘托，叙物可以构建对事物全新的阅读方式。并且通过叙景方式将人们从单一远近的水平视线范围转化至多维错综复杂的视线中去，通过空间叙景方式和单体空间之间有条不紊的相互连接，形成错综丰富的景中之景。使得居民邻里生活态自然的介入到社区居民日常生活中去。

1. 叙事 —— 忆载体

提及到"展"，大家都会联想起展览展示空间，若干个空间单元组合成空间整体或者一个建筑整体去做展览叙事、空间叙事，根据空间的结构组织空间序列与叙事顺序，将空间单体内部节点串联，调节叙事方式，从而引导使用者感受空间单体所传达的使用

寓意。

空间的基本组合元素可以分为入口、开窗、墙体、地面、顶面五大元素，空间单体叙事可以分为入、引、展、寻、出五个过程；入 —— 入则为空间单体的入口；引 —— 从入口开始要引导使用者进入空间单体，一般是利用特定的标志、强烈的视觉或者主题性的小品形象进行气氛烘托，引导使用者对叙事内容进行初步的了解；展 —— 空间单体叙事通过空间中特定的事物对空间单体进行空间结构的梳理与设计，用特定的形式进行空间元素的深化情感，促进叙事展陈上的发展，满足特定事物的展陈需求；寻 —— 空间单体内部的动线形式，通过空间叙事或者视觉形象引导，根据展陈事物的前后顺序，从而引导使用者寻展的路线；出 —— 出则为空间单体的出口。叙事，将社区邻里居民之间习以为常的空间、行为、物件，通过邻里开放共享空间形态的设计应用，当作邻里行为的记忆载体，激活邻里生活态。

2. 叙物 —— 场所重现

空间单体中事物的特质也是反映空间特性与整体氛围的关键，不同事物需要匹配特定空间对其进行重现与烘托，构建对事物全新的阅读方式。人们需要声色俱全的叙物效果、信息丰富的叙物内容、安全便捷的叙物设施来满足物质与精神上的双重需求。叙物从三大方面进行，方式、方法、效果，叙物的方式分为活动叙物、永久叙物、临时叙物；叙物的方法可以分为群组展示、资料辅佐、互动体验，群组展示是在空间单体内部将成群的多个展品通过展台、展架等道具和空间相互依托的手法进行叙物，这种叙物方法的特点就是根据展示空间的高低、宽窄以及展品的数量进行整体、系统的设计，从而营造出富有观赏层次的叙物效果；资料辅佐是包括现在的 LED 灯箱、沙盘模型、图表图例等辅佐原件的辅助性材料；互动体验是通过数字多媒体、交互动画等高科技形式，可以通过多种呈现形式，使得叙物更具观赏性，达到预期的叙物效果，声色俱全、信息丰富、安全便捷，让人们更具体验性、氛围性、意境性、理解性。

3. 叙景 —— 框景漏景

现在很多空间单体多为功能性单体，空间内容固定、交通流线固定、进入方式固定，而叙景是让空间单体中通过空间高台、围合、开口、方位来界定空间的叙景形式，将人们从单一远近的水平视线范围转化至多维错综复杂的视线中去。高台 —— 登临高远，上下对望；围合 —— 空间集中，道路围合；开口 —— 视觉贯通，层次丰富；方位 —— 形体遮挡，路径转折。叙景形式可以分为窗中有窗、景外有景、曲折尽致、见高见远四种形式，这种形式是以人的高度、视线、运动路线为出发点，目的是为了让空间单体之间或者空间单体与周围环境之间建立连接关系，以实现内中观景、外中取景的功能效果，达到空间单体之间或者与周围环境之间互通声气，风光无限的作用。如果说空间单体内部的结构与物品组合成的要素看做成"场"，那么我们可以将"场"中的所有元素看做为"景"，而使用者在空间的感受就是通过空间叙景的方式传达的，达到场内场外、互成观望的状态。通过空间叙景方式与单体空间之间有条不紊的相互连接，形成错综丰富的景中之景。

第三节　邻里空间适老化设计原则

一、情感化设计原则

对空间物质的设计能使居者意识水平或心理感受有所升华，这样的设计即为情感化设计。情感化设计主要针对老年人的心理要素，保证其基本生活需求外，使其精神追求也得到满足。老人因社会角色的转变，时常缺乏安全感，甚至略感无助，可利用装修材料的质感、空间色彩的点缀，缓解这种精神上的不适，比如选择与自然相近的黄绿色，能够使老年人仿佛置身于轻松舒适的自然环境，从而减轻老年人心理上的烦躁。坚持创新、协调、绿色、开放、共享的可持续发展理念，将适合当代追求生活品质的年轻人在年老时居住。

（一）质"软"适居

老年住宅空间内部地面选用地板，卫生间地面选用防滑地砖。家居设施的选择原则是给老人以家的感觉，在"本意"状态下倾向于选择深色木质家具，注重选择符合老年人人体工学的床垫和沙发。老年人最需要的就是自然光，玻璃的材质是影响采光的重要因素，安全、环保、节能的玻璃建材为住宅可持续发展提供了丰富的选择。例如，无色玻璃给人以真实感、磨砂玻璃给人朦胧感；玻璃砖厚重冷峻，给人以安全感。

（二）适"暗"光影与醒目点缀

人们离不开光明，无论在生活、工作还是其他场所中，光都是不可或缺的。正常装饰除了考虑家居布局外，还要正确利用光与影、光与色彩的关系。随着年龄的增长，人的视力会逐渐减弱。一般家庭居室最佳照度为 $300 \sim 750lx$，这对老人的视觉感官来说却偏暗，老年人居所就需要将照度增加至 $600 \sim 1500lx$ 以为老年人的活动提供良好照明。

生活同样也离不开色彩，无处不在的色彩对人的视觉和心理都有很大的影响。室内色彩环境设计须考虑人们的视觉特性以及不同人对同一色彩感受的差异。老年人对颜色的感受是随情感的变化而变化的，适宜的色彩搭配可装点空间，给人明亮的空间感；增加色彩的层次有益于老年人情感的升华，使之保持心情舒畅。运用冷色、暗色、灰色等，优化色彩组合，能够最大限度地调节空间的尺度感和层次感，为老人创造舒适的住宅环境。

建筑色彩的醒目性取决于它与背景的关系：例如在白色背景下，淡而明亮的颜色可营造居室活泼的氛围，布艺沙发多选择青绿或淡绿色，因为在灰度色调下的颜色系统最易使老年人的身心感觉放松，同时尽显自然之光，真实、永恒、明澈、清晰，营造适合老年人的宁静氛围。

二、智能化设计原则

互联网时代下，智能化设计给人以别样的真实体验，也是一种更为简易以及更容易创新的方式，该种方式的应用能化解老年人因身体、心理困扰而产生的诸多问题，颇受老年人喜爱。在这种风潮下，老年住宅也悄然发生着变化。利用先进的控制、遥感、探测、计算机、通信等技术设备组建起来的新型智能化的家庭居住场所，绝对是最适合老年人居住的简易化居住空间。老年住宅空间设计可尽量结合时尚元素、可移动和人工智能技术，并展示未来如何更好地将科技融入社交行为。

（一）虚拟

智能化设计将对室内空间形态的划分而产生巨大影响。传统的房间被固定的墙壁分开，并具有单一功能。而在日益智能化的时代，墙壁可以移动和改变，空间可以自由组合。随着科学技术的发展，未来可能出现可移动夹层玻璃或高科技液晶墙，甚至是无形的"虚拟墙面"取代单一的水泥墙来划分空间。借助智能应用，住宅内部空间的划分将更加灵活，方便用户。例如，越来越多的设计将厨房从住宅角落位置移至住宅入口，或在客厅餐厅直接开启厨房。当一个老人独自在家时，如果一个大房间让他缺乏安全感，智能应用程序就派上用场了。老人使用遥控器就能使家中的墙壁移动，创造出属于自己的舒适私人空间，缓解心理压力。

配置设备经常使用情境场景面板、背景音乐面板和液晶电视。卧室中常见的场景模式如下。家庭模式，日常照明设置为正常，空调应调整到老人的舒适温度。温暖模式：灯池中的柔光灯将打开，播放轻柔的音乐，营造温馨或浪漫的氛围。阅读模式：床头灯应适合阅读，其余光源应关闭。剧院模式：窗帘自动关闭，灯光一步到位，创造逼真的视频效果。夜间模式：壁灯慢慢点亮，浴室的走廊灯亮起，其不会打扰配偶和其余家人，当有其余光线进入时，夜灯自然熄灭。

（二）监听感应

对老年人来讲，忘记拿钥匙、忘记关门、忘记门锁密码等现象都是常见的，究其原因是老年人年纪增大，记忆力不佳，导致老年人在生活中存在一定的具潜伏性的安全问题。配置自动感应门，指纹识别门禁，通过验证身份信息，实现无钥开启。科技为解决阻碍老年人日常生活的问题提供新的方案，智能科技的发展可以让老年住宅空间得到安全保障，在厨房可通过引入电子鼻检测家中空气的气味，确保老年人拥有安全健康的生活环境。访客对讲设备安装在户外门上，以确保建筑物内的安全生活环境。

利用智能化手段对老年人的空间音频实时监听，通过比对音频库设置的代码采取相应的措施，最大限度地让老年人得到帮助。建立紧急呼叫系统及安装红外探测器，该装置可根据老年人在屋内的活动频率判断其状态，并在发生意外时通过紧急呼叫系统向社区管理中心发出求救信号。

随着我国人口老龄化程度的逐渐提高，住宅空间的适老化设计也越来越受到重视，我们只要深入了解老人的需求，认真观察和体验老人的生活，就能从中发现启迪我们设计的智慧，挖掘出应对现实困境的新方式方法。我们研究从传统文化与现代科技层面、居住品质与设计文化层面、住宅空间与适应性层面提出住宅空间适老化策划及设计原则。引用智能监控设备、科技安全系统和对空间内家居智能化设施的完善，能够解决建筑空间设计等若干不适老的问题，使城市住宅更符合老人各项特点，能为老人带来生活的便利，同时也更符合我国国情。

三、易于识别、控制、选择以及达到设计原则

（一）易于识别原则

随着年龄的增长，老年人的身体素质逐渐减弱，出现视力下降、体力消耗比较快的现象，甚至有一部分老年人出现记忆力衰退和智力下降现象，因此要合理地安排和设计建筑外部空间环境，为老年人提供一个容易辨识的参考系统用于帮助其定位和寻路。

易于识别性可从空间整体的设计及标识性设施的配置两个方面出发。首先，老年人对长期接触的地域传统文化的深刻情感是无法割舍的，与传统文化相分离的生活空间得不到老年人群的共鸣，反而会使他们产生乏味空虚的感觉。在建筑外部空间环境的设计中融入地方文化特色可以激发老年人对城市的记忆，增加建筑识别性。在设计时要注重对地域文化的提炼，寻求传统文化与现代住宅的契合点，营造充满文化特色的活动空间。例如江南地区老年人对江南水乡那种小桥流水环境的向往，北方地区居民对传统四合院的布局方式的迷恋。其次是标识性设计，如设计奇特的建筑造型，小品和雕塑的细部处理，入口和拐角的方位标志，不同场所小品设施的材料、质感、色彩和形式的变化等，对于标识性设施如路标、标志牌等，应该重点凸显出来，同时它们也可成为景观的点缀。

（二）易于控制和选择原则

养老设施建筑外部空间环境的设计要有一定的灵活性、可持续性与可控制性，便于老年人随时根据自己的需要和爱好重新安排空间使用方式。一般情况下，老年人多数时间喜欢相对安静又有活力的空间，即使进行互动交流或者其他群体活动，也会选择较小的空间。老年人对小空间有着特殊的偏好，因为小空间易于控制，使老年人容易实现独立生活。但小空间也要与外界互相联系，保证通透，一方面可以让管理人员注意到老年人的行为活动，另一方面也可让老年人关注外界情况。

不同的老年人对环境的需求有很大差异，一方面，老年人在进行休闲娱乐活动的时候，由于个体之间文化、喜好、身体状况等方面的差异，会产生不同的需求。他们的活动具有多样性的特点，需要在不同类型的休闲娱乐活动空间来进行，多样化的建筑外部空间环境设计模式，可以为老年人提供不同的选择。另一方面，老年人在活动中特有的生理特征和心理特征使得老年人需要不同规模的交往活动空间，多样化的空间设计同样可为老年人提供不同规模的活动空间。因此，养老设施建筑外部空间环境应尽量设置多

样化的活动空间和景观环境以供老年人选择。

（三）易于到达原则

在任何活动场所，要是没有便利的交通联系，将是没有生命力的，对于行动不便的老年人来说，这一点更为重要。易于到达的原则主要包括两层含义，一是身体达到，二是视线到达。身体到达要求建筑内外空间有舒适和便捷的连接过渡，不同类型活动空间之间通过简单的道路系统联系起来，如果目的地的距离较远，步行线路较长，则应该在线路中间设置休息座椅或休息区，以提高老人到达目的地的可能性。视线到达是保证建筑内外空间、建筑外部空间之间的视线通达性，老年人可以从建筑内部观赏到外部的美丽景色，也可以从外部的一个空间观赏到另一个空间的场景，并可以看到其他伙伴的活动，以激发老年人的活动热情，参与到他们的活动中去；另外建筑内外及外部空间之间的视线畅通，也可以方便管理人员对老年人的照看。

第六章 适老建筑的室外和室内创新设计

第一节 适老建筑的室外环境创新设计

一、绿化系统设计

（一）绿化作用

绿化可为人类提供氧气、净化空气、美化环境，有利于保护生态环境。人每天吸入氧气，吸出二氧化碳。植物正好相反，植物的叶子可以进行光合作用，吸入二氧化碳，释放氧气。相关研究表明，一亩树林一天能够吸收 67kg 二氧化碳，释放 49kg 氧气。植物还能够净化空气，黏附空气中的尘埃，保持空气新鲜。据统计，一亩树林一个月能够吸收 20 ~ 60t 尘埃，吸收 4kg 二氧化硫。一些植物的呼吸作用能够分泌特殊物质，有利于人体健康。例如，杨树、桦树等植物可以分泌杂菌素，它能够杀死痢疾、伤寒和肺结核等病菌。此外，植物还可以降低噪声，不同的树型、花果和翠绿的枝叶可以美化环境，为老年人提供理想的生活环境。

老年人因生理的原因，易生病，身体虚弱，空气环境要求比较高，在居住环境中增加一些绿化面积，可以为老年人的健康带来好处，所以老年人的居住环境中特别提倡绿化。随着年龄不断增长，老年人身体各个器官功能退化。从生理的需求上，老年人希望到户外的绿化系统中呼吸新鲜空气、锻炼身体、晒太阳以放松身心。退休在家的老人，特别是一些独居老人，心理上容易感到寂寞，为更好地享受生活、安度晚年，老年人希望在有一定绿化的户外活动空间中进行消遣和娱乐。

（二）室外绿化空间划分

根据居住社区室外空间使用性质和老年人室外活动的特性，社区内绿化空间可划分为四个层次，如表 6-1 所示。

表 6-1 老年人在不同绿化空间中进行的活动

绿化空间类型	老年人的行为活动
公共绿化空间	集会、休息、娱乐、打球、打拳、舞剑等
半公共绿化空间	闲谈、下棋、休息、邻里交往等
半私用绿化空间	闲坐、散步、乘凉、晒太阳等
私用绿化空间	休息、喝茶、眺望、种植花木等

1. 公共绿化空间

公共绿化空间指的是居住区公共交通干道和集中的绿地，是社区居民的共享空间。日常生活中的绿化活动场地服务半径一般应小于 1000m。公共绿化空间具有较强的开放性，绿化面积大，其运动设施和活动场地较其他空间丰富，极易吸引老年人聚集活动。

公共场地是养老机构空间设计中不容忽视的环节，每个养老机构都应为老年人提供适当规模的公共绿地和休闲场地，一般离市区远一些的养老机构公共绿地面积和室外休闲场地面积都比较大，而在社区中的托老机构则要求略低，绿地面积会相对小一些。室外活动场所不得少于 150m²，绿化面积应达到 60%，且公共区域应设有明显标志，方便识别。公共场地布局宜动静分区，供老年人运动、散步和休憩。动态区域包括健身器材和特殊活动地面等。静态区域包括花架、座椅、亭台、楼阁等，还可设计一些园林景观供老年人欣赏，放松身心。

2. 半公共绿化空间

半公共绿化空间是指具有一定限度的公共空间，其多为住宅组团内的空间，服务半径一般是 500m 左右。这种空间具有一定的公共性，出行距离较合适，是老年人娱乐、交往和休息的主要场地。

3. 半私用绿化空间

半私用绿化空间是住宅楼栋间的院落空间。这个空间是利用率最高的场所，也是社区内对老年人最有吸引力的活动空间，其服务半径符合老年人日常生活的活动半径（180～220m）。老年人可在家门口找到聊天、休息、下棋及健身的场地，此处的绿化能够增添老年人的生活乐趣。

4. 私用绿化空间

私用绿化空间是指住宅底层庭院、楼层阳台或室外露台。这是因为室内空间向室外空间渗透的过渡空间。底层庭院可供老年人种植，增添院落内的绿化层次；楼层上的阳台、露台也可布置绿化、休息和眺望等位置以丰富建筑立面外观。

常态社区完善绿地系统就是要增加绿地面积，扩大户外活动空间和公共绿地。适当增加组团绿地的人均绿地面积，可将人均绿地面积由不少于 $1m^2$ 增至 $1.5m^2$，增大社区中的组团绿地面积，扩大老年人的户外活动场地。随着老人年龄增长，其活动范围越来越小，他们对半私用绿化空间及半公共绿地空间的需求远大于公共绿化空间。因此，社区环境设计中既要重视绿化空间的总体规划，也要精心设计宅前屋后的绿化空间，使老年人拥有就近活动的绿色空间，并相应完善有关设施，如健身器械、休憩座椅及花架凉棚等。

（三）基本植物配置

在统一规划的基础上，应力求树种丰富而有变化。例如在主次干道以乔木为主，以常绿树、花灌木为衬；在公共绿地入口处，种植色彩鲜艳、体型优美的植物；在道路交叉口、道路边设置花坛；在庭院绿地中以草坪为背景，以花灌木为主，并辅以常绿的布局方式。同时，避免配置过于烦琐，应以片植、丛植为主。

要重视植物配置的景观效果，即在竖向上注意树冠轮廓，平面上注意疏密效果。老年人视力下降，宜栽种花、叶或者果较大的可观赏性植物。

植物配置要考虑栽种的位置及与建筑、地下管线设施的距离。植物种植时不应等距、等高，配置上要有变化。为防止过近影响室内采光与通风，乔木一般需距建筑物 5 ~ 8m，灌木距建筑物和地下管网 1.5m。另外，高层建筑周围不宜栽种高大的乔木，活动场地周边不应密集布置植物，以免其他活动者看不到突发意外的老人。

植物配置时应采用保健植物。据测试，在绿色植物很多的环境中，人的皮肤温度可降低 1℃ ~ 2℃，脉搏每分钟可减少 4 ~ 8 次，呼吸慢而均匀，心脏负担减轻。因此，在常态社区植物配置时，应注重保健养生，为老年人创造出健康清新的生态绿色空间。

第一，总体艺术布局上要协调，提供适合老年人审美的植物配置方案。自然式园林采用不规则、不对称的自然配植，以体现植物的自然形态；规则式园林根据总体设计要求，采用规则、对称的配植，如对植、行植等。通常情况下，草坪、自然山水和不对称的小型建筑物附近采用自然式园林的配植规则；道路、门口、广场、大型建筑物附近等多采用规则式园林的配植规则。

第二，尽量选择乡土植物，提高植物成活率，这为老年人提供一个富有活力的植物空间。植物的生长状态应该是评判一个环境是否具有活力的一个很重要的因素，因此在为老年人营造的室外空间中，应该尽量选用能够带来生机的植物，把植物的生命力进行最大化展示。

根据老年人居住区的实际所在位置进行合理植物材料选择，应该把保证植物成活率作为植物配植的基础。为保证植物成活率，应大量选用本地适生植物，充分利用本地植物材料的形、色、味、声等特征组织植物空间。

第三，还要全面考虑植物在观形、赏色、闻味、听声上对老年人的心理与生理的影响。在老年人户外活动空间的植物材料选择上，适宜选择有一定象征意味并且寓意良好的树种，尽可能避免选用对老年人来说有禁忌或者歧义的植物材料。在开花植物选择上，应考虑到花粉对某些老年人的不良影响，对于外来引入的开花植物应当慎重使用，经过一定时期的实验，稳定后方可引入老年人的环境中。

色彩绚丽的植物对老年人的生理和心理都有着积极的影响，如帮助其释放压力、缓解疲劳、改善心情等，有助于老年人康复及增加幸福感。在植物配植中，植物色彩应该作为重点加以考虑。提供能够满足老年人室外活动需求的植物种类，如遮阳、防尘和植物认知等。

在绿化和美化环境时还应该注意一些问题。例如，树木的种植密度会影响绿化的作用。因此，设计者应该从长远出发，根据成年树木树冠的大小来决定种植距离。要想在短时间内获得良好的绿化效果，可以适当缩短种植距离。通常情况下，采用慢长树和快长树搭配种植的方法来解决过渡问题。搭配的树木要合适，满足生态要求，以此来获得理想的绿化效果。

除此之外，在判断老年人户外空间中植物密度是否合适时，还应考虑到老年人的安全问题，不应出现密度过大、过于隐蔽的空间，这样在老年人跌倒、晕倒等特殊状况下会妨碍人们的视线，影响到及时救治。

在树木的配植上，需要考虑慢长树和快长树、灌木和乔木、常青树和落叶树、观花树和观叶树的搭配。在植物的配植上，还需要根据具体的种植目的和种植环境，确定植物间的距离和比例。种植设计应尽可能保留并利用原有树木，特别是名贵古树，可在原有树木的基础上开展种植设计。为了体现绿化效果，并缩短景观形成的时间，有时人们会移植古树。

此外，种植设计还要充分考虑植物设计，应根据当地光照、土壤、朝向、温度、湿度等自然条件，合适地选择树种。应充分考虑当地民俗民风对植物品种选择的影响，尊重当地习俗。避免植物对建筑采光、通风及视线的影响，避免有毒、带刺及花粉等对老人的影响。植物配植提倡乔木、低矮灌木、地被组合，避免使用 0.8 ~ 2.8m 高的植物，并充分发挥植物材料的各种特征，合理配置。避免选用叶片较大、叶质较厚的树种种植在道路两侧和广场附近，防止老人踩到树叶滑倒。

（四）室外景观设计

城市中心区养老院的外部空间是介于建筑内部和城市中心区开放空间两者之间的一种空间类型。从功能上讲，养老院的外部空间要担负起满足老年人特定的户外活动要求。设计适合老年人的个人室外生活环境及群体室外生活环境，这是养老院建筑外部空间设计的重大课题。

养老院中生活着不同健康程度和文化程度的老人，他们的活动内容、活动形式也不尽相同。各种活动的差异和老年人本身的活动特点成为养老院户外环境设计的依据。高龄老人由于自身衰老的进程，其机体能力丧失加快，生活体验大受限制，生活范围逐渐退缩，故他们非常渴望与户外环境的多方面交流，实现身心与社会自然协调。

养老院的活动主要是必要性活动和自发性活动，它们都特别依赖于外部空间的环境质量。当外部环境条件不佳时，就只会发生老年人的必要性活动，其他的活动就会消失，而在条件适宜的时候，大量自发性活动就会随之发生，同时社会性活动也能够得以健康开展起来。

在景观设计上，注意体现出小区内人与自然和谐的设计理念，绿化要结合房屋布局，设计成自然曲线，用水系将建筑物联系起来，使得该区域内的建筑和自然可以很好地统一和协调，在绿化设计上力求体现现代都市中人群对田园生活情趣的向往，在小区内用尽可能多的绿化使小区内的生态环境与自然气候相符合，达到一种田园生活的居住理念。

在环境设计中，还要特别考虑社区是针对老龄人群的，因此要按照无障碍规范设计，使居住者能生活愉快、心情舒畅。

绿化常用的树种可以分成乔木、灌木和草本植物三种。选择植物品种时，必须考虑当地的气候特征，注意常青树与落叶树搭配，同时结合草皮花卉，形成多层次多色彩的绿化效果。同时应充分考虑植物的安全性，避免栽种如夹竹桃之类有毒性的植物，避免栽种如玫瑰、月季或刺柏等会刺伤人体的植物，避免栽种容易产生虫害，或具有大量花粉容易导致人体过敏的植物。

二、道路系统设计

（一）道路系统设计内容

常态社区在设计老年人居住服务的环境时，必须重视户外道路的路网结构、道路宽度等设计，以方便老年人安全出行。

路网结构措施：社区道路网结构应尽量相对封闭，避免过多的外部车辆被引入，主干道、次干道、支路、宅前小道等级要分明，宅前小道最好与次干道相连，避免与主干道连接并跨越主干道，步行道路岔口不宜多，并要设置醒目标识。

加设减速带：道路系统人车混行，车辆速度过快会对老人造成威胁，主干道应采取加设减速带的措施，通过颜色划分人行和车行道。

人车分流：可将居住社区的人行道路和车行道路分开设置，确保老年人通过人行道路时能安全到达社区内各种活动场所和住宅，可将老年人住所和老年人常去的活动区、公共绿地、诊所、医疗保健等场所以便捷的步行系统连接。

技术要求：道路宽度、纵坡等可参考普通居住区设计相关规范。

一般情况下，居住区级的生活性和交通性的主干道或次干道位于居住区四周，起到联系居住区各个功能区的作用。因此，小区内的主干道与周边主干道或次干道的处理应该符合技术规定。小区内的主要道路至少具有两个出入口。小区内的主要道路至少有两个方向与外围道路相连。机动车道的出入口间距大于150m。小区沿街建筑物长度大于160m时，设置应大于4m×4m的消防车通道。人行通道出入口间距小于80m。小区沿街建筑物长度大于80m时，应该加设人行通道。

当小区内的道路和城市道路相接时，通常采用正交设计，即90°±15°的设计，以简化路口交通；当正交出现困难时，采用斜交，但其交角通常大于75°，以免影响交通；当小区内的道路坡度较大时，应该设置与城市道路相接的缓冲路段，以保证交通安全；当小区有用地限制时相接的交角才允许小于75°，同时对路口进行必要的处理。

小区内的公共活动中心应设置无障碍通道，通行轮椅的坡道宽度应该大于2.5m，坡度小于2.5%。

尽端路过长会影响行人和车辆的正常通行，特别是不利于急救和消防，因此小区内的尽端路长度应该小于120m。

在多雪地区，应考虑堆积清扫道路和积雪面积。

进入组团的道路，既应方便居民出行和利于消防车、救护车通行，又应维护院落完整性并且利于治安防卫。

（二）交通流线规划设计

养老建筑应该有足够的面积，满足老年人的户外活动需求，要合理设置社区内的路网，人车分流，处理好住宅与其他设施的关系，为老年人提供公共空间。车行道与人行道应分开设置，避免交叉，保证社区出入口无车行道及停车区。停车区与老人室外活动区也应分开设置。

道路是整个社区空间形态的基本骨架，其除具有基本的通行功能外，更是连接建筑内部与外部的通道。道路设计应充分考虑老年人的生理特征，路网设计要主次分明、易识别、重安全，要有良好的可达性。社区内宜设置环形路网，并与城市道路网连接，连接处应设置减速及限速设施。道路转弯时，路边绿化及建筑小品等不应影响行车有效视距。

日常管理要采取人车分流的交通组织。在满足双向通行，符合消防规范要求基础上，遵守以人为本的原则。机动车宜采用地下停车或采取外围环形路网停车，避免机动车在社区内与人流交叉，也可在社区内部设置电瓶车以满足老年人日常外出。

根据场地条件及养老院内老人的身体条件还可设置人行道、慢跑步道和自行车道等，为老年人创造安全舒适的户外健身步道。

社区流线设计应该清晰明朗，特别是出入口和道路的设计应该明显、容易辨认，并且直接易达，避免重复和交叉。功能分区应该明确，医疗、居住和娱乐等场所应按其动静关系布置，合理布局，相对独立又紧密联系，便于使用。

老年建筑应该采取阳面的出入口。老年建筑的出入口应该标准鲜明，容易辨认。老年建筑出入口门前的平台应该与室外的地面高度差距小于0.4m，同时设置坡道或缓坡台阶进行过渡。坡道和台阶的两侧应该设置栏杆扶手。坡道的坡度应该小于1/12。当室内外高差较大，设坡道有困难时，在出入口前可设升降平台。出入口的平台、台阶和坡道应该采用防滑、坚固的材料。

（三）道路系统设计原则

道路系统应该简洁通畅，具有良好的可识别性和方向性，设置明显的交通标志和夜间照明设施。

确保急救车能够就近停靠在住宅的出入口。

老年人使用的步行道路应做成无障碍通道系统，道路的有效宽度不应小于0.9m，坡度不宜大于2.5%，当坡度大于2.5%时，变坡点应予以提示，并宜在坡度较大处设扶手。

选用平整、防滑的材料铺装步行道路。

内外联系道路应通而不畅、安全便捷，既要避免往返迂回，又要避免对穿，尽量避免外部人员和车辆穿行。

道路布置应满足创造良好居民卫生环境的要求，社区内道路走向应有利于住宅的通风、采光。

道路网的规划设计应有利于社区内各种设施的合理安排，并为建筑物、公共绿地等场地的布置创造有特色的空间环境。

道路应分级设置，满足住区内不同的交通功能需求，形成安全、安静的道路系统和居住环境。

三、活动空间设计

（一）健身空间设计

1. 健身空间设计要求

老年人在各种户外活动空间参与各种娱乐健身活动既能延年益寿，又能融入社会。因此，户外活动空间是否合理布置，直接关系到老年人的生活质量。

老年人使用户外空间的主要原因之一是健身锻炼。其户外活动的形式有很多，诸如健身操、戏曲、遛鸟、球类、太极拳、武术等健身活动。一般参与健身的老年人都具有表演能力、喜好热闹，这种以集体形式出现的活动，需要的空间较大，不仅需要充足的面积，而且空间应开敞，并留有相应的观众场地。

2. 健身空间设计原则

（1）健身空间尺度适合

有着大面积硬地的大型开放健身广场对老年人而言，毫无亲切感，使老人不愿投入活动，因此可采取化整为零的措施，将大空间划分为若干小空间，使各个空间尺度宜人，各场地之间既可相互望见，又能避免声音干扰。

（2）健身空间适应性强

目前老年人的活动类型逐步增多、内容不断丰富，设计时应给老年人创造一个适合开展各类综合性活动的户外健身活动中心，提高场地的适应性，以此满足不同使用目的，以多功能广场的形式为老年人提供一个户外活动中心。

（3）健身空间绿色无障碍

设计健身空间时要适当在广场种植植物，并配置休息场所和设施，如廊、亭、花架、坐凳等，供老人健身后休息之用，另外广场的地面材料应平坦且防滑，避免老年人在此活动时发生意外。

（4）健身空间体育设施齐全

常态社区要布置一些适合老年人的体育场地，完善健身空间体育器械设施。

（二）休憩空间设计

老年人除了在户外运动外，更多的是在户外休息、娱乐、聊天、观赏等，因此在社区内为老年人提供良好的休憩空间十分重要。

1. 休憩空间的位置

休憩空间一般设置在大树下、建筑物的出入口附近或公共建筑的屋檐下等，应有充足的阳光、良好的通风且避开风口。休息座椅附近应种植落叶树，冬季时老人可在此避风驱寒。另外，休憩空间的位置可结合水面、坡面、植物、地形高差形成变化，增强趣味感。每一个休憩空间都应有相宜的具体环境，如转角处、凹处的小环境。室外座椅的布置应考虑老年人聚集活动和交谈的要求，同时还要使坐轮椅者有足够的回旋空间。座椅应与桌子进行良好匹配，满足老年人的各项活动需求，同时方便坐轮椅者使用。在常态社区中应按一定间距布置休憩场所，如每隔100m布置一处。

2. 休憩空间的布局

（1）成组的休憩空间

根据老年人集聚特征，休憩空间应具有集聚交往的功能。一些老人喜欢与兴趣相投的人在一起活动，形成小群体。对于这些老人，设计中应让老人享有成组活动的小空间，使这些小空间成为老年人的公共会客场所。这样的休憩空间不宜过大，可采用大空间里的次一级小空间来容纳，如开放空间的边界区域。同时，空间应具有相对的独立性，并结合一些人文景观布置。

（2）独坐的休憩空间

一些老年人因自身的性格，喜欢独坐，不愿别人进入自己的私密空间。因此，在社区中应适当布置一些私密的休憩空间。

（3）有依靠的休憩空间

有些老人会选择有安全感的休憩空间，如背靠植物或墙面，面朝开放空间，这样的空间既可使老年人轻松交谈，又可看到人来人往的社区场景。

（4）休憩空间的座椅尺度和材料

座椅的尺寸应满足老人特点，适宜高度为0.3～0.45m，太低老人起坐不方便，太高老年人不舒服，座椅宽度应保持在0.4～0.6m。座椅材料最好采用木材制作，其优点是冬暖夏凉，其缺点是在室外耐久性差、易被破坏，而混凝土等耐久性好的硬质材料的座椅表面冰冷，使用起来不够舒适，尽量少采用。

3. 休憩场所设计要点

尽量避免风吹日晒等不良天气因素的影响。

休憩区中的座椅应与步行通道分区。

根据老年人的身体情况设置桌椅。

花坛距离地面的高度应大于 0.75m，避免老年人被绊倒。

根据老年人视觉退化的特点设计标识，此处的标识应与从时速 25km 的汽车上观看的标识尺寸相同。

场所范围设计应该考虑老年人的步行适宜范围。与出行方式比较灵活的年轻人相比，老年人的日常出行方式以步行为主，需要步行可及的配套设施。因此设计人员应该根据老年人的行动能力决定养老建筑内配套设施的位置。当社区的规模较大时，可设置班车搭载老年人出行。

避免选择地形高差较大、建筑阴影及四周空旷的区域，避免对老年人身体健康造成危害。当所有场所全部处于视线范围内时，有利于家人或看护人员对老年人实施有效的看护。

所有密集活动区域均应考虑老年人如厕应急要求，需设置一定数量的无障碍卫生间。活动场地半径 100m 内应有便于老年人使用的公共厕所。

所有活动场地均应考虑无障碍坡道设计，且道路、活动场地的地面上尽量避免出现检查井，以免老人的拐杖不小心杵在井盖眼当中。

供老年人观赏的水面应该设置防护措施。

（三）交往空间设计

交往是居住空间不可缺少的一部分，居住环境直接影响着老年人的行为与心理。老年人容易感到孤独，因此需要较多的交往空间。

活动是吸引和促进交往的积极因素，应该处理好老年人的交往空间。老年人的活动人多是静态活动，空间形式一般是停留或小坐。根据边界效应理论，人们总喜欢在空地的边缘、两个空间的过渡区或者建筑立面地区停留。因此，在交往空间设计之中，老人更愿意在半公共、半私密的空间逗留，其优点是既可以驻足停留与朋友交谈，又会保持一定的私密性，且能参加所看到的人群中的各种活动，满足老人的心理需求。室外交往空间的位置应在老年人聚集的地方或室内活动区的附近，如住宅单元出入口、步行道的交叉口等。

此外，室外交往空间应选择适宜的朝向，创造宜人的环境小气候。交往空间宜布置一些便于老年人下棋、打牌的桌椅，桌子距地面高度不大于 800mm，下边缘不小于 65mm，便于老年人腿部摆放，桌椅边角应为圆角设计，桌椅应稳固，因为老年人会扶着桌子起身或保持平衡。

（四）儿童活动空间设计

当今社会生活节奏快，老年人成为小区儿童活动的主要照看人员。儿童活动空间也成为老年人活动的主要场所之一，设计人员应该适当结合老年人活动场地的设计原则设计儿童活动空间，方便老年人一边活动一边看护儿童。儿童玩耍的器具旁应该设置座椅，使老年人既可监护儿童又可聊天交流。

（五）步行空间设计

散步是深受老年人喜爱的锻炼方式。步行空间设计要以老年人步行安全舒适为原则，具体措施为，步行道路宜与车行道路分行，道路路面应平坦，设置硬质铺地，不宜铺设卵石路面；可适当设置平缓的道路坡度，以给老年人提供更有挑战性的锻炼机会；宜采用蜿蜒而富于变化的步行道，既可减少风力干扰，又能增加老年人行走锻炼的乐趣；步行空间可以结合休憩空间进行设计，在步行道旁边设置座椅，供老年人休息。

尽可能减少地面高差变化，如果存在高差变化，应加强高差感，便于老年人清楚辨认；铺砌路面所选材料应避免使用易使老年人滑倒、绊倒的圆滑石头或沙子等；在马路拐弯处、斑马线等重要地段，注意地面材质的处理，铺设导盲砖，以引导盲人行走；为避免老年人雨天打滑，地面要有良好的排水系统。

（六）其他辅助设施设计

老年人身体衰弱，视力下降，因此需要在小区活动场所设置必要的辅助设施。老人因为身体原因，容易频繁地上厕所，所以在较大规模的活动场地附近宜设计公共厕所。社区道路除设计必要的路灯外，在有高差处或地面铺地交接处宜提供局部重点照明，并且老年人主要活动场地不能出现明显的阴暗区。

四、无障碍设计

（一）建筑出入口设计

1. 建筑出入口设计原则

（1）识别性

养老建筑的出入口应该设置容易辨识的标识。例如，在色彩或造型上加以区别，以提高识别性。

（2）安全性

养老建筑的出入口首先应保证建筑内部的安全，其次确保人员流动。如果建筑底层被用作停车场或商业场所时，需要分开设置出入口，以免去向不同的交叉人流影响老年人的出行。另外，建筑出入口应设置扶手和坡道等无障碍设施，提高老年人出行的安全性。

2. 建筑出入口设计内容

（1）平台

养老建筑的出入口平台要满足多人交叉通行、停留及轮椅转圈的要求，要留出单元门开启时占用的空间。因此，在保证轮椅转圈所需要的1.5m直径的基础上，需要适当扩大平台空间。通常情况下，建筑出入口平台的深进尺寸应该大于 1.8m。如果出入口设置两道门，门扇同时开启的净距离不小于 1.2m。

（2）雨篷

建筑物出入口的平台上方应该设置雨篷。雨篷挑出的长度应该覆盖整个平台，并超出台阶上首级踏步约 0.5m。在条件允许的情况下，雨篷应该覆盖到坡道，避免在不良天气因素影响下使老年人跌倒。为了便于老年人在不良天气情况下出行，应该让雨篷覆盖到车门开启的范围。雨篷的排水管道应该设置在远离出入口台阶、坡道以及人流经过处，提高安全性。

（3）照明

建筑出入口处应该设置照明设施，让老年人在自然光线较弱时能清晰地看清坡道和台阶的轮廓。另外，还应在单元门附近设置局部照明，以便老年人在光线较弱时能清楚地看见门禁操作按钮。

建筑入出口处的照明设施应该采用节能灯具，并使用声控开关，既省电又方便。由于照明设施需要频繁开关，灯具应该持久耐用并易于更换。尤其是在夜间十分需要灯光的位置应该设置备用照明设施，如果正在使用的设施出现问题且不能及时更换时，可用备用设施支持照明。

3. 建筑出入口设计要点

建筑出入口的有效宽度应该大于 1.1m。单元门开启端的墙垛尺寸应该大于 0.5m。

建筑出入口应具有足够的轮椅回转面积。

建筑出入口应使用推拉门或者自动门，如果设置平开门，需设置闭门器，不应使用旋转门。

建筑出入口应该设置休闲空间和通往其他空间的标识牌。

建筑出入口应设置安全监控设备及呼叫按钮。

（二）室外台阶与坡道设计

1. 台阶设计内容

（1）台阶的位置

通常情况下，台阶应该正对出入口。台阶和坡道的起始处应该距离稍近些，以便于使用。如果出入口平台和周围地面的高差不大于一级台阶的高度时，可以不设置台阶，改为设置平缓的坡道。

（2）台阶的尺寸

台阶的尺寸不宜过大也不宜过小，以免老人因步幅不适而摔倒。根据国家标准要求，台阶踏步宽度不宜小于 0.32m，高度不宜大于 0.13m。

（3）台阶扶手与侧挡台

台阶两侧应该设置连续的扶手。一般情况下，台阶总宽度大于 3m 时，需要在中间增设扶手，防止老年人无处扶靠。台阶侧面临空时，需要设置侧挡台，以免老年人发生危险。

2. 坡道设计原则

住宅单元出入口平台与室外地面往往会通过台阶、坡道相连。应同时设置台阶和坡道，设计人员不应根据老人需要使用坡道，就只设坡道不设台阶。因为一些脚部受伤的使用者无法上下转动脚踝，不便于在坡道上行走。

（1）节约用地

由于建筑出入口空间有限，在设置坡道时，应该首先考虑其使用功能，追求简洁使用，避免造成空间浪费或影响正常通行。

（2）顺应流线

坡道的位置应在从小区道路到单元出入口的步行流线之上，避免因坡道设置不当而造成绕行。

（3）减少对视

由于坡道必须邻近住宅单元出入口设置，人们在坡道上行走时很容易与底层住户形成对视并产生噪声，这样会对住户的私密性造成影响。在设置坡道时，应尽量避免正对卧室等私密房间的外墙窗，或与其保持适当距离，或采取一定的遮挡措施。例如，在坡道和底层住户的外墙窗间用绿篱、矮墙或毛玻璃分隔，既可阻挡视线、减小噪声又不会遮挡进入底层住户光线。

（4）有胜于无

有时因用地条件限制，难以有足够的场地设置坡度适宜的坡道。例如，在一些改造项目中，受空间限制，不能采用适宜的坡度，但也不能放弃设置坡道时，这就需要在坡道旁设置醒目的标识牌，告知使用者坡道的特殊性。

3. 坡道设计内容

（1）坡道的宽度

建筑出入口的人流量较小，因此不必设置过宽的坡道。但坡道和台阶并用时，应保证坡道的宽度大于1.2m，以确保一人能搀扶另一人行走或轮椅通行时他人能够在旁协助。

（2）坡道的坡度

养老建筑室外坡道的坡度应该小于1/12。如果坡度过大，会对轮椅使用者造成危险，使上行时轮椅的推力不足，容易后翻，而下行时又使轮椅冲力过大，容易向前倾翻。如果不得不采用坡度较高的坡道时，应设置指示牌。

老年人所使用的坡道宽度应该平缓，长度也不应过长。建筑出入口平台与周围地面的高差不应过大，避免坡度过长或坡度过陡。例如，当老年住宅楼底层带有地下室、地下车库时，宜采用采光井的形式，避免为了半地下室的采光而导致地上一层地坪抬高，从而增加坡道的长度。

（3）坡道的休息平台

坡道每升高 0.75m 就应该设置一休息平台，为使用者提供短暂的休息。休息平台与出入口相连时，应留出足够的退让空间。

（4）坡道的侧挡台

坡道两侧应设置连续的侧挡台，避免拐杖滑落或轮椅滑出坡道外等情况造成老人身体倾倒。侧挡台宽度应大于 0.15m。此外，设计人员可通过加密栏杆或加大栏杆与坡道边缘的距离来防止拐杖滑出坡道。

4. 台阶与坡道设计要点

应在建筑出入口和室外地面有高差处或步行道路有高差处设置坡道，坡道应设置连续扶手。

台阶的踏步高度应该小于 0.15m，宽度大于 0.3m，台阶宽度大于 3m 时，应在中间增设扶手。

单独设置的坡道宽度应该大于 1.5m，坡道和台阶并用时，坡道的宽度应该大于 0.9m。

台阶和坡道的扶手高度应该距离地面 0.9m，坡道起止点的扶手应水平延伸 0.3m以上。

台阶与坡道应采用平整、防滑的铺装材料。

坡道设置排水沟时，排水沟盖不得妨碍正常通行。

坡道在设计时可能会出现以下三种错误。

第一，为了达到美观、耐磨的要求，坡道表面采用质地坚硬的石料并抛光，这样很容易导致老年人跌倒。

第二，为了满足防滑要求，提高摩擦力，在坡道表面要进行割槽或棱角处理。坡道表面切割较细的凹槽在干燥洁净的情况下能起到一定的防滑作用，但坡道表面在着水、经霜或覆盖沙尘后，凹槽易被填平，不能起到防滑的作用。

第三，坡道表面可能防滑处理过度，割槽过深，导致拐杖和轮椅行动不便，容易发生绊脚的危险情况。

根据以上几种常见的错误，应采用的正确做法是：建设时，坡道表面应该选用渗水性较好的材料；将坡道置于雨篷下，减少覆盖雨雪的概率；坡道和出入口平台的连接处应采取材质变化或添加色彩的方式进行强调。

（三）公共楼梯设计

目前新建的老年住宅根据国家标准要求均需配置电梯。老人日常中上下楼主要以乘坐电梯为主，公共楼梯通常仅作为紧急疏散使用，老人一般不走。因此其尺寸按照国家标准中的要求设置即可，不必刻意降低楼梯踏步高度或增加踏步宽度，避免造成空间浪费。

1. 公共楼梯设计内容

（1）公共楼梯的尺寸

养老建筑公共楼梯的宽度应该大于 1.1m。若设置双侧扶手，应适当加宽梯段宽度。楼梯平台宽度应大于梯段宽度，且应大于 1.2m，应适当加大养老建筑中楼梯平台的宽度，以便救护担架通行。

（2）公共楼梯的踏步

老年住宅的公共楼梯踏步宽度不应小于 0.28m，高度不应大于 0.16m。当一般住宅中配置老年套型时，如已配置电梯，楼梯踏步高度采用住宅设计规范的要求即可，以便在保证交通顺畅的基础上，尽量节约楼梯间面积。如未配置电梯，则楼梯踏步尺寸应符合老年住宅相关规范标准要求，以便于老人上下楼。

一般楼梯连续踏步要大于 3 级且小于 18 级。养老建筑中可适当减少最大踏步数。同一梯段内的踏步应高度均匀。在施工时，一个梯段内第一级与最后一级台阶的高度可能与其他踏步高度略有不同。因此在设计时，设计人员要考虑两侧找平层与面层做法所需的厚度，以免踏步高度不均匀。

（3）公共楼梯的扶手

公共楼梯的两侧均应设置扶手。扶手应在楼梯的起始端水平延伸 0.3m 以上，使老年人双脚平稳后手再离开扶手。靠楼梯井一侧的扶手在转弯处应保持连贯，靠墙一侧的扶手在墙凹角处可适当中断。

（4）公共楼梯的照明

楼梯间照明灯具的布置应能形成充足照明，应采取多灯照明的形式，以消除踏步和人体自身的投影，同时保证在有灯具发生损坏但未能及时更换时其他灯具仍然能提供照明。灯光不能直射人眼。踏步的休闲平台处还可以设置低位照明，比较理想的方式是设置脚灯。脚灯外形不可过于凸出，并要注意其设置高度，可考虑将脚灯与楼梯扶手结合设计。

2. 公共楼梯设计要点

公共楼梯的有效宽度应大于 1.2m。

公共楼梯应在内侧设置扶手，宽度大于 1.5m 时需要在两侧设置扶手。

公共楼梯的扶手应连续设置，设置高度为 0.8 ～ 0.85m。

不应采用螺旋楼梯和直跑楼梯。

应使用防滑材料铺装踏步，如果设置防滑条，则不应该高于踏面。

应采用不同材料或不同颜色区分楼梯踏步和走廊地面。

（四）公共走廊设计

1. 公共走廊设计内容

（1）公共走廊的样式

公共走廊的设计要注重安全性和通达性。连接住户的走廊要具有明显的方向性。在养老建筑中，公共走廊应该直接简短。过于曲折的走廊容易让老年人迷失方向，也不利于救护担架通行。

（2）公共走廊的宽度

在养老建筑中，由于公共走廊至少要能确保一辆轮椅和一人侧身通过的宽度，因此公共走廊的宽度应大于1.2m。如果考虑多人并行或两辆轮椅交错通行的情况，应确保公共走廊的宽度大于1.8m。

（3）风雨连廊设计

此外，建筑间的风雨连廊设计也非常重要。老年人对外部环境的变化尤为敏感，设计人员可根据条件规划设计连接每栋建筑出口与各功能区的室外风雨连廊。风雨连廊设计需考虑连续性、整体性；跨消防车道时，需满足消防车道净高要求；需满足无障碍设计要求，内部应设置休闲座椅、指路灯、指示牌等进行引导。

2. 公共走廊设计要点

公共走廊应设置连续扶手。单层扶手设置高度为0.8～0.85m，双层扶手设置高度为0.65m和0.9m。

走廊墙面不应有突出物。标识板、灭火器等物品要放置在不影响拐杖和轮椅正常通行的位置。

公共走廊地面有高差时，应设置坡道并设置明显标识。

公共走廊阳角转弯处应做成圆弧状。

（五）扶手设计

1. 扶手的分类

（1）动作辅助类扶手

动作辅助类扶手一般设置在门厅、卫生间等处，起到维持平衡、支撑老人身体重心的作用，可以协助老人安全进行转身、起立和下蹲等动作。

（2）步行辅助类扶手

步行辅助类扶手一般设置在存在高差或长距离的通行空间等处。例如，公共走廊、公共楼梯及坡道等地。公共楼梯和坡道是较为容易发生事故的位置，因此必须在两侧设置扶手。

（3）防护栏杆类扶手

防护栏杆类扶手一般设置在外廊的一侧临空面，以免老人失足跌落。设计时可以通过设置双层扶手来提高安全性。

2. 扶手设计原则

（1）连续设置

由于一些老年人只能借助支撑物行走。在养老建筑中，走廊、台阶和坡道等处都应连续设置扶手。在墙面阳角转弯处，扶手可做成圆弧形以保持连续。当扶手经过消防栓、管井门等处时，可适当补加扶手。

（2）左右兼顾

考虑一些老年人只能用一侧肢体用力及反向行进的情况，设计时应该左右兼顾，在公共走廊、公共楼梯等处两侧设置扶手。设置两侧扶手会占用更多的通行宽度，因此设计人员在设计时应预留两侧扶手的尺寸。

（3）牢固安装

扶手及其连接件应满足相应的强度要求，要具有足够的抗压和抗拉能力，确保老人在站立不稳时，能借助扶手保持身体平衡。因此，扶手和墙体的连接处应该坚固耐冲击。如果扶手安装在隔墙上，需要预先加强墙体内部构造。

3. 扶手设计要求

（1）扶手的构造要求

通常扶手由杆体、连接固定件及固定底座构成。杆体是人手握持的部分，其材料要舒适防滑、防污耐水。常见的材质有实木、合成树脂等。杆体的材料对刚度的要求较高，多为钢质或铝质等有一定厚度的中空型材，并且可利用中空部分走线，以实现一些附加功能，如在扶手起止端附加语音提示装置等。扶手的连接固定件及固定底座主要起支撑作用，其强度要求较高，多为金属材质。另外，杆体与扶手固定件之间要平滑衔接。

（2）扶手的尺寸要求

扶手设置的长度、高度及角度根据在不同空间进行的不同动作而有所差别，总的来说其应当符合老人最易施力的原则。

老年住宅公共走廊设置扶手时，其高度应为 0.85 ~ 0.9m。公共楼梯间可设置上下层双层扶手，保证成年人和儿童都能方便地使用，下层扶手高度宜为 0.65 ~ 0.7m。

扶手的截面尺寸应便于手掌全握。因此，截面直径不应过大，扶手除正常抓握外，往往还兼具扶靠的作用。扶手距墙面的距离应适中，过于近会有碍手的握持，过远又会占用通行净宽。

（3）扶手固定件的形状要求

常见的扶手固定件截面形状有 I 形、L 形两种。I 形截面的扶手固定件横向安装时，抗拉性能较好，但会对老人行进时的手部平移造成阻挡。L 形截面的扶手固定件则不会产生上述问题，更便于老人连续握持。

（4）扶手杆件的截面形状

扶手杆体的截面形状以圆形、椭圆形较为常见，台、板状截面的扶手也有使用，还有考虑手握持的舒适度而制成与手形相符的类型。圆形截面的扶手易于握持，通常用于动作辅助类扶手和步行辅助类扶手；椭圆形截面的扶手由于上表面略大，比圆形扶手更便于俯靠，通常用于防护栏杆类扶手；台、板状截面的扶手可提供撑扶的台面，适合手部有残疾者利用手腕或前臂撑在扶手台面上支撑身体，同时也可作为置物台面。

（六）停车场设计

1. 机动车停车场设计

随着社会经济的发展，人们的观念不断更新，老年人驾车出行的情况逐渐增多。在住宅小区的停车场中，应设置专供老年人使用的停车位。停车位的位置应靠近停车场出入口，便于老人寻找。

此外，考虑乘坐轮椅老人出行的便利性，住宅小区中也应设置供轮椅使用者专用的无障碍停车位，并在停车场出入口及场内区域配以清晰的导向标识。供轮椅使用者专用的无障碍停车位应设在安全、出入方便的位置，让使用轮椅的老人到达住宅单元或电梯较为近便，避免与其他车流交叉。

（1）停车场的位数

对于集中建设的老年住宅，无障碍停车位应占停车位数量的 5% 及 5% 以上。

（2）停车场的尺寸要求

无障碍停车位除保证车辆正常停放外，还应保证轮椅使用者从两侧上下车所需要的空间。因此，需在普通停车位一侧再留出 1.2m 距离，保证足够的宽度以便于家人或看护人员搀扶轮椅使用者上下车。

（3）停车场的安全步道

停车场内除正常车辆行驶的通道外，还应设置一条专用的人行步道，尽量不与车道交叉，保证老人能安全到达住宅单元入口或地下车库的电梯处。安全步道的宽度应该保证一部轮椅与一人交错通行，因此不应小于 1.2m。

2. 非机动车停车场设计

对于许多老年人来说，自行车、电动车和残疾人车等非机动车是他们的主要代步工具。但现有多数居住区规划中，较少或几乎没有设计这些场地，形成了代步工具摆放凌乱、影响交通的局面。由于老人会较为频繁地使用此类车辆，车辆本身又较重，所以停车场不宜设在地下，避免老人将车辆推上推下时发生危险。此类工具的停车场可布置在各栋出入口附近，或单独布置在半地下室内，也可以结合景观设计布置在路边空地，并注意设置雨篷防止雨淋，方便老人进出停放。有条件时，可在其附近设置充电装置。

3. 停车场设计要点

专供老年人的停车位应靠近建筑物与活动场所的出入口处。

与老年人活动相关的建筑物附近应设置轮椅使用者的专用停车位，宽度要大于 3.5m，并应设置国际通用标志。

第二节　适老建筑的室内创新设计

一、养老建筑的机电设计

（一）电气设计要求

电气基本设计主要包括供配电系统、照明系统及用电插座和开关面板设置等方面的内容。养老建筑的供配电系统应遵循安全、可靠的原则。对于侧重于老年医疗护理服务功能的养老机构，根据医疗设备设置情况应考虑双回路供电或双电源供电。养老机构康复训练用房的用电应设专用回路，回路保护应使用漏电开关装置。

照明系统的设计应适合老年人视力衰退的特点，采用光线均匀、无眩光照明灯具。居室内尽量不设顶灯，老人长时间躺在床上，房内顶灯易产生眩光。居室通向卫生间的走道、上下楼梯平台与踏步连接部位宜设置地脚灯。养老机构的护理单元走道除一般照明外，宜设置照度不超过 2lx 的夜间照明灯，而且应根据老年人的使用要求设置局部照明，并且床头应设床头照明灯，卫生间洗面台、厨房操作台、洗涤池等部位也宜设置局部照明。

开关面板应便于寻找及操作，宜采用带指示灯的宽板开关，同时也要考虑行走不便的老年人的需求，开关离地高度宜为 1.1m，走道和卧室宜安装多点控制照明开关，浴室、厕所照明宜采用延时开关。插座设置也要满足老年人使用及护理需求。起居室、卧室内的插座位置不应过低。疗养室除了每个床位的插座外，还应设置一些备用插座。

（二）采暖及空调设计要求

寒冷地区最热月平均温度为 26.4℃，老年人居住建筑应设集中供暖系统，还要设空调降温设备。

集中供暖系统热源宜采用市政热网，若没有市政供热条件的地区可自建供热锅炉房，但注意锅炉、水泵等噪声源应远离居住区，当必须设置在建筑内时，设备用房的围护结构、设备及管道安装等均应设置消声及减振措施。室内供暖设施有条件时宜采用地板辐射供暖，当采用散热器供暖时散热器宜暗装。室内设计温度建议比普通建筑设计住宅高 1℃~2℃，且应具备室温调节手段。老年人居住建筑宜设置过渡季供暖设施。

空调系统形式建议采用多联机或分体空调。室内空调末端布置应充分重视气流组织，避免冷风直接吹向人体。集中空调系统冷热源形式应根据建筑规模，建筑地点的能源条件、结构、价格及国家节能减排和环保政策的相关规定，通过综合论证确定。其室内末端推荐采用辐射式末端，如不具备安装空调系统的条件，主要房间要安装电风扇。

养老建筑设计应充分重视室内空气环境及室内通风，室内应有恰当的空气净化设施，所有设备应为低噪声型，所有房间应能实现温度独立可调。

（三）给排水设计要求

给排水设计应便于老年人使用并保证使用安全。

卫生洁具选型应考虑老年人的生理、心理特点，应便于老年人使用。卫生间宜选用白色卫生洁具，尽量选用淋浴房。冷、热水混合式龙头宜选用杠杆式或掀压式开关，并应设置温度控制装置。

冬季寒冷地区养老建筑应供应卫生热水，可采用分散式电热水器或集中热水供应系统。当采用集中热水供应系统时，热源宜采用太阳能系统或空气源热泵等可再生能源形式。

设备及管线布置时应考虑噪声、振动等对环境的影响。一是水泵房不宜设置在老年人居住的建筑内，宜单独设置，当必须设置在居住建筑内时，水泵房的围护结构、设备及管道安装等均应设置消音及减振措施。二是排水立管不应设置在居住房间之内，且不宜设置在居住房间相邻的内墙上，排水管材宜选用低噪声管材。

（四）智能化设计要求

养老建筑的智能化系统基本配置主要有紧急呼叫系统、电话系统、有线电视系统、视频监控系统等。该系统可以实现最基本的呼叫、通话、收看电视、监护等功能。

随着国家日益重视信息化建设，各地纷纷制定信息化发展规划，天津、上海、北京等地都将构建"智慧城市"纳入规划。同时，中国人口老龄化加快、社会养老压力加剧都对老年人住区的智能化和信息化水平提出了更高的要求。老年人建筑和社区的智能化系统建设应符合国家信息化建设的规划标准，以推进信息资源共享、信息设备和软件产业的发展。

（五）绿色设计要求

近年来，以实现可持续发展目标的节能、绿色、低碳理念越来越得到人们的重视，在能源利用、水资源利用、实现低碳排放等方面，许多全新的设计理念及技术细节得到了广泛应用。基于养老建筑特点的机电节能技术主要有雨水综合利用、节能照明、能耗计量、可再生能源利用等。

1. 雨水综合利用

较为缺水且全年降雨量分布极为不均的城市，应合理地规划及利用雨水资源，可以采取入渗、蓄水、排放相结合的雨水排放方式。

第一，使用透水砖、下凹式绿地等形式增加雨水入渗，涵养地下水。

第二，利用水体、蓄水池或蓄水模块等收集雨水，雨水水质较好，经过简单的过滤处理，可以作为再生水用于灌溉等场景。

第三，超量雨水通过管网排入城市雨水系统，经过入渗及收集后，雨水径流系数大幅降低，能以较小的径流量排入市政雨水管网。

2. 节能照明

应采用高效照明光源及灯具,如 T8、T5 三基色荧光灯与紧凑型荧光灯,并且采用电子镇流器或节能电感镇流器,室内走道处选用 LED 灯等节能型灯具,在庭院内设置太阳能路灯等。

可通过照明控制手段实现节能,公共部位应设人工照明,除电梯厅和应急照明外,可采用节能自熄开关,还可采用智能灯控系统对室内照明、窗帘等进行一体化控制,以达到节能高效的目标。

3. 能耗计量

对于养老建筑分户或护理单元设置用水、用电、用气、空调及采暖能耗计量装置,同时采用自动采集的远传计量形式,并接入综合能耗监测系统。

4. 可再生能源利用

可再生能源利用主要包括两方面:一是太阳能利用;二是可再生能源空调系统。太阳能利用包括太阳能光热利用及太阳能光伏利用,太阳能光热利用技术较为成熟,投资回收周期较短,综合经济收益更优,太阳能光伏利用目前仍存在成本回收期长、发电并网较难等瓶颈。因此,太阳能利用目前以太阳能光热利用为主。天津地区作为太阳能较丰富的地区,光热系统具有理想的应用条件,但太阳能集热器布置应注意与建筑方案的结合,实现集热器与建筑的"一体化设计"。可再生能源空调系统一般用于无市政热网,并需采用电力能源的情况下。可再生能源空调系统中使用较多的是热泵空调系统常见的热泵空调系统包括地源热泵系统、水源热泵系统等。热泵空调系统可以同时满足采暖及制冷需求,综合运行费用较低,但起初投资较高,管理要求比较高,技术人员应通过地质分析、负荷分析、经济分析等进行综合比选后确定是否使用,技术方案同时应得到水资源管理部门的许可。

二、养老建筑的室内装饰

(一)各单元空间设计要点

1. 起居空间设计

作为老年人日常的主要活动场所,地面材料要多采用不易滑倒且软质的材料,如木地板、短毛纤维地毯、PVC 地胶等,尽量不采用石材或者瓷砖,因为这一类材料容易给老人造成不必要的伤害。而相对软质的材料脚感舒适,冬天踩在脚下也会让人感觉温暖。所选用材料还要易于清洁,并且环保。除此之外,还要特别注意地面铺装时要平整,两种材料衔接处不要有高差,避免绊倒老人。

墙面装修时要注意阳角等突出部位,要尽量将它们加以装饰和保护,必要的地方可作圆角处理。因为老年人走路不便,突出部位容易造成伤害。墙面的装修设计要简洁实用,首先要满足老人日常生活所必需的功能要求。在选材时,品种不宜过多,颜色不要过于杂乱,应以软质的材料为主,以即便发生磕碰也不至于擦伤或者划伤老人为宜。顶面材料运用应尽量统一，不要有过多的造型，顶面不是老年人所关注的重点，因为根据生理和年龄的特点老年人的视线应该是平视或稍向下，而不是抬头向上，所以顶部的处理就要简洁明快，色调与室内和谐统一。

2. 卧房空间设计

该空间应该由装修材料、色彩、家具、窗帘等共同营造一种非常温馨的氛围，让老人一进入卧室就有一种惬意的感觉，而不是兴奋。地面材料除了可使用 PVC 地胶之外，也可以使用木地板。墙面可以采用环保涂料或壁纸，并且可以稍施一些暖色，加上可变化的光线，让老人能快速进入睡眠状态，以缓解一天的疲劳。在灯光控制上，除了进门的灯光以外，其余的控制开关都应该集中在床头，方便老人起夜。

3. 卫生间空间设计

这应是设计人员重点关注的地方，有很多案例证明，老人在上厕所和洗澡的时候最容易发生意外情况。因此，卫生间空间设计还要选对装修材料，设备设施齐全。例如，地面一定要用防滑瓷砖；门口处两种材料衔接不要出现凹凸不平，以免绊倒发生事故；地面泛水一定要做好，并配有大口径的地漏，地面存水容易使老人滑倒；在淋浴下方应设有防滑脚垫；墙面瓷砖粘贴一定要牢固，因为墙上要安装安全扶手，扶手高度要适宜，并且牢固可靠；卫生间内不宜安装玻璃隔断或玻璃门；卫生间门宜采用推拉式，以方便坐轮椅的老人出入；顶面材料可使用铝扣板或 GRP 吊顶，后者不容易结露；顶部要有排风扇以保证室内的空气流通并带走异味。冬天虽有暖气但老人洗澡容易感觉室温不够，可以在卫生间顶部安装一台浴霸，以增加室内的温度；室内照明应该充足，除顶部灯光外，还要有镜前灯；卫生间湿气比较大，开关插座要设置漏电保护装置；应在卫生间设应急按钮，如有意外情况，老人可及时呼叫服务人员；卫生洁具尺度要适宜，并满足节水要求；有条件的可安装智能马桶盖，且尽量采用带清洁器的马桶，方便老人使用；浴缸内要有起身拉手，方便老人从浴盆中站起；洗手盆尽量采用柱盆，毛巾杆和其他托架安装的位置不宜过高，以方便坐轮椅的老人使用。

4. 厨房空间设计

对于有自理能力的老年人来说厨房也是他们的一个重要活动场所。墙、顶、地的材料选择应该以易清洁、好擦洗为原则。橱柜台面的高度要根据不同的情况给予确定，站立操作的、坐轮椅操作的各不相同，因人而异。台面的灶具、水槽和调料的摆放位置应合理安排，便于操作。橱柜的内部设计要考虑周全、合理，便于老年人使用。电灶具是最好的选择，使用煤气灶具时一定要安装煤气泄漏和火灾报警装置，若有意外可随时报警，减少人员伤亡。在厨房应配备一个定时器，老人在烧水或做其他需要等候的食物时可以打开定时器，以便食物完成后可及时提醒老人关掉火源，以免发生事故。

5. 公共走廊及其他公用空间设计

公共走廊及其他公用空间地面材料要以防滑为主，且易于清洁。墙面材料应该易擦洗，避免墙面出现棱角。阳角的地方最好装修成圆弧形状，以免发生磕碰。如果有必要，在墙面适当的地方应该装有安全扶手，以保证老人走路的安全。扶手不宜采用金属材料，应以木质材料为宜。当楼道采光不好时，灯光照明一定要充足，在楼梯或转角处墙内要镶嵌提示照明装置，并做好标识和导示指示牌，这些指示牌应该是发光的，以便给老人提供楼层和房间的提示，使其不会走错路。

（二）合理的空间布局

合理的空间布局、无障碍的设计才能为老年人创造更人性化的居住空间。

第一，老年人的居室未来应多发展单人间的居住空间，随着经济发展，老年人自身的经济能力也在不断提高，更多老年人会选择独立居住空间，以获取私密性和自由性。

第二，老年人的活动空间一般都设置在建筑物的一楼，便于老年人活动，但考虑到老年人活动内容的多样性，有条件的开发商可以适当增加室外的绿地面积，拓宽老年人活动的范围。由于老年人行动力随着年龄增加呈下降趋势，建议在老年人居住建筑的每层楼都要设置可供活动的公共场所，这样行动不便的老年人也可以随时参与集体活动。

第三，未来空间应重视医疗保健区建设，需要护理的老年人将更多地选择机构养老，而不以护理型为主的养老机构也要设置医疗室、康复室、保健室、配药室、老年人健康档案室，医疗室、保健室一般宜设置在机构的中心位置，方便老年人就诊和保健，康复室应集中在需要康复的老年人周围，健康档案室和配药室宜相连，这样相关工作人员可以及时观察老年人的健康状况，并配备相应的药物，护理型的养老机构还应增加一些不同类型的医疗室，并且老年人居住建筑的每层楼都应配备护士站。

第四，除了满足老人的生理需求，空间布局应考虑老年人的心理需求、社会需求和发展需求，因此养老机构需要逐步统一设置与社会工作相关的活动空间，中心区可以设置个案工作室、小组工作室，目前许多养老机构社会工作的介入几乎为零，有些机构配备了一名社工，但由于对于专业认识存在盲点，社工的力量十分薄弱。机构应该有长远服务的意识和理念，相信专业化才是长久之计，增加老年人与外界的联系空间，比如接待空间是老人与外界联系的重要场所，设计人员应该重视接待区的功能设置，将其设置在养老机构的正门，增加接待室互动的空间，方便老年人与外界交流互动，并尽量营造一种温馨和睦的氛围。除此之外，还要设置老年人与其亲人的互动空间，特别是视频互动的网络室，目前南京的一些养老机构已经率先推行了这样的服务，深得老年人的喜爱，给老年人一种家的感觉。

总之，养老机构的空间布局需要遵循人性化的原则和要求，力求不断满足老年人发展变化的需求，并做到与时俱进。除了养老机构的各种功能区域需要多样化发展，不断完善硬件设施，合理布局，形成完整统一的整体外，连接这些功能区域的公共空间也需要做到无障碍的人性化设置，过道、楼梯路面等都需要符合老年人的行动需要，特别要考虑残障老年人的特殊要求。

在老年住宅设计中，灯光照明设计是非常关键的一个环节，是不可忽视的。由于老年人的视力在减退，光线太暗往往会影响老人的视力，但光线太亮或者有直射光又容易刺激老人的眼睛。因此在光线的布置过程中设计人员要考虑到几种共存，例如主照明、辅助照明、装饰照明、目的物照明，并要注意尽量不使用有刺激性的直射光，而且色温不宜太冷。目的物照明很重要，老人走到哪儿需要照明时那么此地就应该有灯，比如写字台上应该有台灯、床前有床头灯、沙发后面有落地灯、卫生间有镜前灯、走廊有廊灯。如果有必要，开关可以做成可调光的，可以控制光线的强弱。

老年人所使用的家具应以实用为主，尺度合理、结构安全，一定还要符合人体工程学原理。首先要选用环保材料制作的家具，严格限定材料所释放的有害气体含量，家具的外观要选择圆滑且无棱角造型，不要采用玻璃门设计，这会给老人带来不必要的伤害。家具尺度不宜过高，设定在伸手能够到的高度最为适宜，不能使用吊柜。

此外，设计人员还应关注室内陈设及其环保性能。没有亲人陪伴的老人会感觉很孤独，在装修好的室内要多摆上几盆绿色植物，以舒缓老人的情绪，还能够调节室内的空气。护理花草还能使老人活动筋骨，强身健体。植物以绿植为主，绿植一般情况下比较好打理，易生长，老人也不会因为打理花草树木而增加负担，反而能达到愉悦老人心情的目的。在陈设上应以老人的喜好为宗旨，摆设不应过多，否则会增加老人做卫生的负担。摆设的物品和墙面的挂画，应根据老人的个人的特点和喜好布置。

三、养老建筑的导视与色彩设计

（一）养老建筑的导视设计

环境认同是人们感到安全和稳定的最低条件。同时，易于识别的环境有助于形成清晰的记忆，并在定位、路径查找和通信中发挥积极作用。尤其是对老年人来说，缺乏环境意识往往会给他们带来更多确定方向方面的困难，并且由于视力和记忆力减弱及难以建立新概念而给他们的室内和室外活动带来一些障碍。由此，环境识别设施也是人们室内外活动安全的保障。

1. 导视系统的功能

导视系统是为了让人们在一定空间中安全、快捷的识别环境，而将多种信息按照一定规范组合，以传递环境信息为目的而设计的一个视觉信息系统。具有引导、指示人们在空间环境中从事各类活动的功能，同时还具有强化空间环境的功能。导视系统的基本功能是指引方向。导视系统十分重要的辅助功能是强化区域形象。传达准确的空间信息是导向设计的基本要求。导视设计就像一张地图，清晰而准确地显示了各个地方和设施的地理位置。此外，与整体环境和文化内涵相和谐是导视设计的深层要求。

2. 导视设计分类

导视设计可分解成系统设计、载体设计和信息设计三个部分。其中，载体设计与信息设计都属于外部形式的设计，体现的是导视的形象，而系统设计属于内部逻辑关系设计，体现的是导视的功能。

导视设计的这三个部分是相互联系又相互独立的，每一部分涉及内容都不尽相同。例如，载体设计部分涉及了形状设计、材料设计、色彩设计、结构设计、比例设计等；

信息设计涉及了文本设计、数字设计、平面设计、地图设计、布局设计等。系统设计主要针对载体与载体、信息与信息、载体与信息之间的关系。系统设计讨论的是个人之间的关系，而不是个人本身。

导视类型从不同角度具有不同分类方式，因为导视系统是由附有引导或识别信息的、各相对独立的载体按一定的逻辑关系共同组成的，因此其载体类型可以从设置范围、设置位置、载体特性、传达信息等不同角度进行划分。

（1）从导视载体设置范围角度划分

按导视载体设置范围角度划分，其可分为城市空间导视载体和非城市空间导视载体两类，城市空间导视载体相对非城市空间导视载体来说，具有类型复杂的特点。

（2）从导视载体的设置位置角度划分

按导视载体的设置位置角度划分，其可分为室内空间导视载体和室外空间导视载体两类。

（3）从导视载体的自身特性角度划分

按导视载体的自身特性角度划分，其可分为静态导视载体（固定于公共空间环境中的导视载体）、动态导视载体（可随身、随交通工具携带的导视载体，如交通地图、电子导航仪、车载导航仪、手机导航等）。静态导视载体与动态导视载体相比具有显著特点，其设置在公共空间环境中，具有与公共空间不可分割的特点，是公共空间的有机组成部分。

（4）从导视载体传达信息的角度划分

其可分为视觉导视载体、听觉导视系统、触觉导视系统（如盲人触摸式地图等）及多感官综合式导视载体。由于视觉是人接收信息最重要的器官，据统计，拥有正常视觉的人，其接收的80%的外界信息均来自视觉，由此视觉导视载体是各类导视载体中最重要、数量最多的一种载体形式。

（5）从导视功能上划分

从导视功能上看，一套完整的导视系统应包含以下几种类型。

①空间类导视。该类导视通过地图的形式反映空间元素的组织关系，使人们对空间环境有一个直观的整体印象。

②信息类导视。信息类导视通过文字、数字或图形的形式描述空间信息，同时也是对空间类导视进行的必要信息补充。

③导向类导视。其空间信息的方向是通过箭头的形式来识别的，以帮助人们选择正确的方向，方向引导还应该简单易懂。

④识别类导视。此类导视空间信息以文字、数字或图形的形式来描述，以区分空间，并帮助人们确定正确的目标点。

⑤管理类导视。管理类导视通过文字、数字或图形的形式展示规章制度、流程、警告等信息，以提醒人们为目的。

综上所述，空间类导视、信息类导视、识别类导视属于导视系统中的定位导视，以帮助人们确定当前位置及目标点位置。导向类导视则属于导视系统中的定向导视，引导人们由当前位置一步一步到达目标点位置。

3.老年导视系统设计要求

随着年龄增长，老年人近距离视力逐渐下降，对于复杂信息的记忆也有困难，行动能力也受到一定限制。年龄越大，这一情况就越严重。老年人、健康人和轮椅使用者的心理特征不同，视觉引导、声音引导和触觉引导中使用的标志也不同。

导视系统中应尽可能加入语音或是图形，让视障的老年人听得见摸得着。

在导视系统的设计过程中，可以将复杂的信息以可触摸的形式表达出来，如整体的总平面图等，同时要保证信息能够通俗易懂。

导视系统设计中可以包含较多的信息，使老年人尽可能了解环境。

设置可以用来引导的引导装置，如地上的盲道、墙上的扶手等。同时，行走空间应尽可能不设置高差，并保证地面材料的安全性。

复杂的空间应尽量使用清晰的信息，对导视系统设计的要求应明确。

导视需要在容易被人意外撞击并且会发生危险的地方给予提示，如透明的门等。

在导视设计过程中应注意心理暗示的作用。在使用材料、平面设计和语言时应表现出平等和尊重，以减轻老年人的心理不适。

4.老年导视系统设计内容

（1）色彩引导标识

在所有标识中，颜色可以给予人最直接的感官刺激。使用颜色作为引导标志的表达方式可以使人们在尽可能短的时间内接近或达到期望的目标，给人直观、醒目的感觉，如在不同的功能区域使用不同的颜色。在面向空间的系统中，使用颜色形成的色彩印象可以帮助人们。突出亮色可以在一定程度上刺激人们，从而吸引他们的注意力。然而，环境中的颜色不能太多或太强，以免增加观察者的负担。但是，彩色标记有其缺点，最突出的问题是色盲、识别弱者的色标困难及当颜色种类太多时记忆困难。因此，它只能作为文本引导系统的补充。

（2）电子显示及多媒体引导

随着城市居民生活质量提高，人们对环境和老年建筑文化质量的要求越来越高。老年建筑文化的外在形象不仅包括老年建筑的物质环境与活跃人群之间的关系，还包括艺术与创造力之间的文化关系。在这些关系中，作为老年建筑形象的重要组成部分，老年建筑标志引导系统只能形成自身的差异和特点，实现主题简单化、形式多样化，体现对老人的人文关怀，从而在一定程度上建立公众对老年建筑形象的认知和认可。

随着科学技术不断进步，电子显示和多媒体技术已经被引入传统的公共引导系统中。其中，较为成熟的是彩色和单色电子显示屏、电子触摸屏和语音信息接收器。这种形式对于视障人士来说是一种有效的交流方式，但是对于视障人士来讲，特别是对于盲人来说，使用一些电子显示指南仍然有很多困难。

（3）文字与图形引导

文字和图形引导标志是整个室内引导系统最重要的组成部分。它们通过文本或图形准确地表达了要解释的方向和其他含义。通常，一个事件由一个名称、一个标志或一个结合箭头的图形来表示。除了布局的表现之外，布局内容与结构形式的结合往往能产生更加生动清晰的引导。在导航系统中，文本和图形都需要更容易理解，无须太多推理和推测。

可识别导航是位置状态描述元素，它可以让人识别空间中的位置、设施。在一个陌生的环境中，你需要了解当前位置和整体环境之间的关系，以便进一步找到其他地方。明确的目的地说明和其他信息一样重要。作为一个完整的系统，这种识别具有很强的可识别性，应该与指导性识别相对应。同时，各鉴定单位也应保持相关性和系统性。

从导视设计的角度来看，建筑内部空间导视有别于一般城市规划导视，主要表现在建筑内部空间与城市开放空间相比具有一定特殊性。首先，建筑内部空间具有相对封闭性，也就是说，它无法以东西南北的方向常识作为基本逻辑系统的基础。其次，建筑内部空间具有相对稳定的行为流线，例如地铁、机场等公共交通空间，人们必须严格的、无选择的遵循一定顺序，经过多重通道才能到达地铁车厢或登机。最后，同类别的建筑内部空间在内在机制、空间结构、行为模式等方面具有共通性，也就是既定的逻辑规律。例如，博物馆、图书馆、养老建筑、音乐厅、影剧院、游乐园等场所都具有各自特殊的功能性和与该功能相对应的、特定的空间系统。对于老年人建筑空间来讲，空间中往来的人群往往也都具有清晰、明确的目的性，对于行为目标地选择和确立也都更为直接，并且更加注重周围环境所提供的便捷性和高效性。

（二）养老建筑的色彩设计

随着年龄增长，高龄者不仅是身体机能，其视觉、听觉等感觉机能也逐渐衰退，并且还有情感不安定的倾向。为缓和这些心理性紧张，促进精神放松，合理有效的色彩设计可以起到重要作用。

1. 视觉老化与色彩感知变化

光线射入眼睛时，首先经角膜表面折射，再经过晶状体进一步折射，并在视网膜上成像。为了能在视网膜上顺利成像，晶状体或扁平或膨胀变厚，使屈光度得以自由变化。人的视力随着年龄而改变，刚出生时人的视力仅为 0.025，之后视力逐渐好转，在十几岁到达顶峰，之后慢慢下降，50 岁以后迅速下降。

也就是说，大部分老人上了年纪后不把东西拿远一点看就不能聚焦了。虽然老人把东西拿远了能成功聚焦，但眼与物体的距离越远视网膜上的像越小，所以无论如何对准焦点，都会造成老人看物体太小而看不见，或者看不清很累等情况，这就是老花眼。老花眼是指近点渐渐变远，最终只能在远点聚焦的状态。

老年人的视野也会随年龄增大而变窄，降低他们在空间中的移动和感知能力。深度知觉减弱使得人们很难感知平面的变化。例如，前向和后向颜色或深色和浅色的组合会使人出现高度变化错觉。

2. 色彩对心理生理影响

色彩的直接心理效应来自色彩的物理光刺激对人的生理发生的直接影响。颜色有非常强的感情效果，而且在生活中人们也能看到很多利用它的效果的场合。红色刺激自律神经系统的交感神经，具有激活皮质视觉中枢活动的效果；相反的蓝色刺激副交感神经。

色彩给人的印象迅速、深刻且持久。有理论为证：人在观察物体时，最初的 20s 内，色彩感觉占 80%，形体感觉占 20%；2min 后，色彩感觉占 60%；5min 后，色彩与形体感觉各占一半。当不同波长的光作用于人眼时，人会产生不同的生理感受及心理活动，比如看到红色，人的脉搏就会加快，血压升高，会变得热情、乐观，富有正义感。不同场合、不同身份，服饰色彩各有讲究，这都与心理有关。

3. 色彩的情感

色彩通过对视觉的作用，使人有以下几个方面感觉。

（1）温度感

色彩本身并没有温度的差别，所谓色温是人们把色彩与许多自然现象的联想后产生的感觉。例如，太阳和火是红色、黄色，因此人看到红色、黄色后有温暖的感觉；海水、天空是蓝色的，因此人看到蓝色后就有清凉的感觉等。红与青是色彩暖、冷的两个极端，绿与紫居中，但它们随着所含红与青的分量多少而变。此外，色彩的冷暖又有相对性，紫与红并列，紫显得冷些；紫与青并列，紫又显得暖些。绿与紫在明度高的时候近于冷色；黄绿、紫红在明度和纯度高时近于暖色。

（2）轻重感

颜色的重量受亮度的影响很大。通常，低亮度的颜色给人感觉很重，而高亮度的颜色给人感觉很轻。当亮度相同时，高纯度的暖色给人感觉较重，而低纯度的冷色给人感觉较轻。两个体积和材料相同的雕塑如果用高纯度的深色油漆，则会让人感觉很重，但如果用低纯度的亮色油漆，则会让人感觉很轻。因此，在空间的处理上，为了达到协调一致的气氛，人们往往会采用相应色感的颜色。

（3）距离感

色彩有进色与退色之分，进色又叫前进感色，退色又称远感色。一般高明度的暖色系色彩有凸出或扩大的感觉，为进色；低明度的冷色系色彩有后退缩小的感觉，为退色。红、橙、黄、白为进色，青、紫、黑为退色。由此人们可以利用色彩对空间的距离、尺度感进行调节。

（4）疲劳感

有的颜色忧郁纯度太高，对眼睛的刺激很大，容易使人感到疲劳，这种现象被称为疲劳感。暖色系色彩比冷色系色彩疲劳感强，绿色则不显著。一般色相过多，纯度过高，明度、纯度相差太大也容易使人疲劳，在色彩设计时设计人员应该注意避免使用。

4. 养老建筑色彩设计功能

色彩功能主要体现在四个方面，即物理功能、标识功能、装饰功能与情感功能等。

（1）物理功能

老年人建筑色彩的物理功能主要是指建筑的热功能。不同颜色和亮度的物体在光反射率上有一定的差异。高亮度物体具有高反射率和低吸热性，而低亮度物体具有低反射率和高吸热性。根据这一原则，在设计方案时，颜色也可以被认为是调节温度的因素之一。

（2）标识功能

颜色在建筑物识别、标记和加固中起着重要作用。它可以传达各种信息，区分功能、结构、零件和材料，指示用途，划分空间，引导视线。个性化的颜色会形成明显的标志，这样人们可以准确地识别建筑物。老年人建筑色彩设计应强调其易识别和易记忆的功能。通过图形和标记处理，可以提高解释的清晰度，方便老年人理解。

（3）装饰功能

装饰功能主要是指色彩作为美化建筑的手段，已经被人类使用很长时间了。它能传达情感，营造氛围。通过色彩装饰，建筑可以与环境融为一体。颜色还具有隐藏缺陷、调整比例和伪装形状的功能。

（4）情感功能

色彩的情感功能是基于人们对色彩的生理和心理反应而逐渐形成。单一颜色的特征被称为色度。不同的颜色有不同的情感符号，它们的个性也不同。颜色可以引起人们在冷暖、轻重、软硬、远近等方面的心理感受，并能作用于人体生理。色彩通常与特定的联想和意境联系在一起产生情感效果和心理暗示。色彩丰富的内涵和象征意义展示了建筑的个性、品质和特点，激发了人们的情感联想，营造了各种不同的氛围。老年人居住建筑的色彩设计应注意老年人的心理舒适度。若老年人身体不适就会导致各种心理疾病经常发生。例如，由于年龄因素、行动困难、眼病、风湿病等，使老人产生烦躁、焦虑、抑郁、恐惧、疯狂等不良心理。在室内色彩设计中，可以借助色彩帮助老人缓解这种情况。例如，房间主要是明亮温暖的，这可以让老年人感到快乐，增加他们战胜病痛的信心。使用具有镇静作用的冷色，如浅绿色和天蓝色，可消除烦躁，增加情绪稳定性，有利于老年人的身心健康。

5. 养老建筑色彩设计方法

颜色无意识地作用于我们的大脑和身体，影响我们的血液循环和脉搏跳动。养老建筑色彩设计包括以下几个方面。

（1）色彩的配色调和

即使是充分考虑了色调和色相的配色调和，在面向老年人的居住空间里，设计人员也需留意明度和彩度的微妙变化。老年人住宅的主要配色有，色调统一的色调配色；同一色相或类似色相中有明度和彩度变化的同色系配色。

（2）养老建筑色彩设计流程

确定了老年人设施色彩设计后，首先最重要的是把握建筑预定地的地域特性，调查该设施是位于市中心还是郊区这一区域特性，还有建筑物的使用目的与利用阶层等，了解建筑预算的整体结构。进行建筑预定地周边的色彩调查时，着重研究该地区最常使用的色彩为中心的色调和刺眼的色调，尽可能多调查其他老年人设施，核实其长处和不足之处。另外，进行老年人的喜爱色彩及意识调查，其结果还能作为总结分析结果，并且可以作为色彩设计的参考。

色彩设计提案的顺序依次为以下几点。

①做出色彩整体的形象提案。

②制作色彩环境调查板，建筑物的外观、内观的色彩提案板与总结设计理念的企划书一起进行演示。

③确定色彩设计方案的同时，开始选择符合照明设计和提案色彩的材料。

④对于摆设的家具和器物选择也要给予一定建议，以寻求整体平衡。

设施建成后，相关人员要进行现场最终的色彩管理验收，方方面面都要注意到，确保万无一失。

四、养老建筑的消防设计

老年公寓消防存在三大特征：一是存在更多的火灾隐患，二是安全疏散相对更困难，三是更大的火灾救援难度。老年公寓的特点：一是人员更为集中密集；二是内部多是行动不便甚至是失能半失能的老人，发生火灾时，火灾蔓延的速度快，而老人疏散缓慢，建筑物内部充满烟气，很容易造成人员伤亡，加上大部分老年公寓内部都有餐饮娱乐用房，老年人多数有抽烟习惯，并且注意力不集中、健忘，稍不注意便会由于烟头、蚊香等引起火灾事故，老年公寓内行动不便的老人都需要他人帮助才能安全疏散，大大延缓了疏散速度。

（一）养老建筑消防设计要求

1. 养老建筑消防设计应注意的问题

（1）选址问题

养老建筑要尽量靠近消防队，周边道路要交通便捷，交通阻塞少，使消防人员及消防车能迅速抵达火灾现场进行救援。

（2）应单独建设

养老建筑要尽量不改建或设在其他建筑物内，采用环形消防车道便于消防车救火。老年公寓的防火要求要高于普通住宅楼，这样就增加了火灾隐患和疏散难度。当养老建筑必须设置在其他民用建筑内时，宜设置独立的安全出口，并且做好与低耐火等级既有建筑的防火分隔，且老年公寓宜设置在建筑底层区域，方便于疏散和营救，避免在三层及三层以上楼层或地下、半地下建筑内。

（3）养老建筑宜多层，高层建筑并不适合

老年人行动不便，老年人建筑层数宜为三层及三层以下，四层及四层以上应设电梯。消防上，层数越高越不利于人员安全疏散。当建设用地有限或因其他因素必须建设高层建筑时，则应以能够自理的老人为主要入住群体，尽量减少因高层建筑而带来的消防安全疏散隐患。

2.养老建筑的消防疏散设计

在养老建筑的消防疏散设计方面，设计人员应该注意疏散距离和疏散宽度的特殊设计需求。相关标准中对疏散走道和疏散楼梯的净宽度要求不小于1.1m，公用走廊的有效宽度不应小于1.5m，公用楼梯的有效宽度不应小于1.2m。每个老年客厅都有一扇门通向阳台或有相连的阳台。

3.养老建筑装修设计的消防要求

老年人建筑的室内装修应采用不燃或难燃材料，减少火灾隐患。尽量避免使用燃烧时会产生大量烟雾和有毒气体的材料。

4.养老建筑的消防设施

（1）设置火灾自动报警系统和火灾自动灭火系统

当火灾发生时报警系统可以通过烟雾、温度、手动报警、声光报警、火灾广播等报警装置尽早发现火灾，并及时联动自动灭火系统进行灭火。同时，考虑到旧建筑的特殊性，建立智能消防救援系统是十分合适的。发生火灾或其他紧急情况时，探测器会自动报警，或老人会手动按下救援按钮，信号会通过全球定位系统（GPS）或无线网络技术传送到监控中心、辖区内的消防巡逻车和消防调度指挥中心，以赢得救援时间。

（2）必须配备特殊的消防逃生设施

每个房间都应该配备简单的烟雾面罩、手电筒、安全绳等，以便老年人在紧急情况和危险时能够及时获救和逃脱。

（3）设置紧急报警求助按钮

客厅、浴室、厕所等场所应设置紧急报警和求助按钮，养老院、疗养院等场所的床边应设置呼叫信号装置，呼叫信号应直接发送至管理室。

（4）安装熄火自动关闭燃气的装置

厨房应该选择安全型的灶具。当使用煤气炉时，应该配备一个在关闭时自动关闭燃气的装置。厨房和公共厨房应安装燃气泄漏报警装置，应采用室外报警器，并且其应安装在门外、管理室内及其他容易被他人听到的地方。

第七章　适老建筑空间与老年人行为的交互设计模式与策略

第一节　空间与行为交互设计模式

一、空间与行为交互设计依据

（一）以营造良好的交互关系作为"空间行为交互设计策略"建立的出发点

需要以机构型养老建筑空间与老年人行为之间营造良好的交互关系为出发点建立空间行为交互设计策略。因为营造良好的交互关系能够在建筑空间与行为之间建立和谐与均衡，通过空间行为的交互设计能够使得交互过程更符合交互主体对象（老年人）自然的理解与表达，让整个交互过程更顺畅。交互设计应尽量让老年人感觉不到交互客体对象（建筑空间）被建筑师刻意地设计过，而是让老年人感觉到所处的居养空间环境自然而然应该是这个样子，由此交互设计强调对空间与行为的双向设计，一方面包括对机构型养老建筑内的交互客体对象（建筑空间）的设计（交互过程引发阶段内对老年人行为活动产生助益的空间行为交互模式及其设计策略），另一方面也包括对交互主体对象（老年人）的行为设计（交互过程反馈阶段内对空间使用产生助益的交互介质设计策略）。其中，对机构型养老建筑空间的设计重点集中在交互过程的引发阶段，即通过空间设计满足入住老年人不同属性、不同类型的行为活动需求，归纳总结出既能在机构型养老建筑内创造多样性的老年人行为活动又能保证行为活动具有秩序性的空间行为交互设计模式与对应的交互设计策略。同时，把对入住老年人行为的设计重点集中在交互过程的反馈阶段，对空间与行为交互过程完成的关键因素即交互介质（行为领域）展开设计，在机构型养老建筑空间内创造具有层次性与构成性的行为领域，满足不同老年人对空间利用的内在需求，归纳总结出对应的交互设计策略。通过空间和行为交互设计使得各类型交互关系作用过程得以顺利完成，在空间对行为的引发影响下形成具有多样性与秩序性的老年人行为活动，在行为对空间的反馈影响阶段内形成具有层次性与构成性的老年人行为领域，同时保证空间与行为交互关系作用过程具有整体控制性与动态持续性，从而更好地满足入住老年人在机构型养老建筑内的居住养老生活需求。

（二）以五种类型交互关系的设计变量分析作为"空间与行为交互设计策略"建构的依据

针对机构型养老建筑内的交互客体对象（建筑空间）的交互设计重点集中在交互过程的引发阶段，结合机构型养老建筑空间连接构成形态的类型及特征，来探讨各类型交互关系的基本建筑空间布局模式。在空间环境与老年人行为之间营造个体或单维线性空间行为交互关系时，考虑采用基本型空间连接构成形态。多维辐射或环状拓扑空间行为交互关系的营造，则考虑采用手钥型、马蹄型与围合型空间连接构成形态。多维组合空间行为交互关系的营造，则考虑采用放射型、涡型空间连接构成形态。在此基础上提出上述各类型交互关系作用过程引发阶段内的空间行为交互设计模式与策略，旨在通过交互客体对象（建筑空间）的交互设计对老年人行为产生积极的引起影响，从而有效提高老年人行为活动的多样性与秩序性。

二、空间与行为交互设计模式概述

（一）养老建筑个体空间行为交互设计模式

通过中心的竖向交通结合周边的功能用房及大厅空间、廊空间，来组织整个机构型养老建筑内承载不同级别老年人行为领域的空间系统。先建构承载老年人主要行为领域的核心空间骨架，通过将主要活动空间与廊空间相互结合在一起，再将承载老年人次级行为领域的附属休闲空间和附属活动空间穿插进去。其中附属空间可以为开敞的办公空间和护理站单元，既能服务老人，也能和老人随时交流，便于更好地照护老人。它的主导空间主要集中在中心区域的交通核心，以及偏向右翼的入口空间，将形成主要行为领域的核心空间集中组织在体量的中心区域，并且结合其他的功能用房成为整个建筑的多功能的核心空间，通过该核心空间与其他邻里居住单元穿插连通。该区域的整体形态呈现中心街道式，承载老年人主要行为领域的空间变化成不同的功能空间、多样的形态及尺度空间交织穿插在办公空间中。该区域活跃的氛围，使得在此活动的老年人感觉生活在熟悉的街道中，空间带给老年人很强的归属感，从而有效提高了行为领域内老年人行为活动的多样性。除了核心处的主导空间外，其他的邻里居住单元内承载次级行为领域的空间附属在廊空间系统外列，从而有效提高了行为领域内老年人行为活动的秩序性。

第一，建构承载老年人主要行为领域的核心空间骨架，弱化个体空间行为交互关系内公共空间（PU空间）与私密空间（P空间）之间的空间界限及其固有空间属性，使得两种属性相斥的空间产生交融，空间交融区域形成过渡性空间。

个体空间行为交互关系内的公共空间（PU空间）与私密空间（P空间）之间缺乏过渡空间，通过建构承载老年人主要行为领域的核心空间骨架，将主要活动空间与廊空间相互结合在一起，弱化公共空间（PU空间）与私密空间（P空间）间的空间界限，在弱化上述两种空间固有属性的同时，使得公共空间（PU空间）内的固有属性行为（老年人动态行为活动：亲友间群体行为活动、非目的性产生的聚集、偶发的交流行为；老年人静态行为活动：可视关系、能视关系）发生频率相对降低。私密空间（P空间）内固有属性行为（老年人动态行为活动：个体行为活动、目的性自发行为活动；老年人静态行为活动：不可视关系、单人关系）发生频率相对降低，同时保持上述两种空间内非固有属性行为的发生频率，从而在弱化个体空间行为交互关系内的公共空间（PU空间）与私密空间（P空间）之间的空间界限及其固有属性的同时，维持空间内老年人行为活动的秩序性，避免行为活动之间的干扰。

第二，将承载老年人次级行为领域的附属休闲空间与附属活动空间穿插进入由主要活动空间与廊空间相互结合形成的核心空间骨架，强化个体空间行为交互关系内的过渡空间—半公共空间（S-PU空间）与半私密空间（S-P空间）之间的空间界限与固有属性。

公共空间（PU空间）与私密空间（P空间）之间的交融区域产生过渡性空间，即半公共空间（S-PU空间）与半私密空间（S-P空间），将承载老年人次级行为领域的附属休闲空间和附属活动空间穿插进去，增强上述两种过渡空间的固有空间属性，使得个体空间行为交互关系内具有过渡性的半公共空间（S-PU空间）与半私密空间（S-P空间）的空间界限明晰，对应半公共空间（S-PU空间）内固有属性行为（老年人动态行为活动：偶发的交流行为、非目的性产生的聚集；老年人静态行为活动：可视关系、能视关系）与半私密空间（S-P空间）内固有属性行为（老年人动态行为活动：个体行为活动、目的性自发行为活动、亲友间群体行为活动；老年人静态行为活动：不可视关系、单人关系）发生频率相对提高，从而增强了原有空间内老年人行为活动的多样性。同时，降低半公共空间（S-PU空间）内固有属性行为（老年人动态行为活动：个体行为活动、目的性自发行为活动；老年人静态行为活动：不可视关系、单人关系）与半私密空间（S-P空间）内固有属性行为（老年人动态行为活动：被动性的行为活动、非目的性产生的聚集、偶发的交流行为；老年人静态行为活动：对象规定型、可视关系、能视关系、对视关系）发生频率，维持了原有空间内老年人行为活动秩序性。

第三，在个体空间行为交互关系内老年人行为领域形成的所属空间设计方面，保持公共空间（PU空间）内老年人群簇行为领域与私密空间（P空间）内个体行为领域形成的同时，利用轻质隔断、家具等环境要素对公共空间（PU空间）进行局部划分与遮挡。其中设计半公共空间（S-PU空间），将上述两种属性空间内的部分群簇行为领域与个体行为领域引入公共空间（PU空间）局部形成的半公共空间（S-PU空间）内，从而有效提高半公共空间（S-PU 空间）内老年人行为活动的多样性。以此来避免私密空间（P空间）内群簇行为领域与公共空间（PU 空间）内个体行为领域的形成，通过邻接私密空间（P 空间）的过渡性半私密空间（S-P 空间）设计，将老年人亲友间群体行为活动形成的群簇行为领域，以及公共空间（PU 空间）内的个体行为领域引入半私密空间（S-P空间）内，从而通过设计有效避免行为领域对所在空间固有属性与功能的影响，同时避免空间内不同属性老年人行为活动之间的干扰，有效提高 4 种属性空间内老年人行为活动的秩序性。

（二）养老建筑单维线性空间行为交互设计模式

由廊空间将各个功能单元内单维线性分布不同级别老年人行为领域串联起来，同时通过空间系统的线性核心把整体空间组织起来。一般线性核心为入口大厅及竖向交通部分，这里也是不同属性、不同类型老年人行为活动发生频繁的地方。该交互设计模式在横向交通上，空间纵深不会很长，老人的行走路径简单，易于识别。整体空间构成基础依赖于分层、朝向、中部对称 3 种空间构成模式。其中，集中性的活动空间集中在顶层或者每层分散布置，与整个线性空间形成附属关系。形成主要行为领域的空间结合其他的功能用房分层布置，整体功能划分明确、易于管理，注重空间的朝向问题，保证老人居住空间优先配置，交往空间和辅助空间分散布置。办公、服务用房结合交往空间布置在中部，空间整体聚集性较好。可以通过以下方式提升老年人行为活动的多样性与秩序性：走廊形态适度变化，突出线性空间节点；牺牲部分北向房间，结合交通空间做一些开敞性的空间；端部楼梯可结合挑台和自身平台，将空间扩展；另外，活动空间及其他辅助用房分层布置时要注重南向空间的转化，对于集中性的活动空间做到分散处理，让出南向居住空间，兼顾老人与院方利益。并由中心的厅空间结合两侧的竖向交通构成机构型养老建筑内承载不同级别老年人行为领域的空间系统的主导空间。中部的厅空间南北向贯通布置，具有一定的围和感，使得空间的向心性增强，提高了老人停留的概率，大大增加了老人行为活动的多样性。廊空间由主导空间向两侧延伸将各个功能空间串联起来，以具有半私密性质的楼梯间作为端点，廊空间呈现一种开合的形态，使得线性系统出现了承载次级行为领域的空间节点，空间的整体性较完整，呈现出一定的韵律感，从而有效提高行为领域内老年人行为活动的秩序性。

第一，在单维线性布局的老年人生活单元之间设计承载次级行为领域的空间节点，廊下空间形态适度变化，弱化单维线性空间行为交互关系内公共空间（PU 空间）与半公共空间（S-PU 空间）之间的空间界限，使得单维线性分布的不同级别行为领域彼此串联。

单维线性空间行为交互关系内线性分布的老年人生活单元之间通过公共空间（PU空间）相联系，但彼此之间的过渡性相对较差，因此需要通过设计弱化公共空间（PU 空间）的固有属性，使得公共空间（PU 空间）内的固有属性行为（老年人动态行为活动：亲友间群体行为活动、非目的性产生的聚集、偶发的交流行为；老年人静态行为活动：可视关系、能视关系）发生频率相对降低。同时，提高半公共空间（S-PU 空间）的公共性，对应半公共空间（S-PU 空间）内固有属性行为（老年人动态行为活动：偶发的交流行为、非目的性产生的聚集、亲友间群体行为活动；老年人静态行为活动：对象规定型、可视关系、能视关系）发生频率相对提高，半公共空间（S-PU 空间）内非固有属性行为（老年人动态行为活动：个体行为活动；老年人静态行为活动：不可视关系、单人关系）发生频率相对降低，进而弱化公共空间（PU 空间）与半公共空间（S-PU 空间）之间的空间界限，使得单维线性分布的不同级别老年人行为领域彼此串联，同时通过空间系统的线性核心把整体空间组织起来，提高了原有空间内行为活动秩序性。

第二，在老年人生活单元内的私密空间（P 空间）与半公共空间（S-PU 空间）之间设计空间界限明晰的过渡性空间，避免老年人行为活动之间的干扰。

单维线性空间行为交互关系内线性分布的老年人生活单元中的半公共空间（S-PU 空间）的空间界限相对明晰，但老年人生活单元中的私密空间（P 空间）与半公共空间（S-PU 空间）之间的过渡性空间界限不明晰，需要通过设计强化半私密空间（S-P 空间）的空间界限与固有属性，对应半私密空间（S-P 空间）内固有属性行为（老年人动态行为活动：个体行为活动、目的性自发行为活动、亲友间群体行为活动；老年人静态行为活动：不可视关系、单人关系）发生频率相对提高，半私密空间（S-P 空间）内非固有属性行为（老年人动态行为活动：被动性的行为活动、非目的性产生的聚集、偶发的交流行为；老年人静态行为活动：对象规定型、可视关系、能视关系）发生频率相对降低。半公共空间（S-PU 空间）的空间界限的强化设计，保持了生活单元各属性空间内老年人行为活动的多样性，同时有效避免了私密空间（P 空间）与半公共空间（S-PU 空间）内老年人行为活动之间的干扰，提高了原有空间内老年人行为活动的秩序性。

第三，在单维线性空间行为交互关系内老年人行为领域形成的所属空间设计方面，避免公共空间（PU 空间）内个体行为领域与私密空间（P 空间）内群簇行为领域的形成，在老年人生活单元之间的公共空间（PU 空间）与生活单元内的半公共空间（S-PU 空间）连接处设计过渡性空间，将公共空间（PU 空间）内的部分群簇行为领域自然引入半公共空间（S-PU 空间）内，从而助力半公共空间（S-PU 空间）内老年人群簇行为领域的形成。具有明晰空间界限的半私密空间（S-P 空间）设计使得原有半公共空间（S-PU 空间）内亲友间群体行为活动形成的老年人群簇行为领域部分引入，有效提高了原有空间内老年人行为活动的秩序性。保证半公共空间（S-PU 空间）内个体行为领域的形成，有效维持了各生活单元半公共空间（S-PU 空间）内老年人行为活动的多样性。

（三）养老建筑多维辐射空间行为交互设计模式

通过单一型或者多级主导空间来组织承载老年人主要行为领域的空间系统，一般在折点处、不同体量交会处，形成多个次级主导空间。例如主要核心的中心部位结合护理单元或办公室都设计有一个开敞式共享空间，居住单元的空间节点区域作为承载老年人行为领域的一级主导空间系统，由走廊空间串联起来。在体量的中心处和单翼体量的中心形成次级核心区域，最后结合廊空间的尽端空间形成次级核心空间。该交互设计模式的空间路径明了易达，并且空间层次明晰，老年人具有多重选择性，从而有效提高多维辐射空间行为交互关系作用过程引发阶段内老年人行为活动的秩序性。与此同时，在已有空间布局的基础上，在折点和体量的中部及端部分散布置不同层级形态的活动空间，凭借功能整合、空间开敞形成较为丰富的空间层次，从而进一步有效提高多维辐射空间行为交互关系作用过程引发阶段内老年人行为活动的多样性。

第一，通过单一型或者多级主导空间来组织承载具有多维辐射特征的空间系统，在公共空间（PU 空间）与私密空间（P 空间）内部设计具有各自固有属性的过渡性空间，公共空间与私密空间的固有空间属性降低的同时形成局部的组团空间，使得分散布局的空间产生联系。

多维辐射空间行为交互关系的各属性空间分散布局，各属性空间内承载的行为领域之间缺乏联系性，因此需要通过半公共空间（S-PU 空间）设计以弱化原有公共空间（PU 空间）的固有属性。对应公共空间（PU 空间）内的固有属性行为（老年人动态行为活动：亲友间群体行为活动、非目的性产生的聚集、偶发的交流行为；老年人静态行为活动：可视关系、能视关系）发生频率相对降低。可通过半私密空间（S-P 空间）设计以弱化原有私密空间（P 空间）的固有属性，对应私密空间（P 空间）内固有属性行为（老年人动态行为活动：个体行为活动、目的性自发行为活动、亲友间群体行为活动；老年人静态行为活动：对视关系、不可视关系、单人关系）发生频率相对降低。上述两种空间固有属性的弱化，使得分散布局的公共空间（PU 空间）与私密空间（P 空间）产生联系，形成局部的组团空间，提高了原有空间内老年人行为活动的整体秩序性。

第二，在体量的中心和单翼体量的中心形成次级核心区域，该空间内灵活嵌入半公共空间（S-PU 空间）与半私密空间（S-P 空间），形成相互交融的整体过渡性空间，并以此联系多维辐射的组团空间。

弱化多维辐射空间行为交互关系内半公共空间（S-PU 空间）与半私密空间（S-P 空间）之间的空间界限及其固有空间属性，使得半公共空间（S-PU 空间）与半私密空间（S-P 空间）产生交融。对应半公共空间（S-PU 空间）内固有属性行为（老年人动态行为活动：偶发的交流行为、非目的性产生的聚集、亲友间群体行为活动；老年人静态行为活动：对象规定型、对视关系、可视关系、能视关系）发生频率相对降低。半公共空间（S-PU 空间）内非固有属性行为（老年人动态行为活动：个体行为活动、目的性自发行为活动；老年人静态行为活动：单人关系）发生频率相对提高。半私密空间（S-P 空间）内非固有属性行为（老年人动态行为活动：亲友间群体行为活动、非目的性产生的聚集、偶发的交流行为；老年人静态行为活动：对象规定型、可视关系、能视关系）发生频率相对提高。上述两种过渡性空间的融合在整体空间内形成环形回路，使得空间层次明晰，空间之间的联系性提高，在保持原有老年人行为活动多样性的同时，提高了整体空间内老年人行为活动的秩序性。

第三，在多维辐射空间行为交互关系内老年人行为领域形成的所属空间设计方面，在公共空间（PU 空间）内嵌入半公共空间（S-PU 空间），弱化原有公共空间（PU 空间）的固有属性，从而将公共空间（PU 空间）内的群簇行为领域引入其中的半公共空间（S-PU 空间）内部。同时，在私密空间（P 空间）内嵌入半私密空间（S-P 空间），弱化原有私密空间（P空间）的固有属性，从而将私密空间（P空间）内的个体行为领域引入其中的半私密空间（S-P空间）内部。通过在上述过渡空间内引入相同属性的行为领域，使得多维辐射空间行为交互关系内原有过渡空间与公共空间（PU空间）、私密空间（P空间）嵌入的过渡性空间产生融合，由过渡空间的融合在整体空间内创造联系性的同时，老年人行为活动的秩序性得以提升。同时，通过过渡空间之间的融合，维持多种属性老年人行为领域在半公共空间（S-PU空间）与半私密空间（S-P空间）内的形成，提高过渡性空间内老年人行为活动的多样性。

（四）养老建筑环状拓扑与多维组合空间行为交互设计模式

在各类型交互关系中，"环状拓扑空间行为交互关系"与"多维组合空间行为交互关系"在其交互作用过程引发阶段内已具有相对较强的老年人行为活动多样性。基于以上两种类型交互关系的设计变量分析特征，交互过程引发阶段内的空间设计重点在于有效提高老年人行为活动的秩序性。针对环状拓扑空间行为交互关系与多维组合空间行为交互关系，均可以通过小组团式空间布局以及组团内不同属性空间之间的过渡空间设计形成自然行为界限，以有效提高老年人行为活动的秩序性。国外实地调研机构型养老建筑空间布局通常将老年人各居室进行有效的组团形成彼此分离又通过中心共享空间保持有机联系的老年人生活单元，有效提高环状拓扑空间行为交互关系与多维组合空间行为交互关系作用过程引发阶段内的老年人行为活动秩序性的交互设计模式。老年人生活单元是指在机构型养老建筑内将入住老年人按一定数量规模组团化的最小生活单位，组团形成的生活单元既是机构型养老建筑空间的主要构成元素，也是老年人日常生活和接受护理照料的主要场所，生活单元通常由多目的活动空间、共用开敞式料理空间、共同生活空间和老人居室组成，确保位于中心位置的护理空间可以最大限度地掌握各个居室的情况，最远居室保证在40m以内。在国内机构型养老建筑设计中，应该考虑组团形成的老年人生活单元内卧室空间的南向采光。建筑空间的组织方面，主要由开敞性的服务类空间结合公共空间部分作为承载老年人主要行为领域的核心空间来组织各个小组团，每个小组团又有相应的交往空间作为承载老年人次级行为领域的空间场所，其中承载老年人次级行为领域的空间可以有不同的组合模式，构成多样化的形态空间。对各组团内的公共空间形态进行多样化设计，每个居住小组团都有相应的交往、服务核心符合老年人行为活动范围及特征，且便于工作人员管理。同时，该建筑空间布局模式还关注空间之间的融合，很多交往休闲空间和辅助空间之间通过设计过渡空间形成自然行为界限，主要强调老年人的选择性与参与性，进一步有效提高了行为领域内老年人行为活动的秩序性。通过这种小组团式的划分，可以获得宜人的尺度，同时空间的层次丰富，也保证了空间功能的多样化，使得老年人的行为活动异常丰富，随时可以参与到各种活动中来，在提高行为领域内老年人行为活动的秩序性的同时维持了老年人行为活动的多样性。

第一，上述两种类型交互关系的空间组织形态通常为老年人生活单元组团式布局，生活单元内已具有多样化的老年人行为活动，需要进一步对已有组团进行分级设计、明确空间的主从关系，从而提高老年人行为活动的秩序性。

保持组团单元内的私密空间（P 空间）固有属性不变，强化半公共空间（S-PU 空间）与半私密空间（S-P 空间）之间的空间界限与固有属性，由此避免组团单元之间老年人行为活动的干扰。上述独立组团内的半公共空间（S-PU 空间）与半私密空间（S-P 空间）对应的老年人行为活动变化与个体空间行为交互关系相似，维持了组团单元内老年人行为活动的秩序性。同时，弱化组团单元之间公共空间（PU 空间）的固有属性，将公共空间（PU 空间）转化为半公共空间（S-PU 空间）与半私密空间（S-P 空间）的交融区域。对应公共空间（PU 空间）内的固有属性行为（老年人动态行为活动：亲友间群体行为活动、非目的性产生的聚集、偶发的交流行为；老年人静态行为活动：对象规定型、对视关系、可视关系、能视关系）发生频率相对降低。非固有属性行为（老年人动态行为活动：个体行为活动、目的性自发行为活动；老年人静态行为活动：不可视关系、单人关系）发生频率相对提高。该空间区域成为中心共享空间，各组团单元通过中心共享空间形成高级别的核心组团，进而对已有组团进行分级设计。共享空间内通过设计交融的交往休闲空间和辅助空间形成自然行为界限，以此来强调老年人的选择性与参与性，有效提高了老年人行为活动的秩序性。

第二，在环状拓扑空间行为交互关系与多维组合空间行为交互关系内老年人行为领域形成的所属空间设计方面，组团单元内，将半私密空间（S-P 空间）内的部分群簇行为领域引入半公共空间（S-PU 空间）内，将半公共空间（S-PU 空间）内的部分个体行为领域引入半私密空间（S-P 空间）内，由此强化组团单元内半公共空间（S-PU 空间）与半私密空间（S-P 空间）之间的空间界限与固有属性。组团单元内空间界限明晰，老年人行为活动具有相对较好的秩序性。同时，在组团单元之间的公共空间（PU 空间）内嵌入设计过渡性空间，将公共空间（PU 空间）内的部分群簇行为领域引入半公共空间（S-PU 空间）内，将公共空间（PU 空间）内的部分个体行为领域引入半私密空间（S-P 空间）内，由此弱化了公共空间（PU 空间）的固有属性，形成中心共享空间。对机构型养老建筑内的原有各组团单元进行有效分级与联系，老年人行为活动的整体秩序性得到提高。

第二节　空间与行为交互设计策略

一、老年人行为活动交互设计策略

（一）养老建筑空间行为环境的交互设计方法

1. 基地内养老建筑临街可视面与街道的交互设计

首先应从基地内建筑整体设计角度分析建筑临街可视面与街道的关系，基地内养老建筑临街可视面一侧的空间流线组织方式受到主入口（包括设施玄关入口、居家养护服务支援入口和地域交流入口）、服务辅助入口（包括职员入口、厨房服务入口、设备搬运入口和停车场入口）以及主干道和服务级道路位置等因素的交互影响，养老建筑的主入口设置在临街可视面一侧，同时需要和建筑侧立面和背立面的流线组织相呼应。

2. 基地内养老建筑整体布局和动线的交互设计

养老建筑整体布局形态需要考虑基地内入住老年人群动线设计（步行、使用轮椅者）、来访者动线设计（居家养护服务人群、地域交流人员、老年人亲友）、人车分流动线设计（机动车、自行车）、工作服务人员动线和物流动线设计等影响因素。老年人群动线设计又可进一步分为建筑内主动线设计（生活、护理）和基地内的游走动线设计（散步、锻炼），同时建筑整体布局和动线的交互设计还应考虑日照和通风等自然条件。

3. 建筑整体形态成长和变化对应的交互设计

将建筑可持续性的观点纳入养老建筑整体成长扩建和变化对应的交互设计之中，即养老建筑空间的增建和建筑局部的改建，以轴线为基准的交互设计方法，同时衍生出十字形中枢轴线、曲面中枢轴线、中庭环绕状轴线、中庭放射状轴线这4种交互设计方法。

4. 空间组构的邻接和近接原则

构成养老建筑的主要养护空间和服务性附属空间之间的连接方式首先应该遵循邻接布局原则，主要空间和附属空间可以采用套型布置，同时附属空

间承担过渡空间的功能。其出入口连接廊下空间，也应在主要空间和附属空间邻接廊下空间的一侧同时设置出入口，但两个空间之间需要保持联系。大空间内可以设置灵活移动的轻质隔墙，以适应功能使用变化。当受到客观限制，两种属性空间无法直接邻接布置时，则需要采取近接布置原则，从而缩短老年人动线距离，方便老年人对各空间的直接使用。

5. 组团型单元内共同生活空间和卧室空间的组构交互设计

养老建筑内卧室空间组团布置形成的生活单元，能营造出家庭化生活氛围。为方便老年人对组团型生活单元内交往空间的使用，共同生活空间和老年人卧室之间的连接方式是交互设计的重点。考虑到护理人员和老年人的行为动线和移动范围问题，共同生活空间和卧室空间两者的组构方式主要存在3种形式：共同生活空间和卧室空间邻接一体化设计；共同生活空间与卧室空间部分邻接一体化设计；共同生活空间和卧室空间通过廊下空间联系的近接设计。

6. 邻接和近接领域内的空间布局

食堂、机能训练室的整体空间组织，养老建筑内食堂和机能训练空间作为区别于居住空间的主要服务性附属空间，其与养老建筑内老年人生活单元（卧室、卫生间、浴室和部分公共空间组团构成）、生活单元群之间的空间组构关系是交互设计的要点。

7. 护理站的空间位置

护理、半护理老人的居住空间通常将8~10个居室组成小规模单元之中组团，护

理站与活动空间分散于各单元组团内，服务流线短捷，提高了服务效率。在美国护理机构中，护理站到最远房间的距离一般在36m以内，援助式居住生活机构中最远的房间到主要活动空间的距离为46m以内。日本特别养护老人之家中，护理站到最远居室的距离通常为30～40m。护理站作为养老建筑内医疗养护服务空间的核心，其空间位置应该充分考虑与周围房间的联系，避免因空间组织混乱而引起的不同人群动线的交叉干扰，方便护理人员对老年人开展看护及医疗服务。通常按照护理站位置的不同，分析养护服务单元内的护理站空间交互设计、老年人生活单元内的护理站空间交互设计以及与室外空间相邻的护理站空间交互设计。

8. 职员办公空间的位置和邻接空间

养老建筑内的职员办公空间通常位于建筑一层，设计时需要考虑设施内职员的行为动线特征、职员专用出入口和办公空间的位置关系、入住老年人的通过位置、来访者的动线，以及室内外空间关系等因素，办公空间也可和机能训练空间邻接设计。

9. 浴室和卫生间内的空间组织关系

养老建筑内普通浴室、特殊护理浴室以及邻接附属空间的组构方式存在差异，卫生间根据其出入口是否直接连接廊下公共空间、出入口前面是否设计专用过渡空间而采用相应的空间交互设计方法。

10. 地域性短期养老服务空间组织关系

养老建筑内部分空间的利用对象为地域性短期护理的老年人，为老年人提供日间照料、机能训练、洗浴等养老护理服务。在空间交互设计时应该考虑部分活动空间同时面向入住老年人和短时护理老年人的双重属性，同时需要设计专用空间服务日间照料的老年人，防止不同老年人群在养老建筑内移动路线的干扰。

（二）交互关系作用下的养老建筑内部空间动线设计

1. 动线的类型、属性和设计要点

养老建筑内部空间的动线属性包括人群移动轨迹的差异性、方向性、移动距离的长短和时间差，根据入住老年人身体状况的不同，自立行走人群、借助扶手移动人群、利用拐杖移动人群以及利用轮椅移动人群，所产生的动线属性特征不同。通过以上分析总结出动线交互设计要点：建筑空间根据功能的从属关系，依据邻接和近接原则组织空间，使得动线单纯明快，长度缩短；功能分区明确的同时，设计相应的过渡空间防止不同属性动线交叉干扰；保持高移动频率，促进老年人活动，有利于增强其身体机能。

2. 内部空间动线团状化交互设计

动线上某点、转折处或相交处的团状化形成养老建筑内主要的公共空间，例如入口门厅空间、多功能空间、老年人共同生活空间和垂直交通前的等候休息空间等。动线团状化设计主要赋予养老建筑内部空间组织合理的人群集散功能，具有多点散射特征。

养老建筑平面布局的动线团状化交互设计为入住老年人公共行为提供了明确的集散

性场所空间，进而形成小规模组团式平面布局模式。动线团状化形成的公共空间有效缩短了老年人群的移动距离，提高了建筑空间的利用频率，方便老年人进行交往活动的同时，避免了因大空间集体活动而产生的不同人群动线的交叉干扰。动线团状化将人群进行多中心分区疏散，方便护理人员对老年人的看护和管理，同时保持了生活空间的连续性，创造集合性公共空间。

养老建筑垂直维次的动线团状化会因建筑高度的不同产生不同尺度的垂拔空间，因此在剖面的交互设计时应注意创造适宜的空间尺度。垂拔空间内应该通过内装材料、色彩和空间构成设计出符合老年人生活特征的环境氛围，同时考虑大尺度空间下的老年人看护和管理问题。

在内部空间动线带状化交互设计方面，养老建筑内部老年人生活空间组织采用内廊式和侧廊式易于形成人群动线的带状化，动线带状化具有较强的空间指向性特征，在养老建筑办公空间及部分服务性附属空间内易采用动线带状化交互设计，提高职员的工作效率。养老建筑平面布局的动线带状化交互设计中因考虑在线性空间的两侧灵活布置开放式休息空间和活动空间，也可在空间的一侧设计半室外空间，同时将动线进行分流设计，对人群进行有效疏散。养老建筑垂直维次的动线带状化交互设计要点是注重在建筑整体内创造不同层高的局部空间，空间之间通过局部垂直交通组织产生垂直面上的联系，有效将人群疏散，局部空间之间交错连接形成丰富的休憩空间，为老年人创造公共交往的空间环境。

二、老年人行为领域交互设计策略

针对机构型养老建筑内的交互主体对象（老年人）行为的交互设计重点集中在交互过程的反馈阶段，对空间与行为交互过程完成的关键因素即交互介质（行为领域）展开设计。机构型养老建筑空间内创造具有层次性与构成性的行为领域，满足不同老年人对空间利用的内在需求，同时有效降低交互介质（行为领域）的形成对其所属空间固有属性与功能的反馈影响，增强行为领域与空间的契合度。提高交互过程反馈阶段内交互介质（行为领域）层次性与构成性的交互设计策略包括以下儿方面。

（一）提高交互介质（行为领域）层次性与构成性的整体组织设计

首先需要确定机构型养老建筑内入住老年人的标准生活单元（将老年人按一定数量规模组团化的最小生活单位），标准生活单元由居住空间、辅助空间、通行空间以及共享复合空间构成。标准生活单元内的共享复合空间通常是形成交互介质（行为领域）的空间载体。将标准生活单元进行组合，在单元连接处的局部空间内可以形成新的交互介质（行为领域）。

1. 交互介质（行为领域）的横向组织设计

对两个标准生活单元进行组合，生活单元可以横向正交组合，同时可以叠错组合，其连接处通常成为交互介质（行为领域）的形成空间区域。居住在两个标准生活单元内的老年人可以共享交互介质（行为领域）形成的所属空间，同时护理人员通过该空间对两个标准生活单元内的老年人进行有效看护照料和组织管理。承载交互介质（行为领域）的共享复合空间在横向组合的情况下，对应标准生活单元 ×2 的交互介质（行为领域）的横向组织设计形式包括：直线型、直线型（复合）和手钥型。其中直线型和复合直线型可以保证两个标准生活单元同时设计朝南的卧室空间，手钥型至少可以保证一个标准生活单元设计朝南的卧室空间，该交互介质（行为领域）的横向组织设计形式适用于小规模养老建筑，养护老年人数为 20 ~ 30 人。

老年人标准生活单元 ×4 的交互介质（行为领域）的横向组织设计形式包括：手钥型（复合）、马蹄型和围合型。该交互介质（行为领域）的横向组织设计形式在机构型养老建筑空间内形成一个 M 型交互介质（行为领域）的承载空间（承载老年人行为领域的共享复合空间数量大于或等于 2）和两个 S 型交互介质（行为领域）的承载空间（承载老年人行为领域的共享复合空间数量等于 1）。其中复合手钥型交互介质（行为领域）的横向组织设计形式可以实现 3 个老年人标准生活单元同时共用一个 M 型交互介质（行为领域）的承载空间，其他交互介质（行为领域）的横向组织设计形式形成的 S 型交互介质（行为领域）的承载空间满足两个老年人标准生活单元共享。马蹄型交互介质（行为领域）的横向组织设计形式可以保证 3 个标准生活单元同时设计朝南的卧室空间，其他交互介质（行为领域）的横向组织设计形式保证两个标准生活单元同时设计朝南的卧室空间，养护老年人数为 40 ~ 60 人。交互介质（行为领域）的横向组织设计适宜形成个体空间行为交互关系、单维线性空间行为交互关系、多维辐射空间行为交互关系、环状拓扑空间行为交互关系。

2. 交互介质（行为领域）的纵向组织设计

交互介质（行为领域）在纵向组合的情况下，对应标准生活单元 ×2 的组织设计形式形成 4 种手钥型组合类型，该交互介质（行为领域）的纵向组织设计下形成的共享复合空间满足两个老年人标准生活单元共享，保证一个标准生活单元同时设计朝南的卧室空间，养护老年人数为 20 ~ 30 人。标准生活单元 ×4 的交互介质（行为领域）纵向组织设计形式包括：手钥型（复合）、凹型和围合型。该交互介质（行为领域）纵向组织设计下在机构型养老建筑空间内形成一个 M 型交互介质（行为领域）的承载空间和两个 S 型交互介质（行为领域）的承载空间，其空间构成特征、养护老年人数和交互介质（行为领域）的横向组织设计，标准生活单元 ×4 基本相同，不同点在于老年人标准生活单元连接处 S 型交互介质（行为领域）的承载空间之间的空间功能纵向构成形态和特征的差异性，该组织设计形式下交互介质（行为领域）所在空间多为东西向布局，标准生活单元内朝南的共同生活空间较少。交互介质（行为领域）的纵向组织设计适宜形成个体空间行为交互关系、单维线性空间行为交互关系、多维辐射空间行为交互关系、环状拓扑空间行为交互关系。

3. 交互介质（行为领域）的向心集中式组织设计

交互介质（行为领域）的向心集中式组织设计形式一般由 4 个老年人标准生活单

元构成，4个共享复合空间形成的M型交互介质（行为领域）的承载空间，进而满足4个标准生活单元共享。护理人员通过该空间对4个标准生活单元内的老年人进行有效看护照料和组织管理，保证两个标准生活单元同时设计朝南的卧室空间，养护老年人数为40～60人。交互介质（行为领域）的向心集中式组织设计适宜形成个体空间行为交互关系。

4. 交互介质（行为领域）的复合组织设计

交互介质（行为领域）的复合组织设计形式一般由6～8个老年人标准生活单元构成，该组织设计形式同时具有交互介质（行为领域）的横向、纵向以及向心集中式3种组织设计形式的共同特征，适用于较大规模养老建筑，养护老年人数为60～90人（生活单元×6）和80～120人（生活单元×8）。交互介质（行为领域）的复合组织设计形式最大的特征是标准生活单元组团围合构成院落空间，例如交互介质（行为领域）的复合组织设计—标准生活单元×8中的围合型组合由两组老年人标准生活单元构成，每4个标准生活单元进行组团构成一组，围合形成两个共享的室外庭院空间，同时实现老年人卧室朝南空间最大化。交互介质（行为领域）复合组织设计适宜形成环状拓扑空间行为交互关系，以及多维组合空间行为交互关系。

（二）提高交互介质（行为领域）层次性与构成性的局部设计

1. 在空间内营造与增强行为领域的属性差异，以提高交互介质（行为领域）的层次性

机构型养老建筑空间内不同属性行为领域的形成会在老年人行为领域之间产生层次性，其中，满足老年人私密性的个体行为领域的营造重点在于与公共空间的隔离，这种隔离可以是视线的遮挡，也可以是通路、行为的隔离，还可以是空间层次的变化。首先，机构型养老建筑内空间的局部围合与遮挡是为了满足老年人的个体私密性要求，私密性首先与空间的封闭感有关，因此营造老年人个体行为领域首先要给以一定的遮蔽，可供老年人安静独处，但私密性的体现不一定是完全封闭的形式，机构型养老建筑内利用家具和轻质隔断对空间进行局部围合，从而为老年人创造更多的半私密空间。如利用书架对临窗的空间进行划分，其中形成的半私密空间内可以放置小沙发，满足老年人对个人空间使用的心理需求；将该半私密空间设计成榻榻米，书架对该空间的围合有效隔绝了大空间内的外界干扰，在老年人群交往之间产生亲和力；通过软质材料做成的隔帘对邻窗空间进行围合，利用植物盆景和低矮家具对就餐空间进行局部围合，缩小大空间的横向体量，为老年人创造小尺度的适宜空间，由此形成满足老年人私密性需求的个体行为领域。其次，机构型养老建筑内转角空间的设计与环境要素布置，空间中的阴角一般使人感觉安定，是容易形成老年人个体行为领域的地方，在这些空间内适当地设置一些休闲与休憩设施，就可以成为承载老年人个体行为领域形成的空间。在机构型养老建筑的公共空间和廊下空间的阴角处设置电视机和沙发，为老年人个体行为领域的形成提供空间载体。再次，机构型养老建筑内保护老年人个体私密性的过渡空间设计。为了保证老

年人个体领域的私密性和行为活动不受影响，可在房间前加一个半私密过渡空间，同时创造丰富的空间层次性。合理的过渡空间则可以提供一个较为柔和的方式使老年人在空间个体中穿梭。机构型养老建筑一层电梯入口直接朝向门厅开放，缺少空间的层次性，空间之间过渡性较差，在电梯入口处设计玄关空间作为过渡空间，并且在过渡空间内放置座椅供等候人休息。在卧室空间和共同生活空间之间利用轻质隔断进行分割，形成的半私密空间对老年人从私密空间（卧室空间）进入半公共空间（共同生活空间）时的心理情绪具有过渡和缓冲功能。在共同生活空间内有多数老年人群聚集时，部分老年人可以选择在卧室前的半围合空间内展开相关个人行为活动，有效地避免了外界视线的干扰、保护了老年人的个体私密性。根据机构型养老建筑内老年人居室空间的构成形式，在各居室入口处形成自然的过渡空间，老年人的私密性可以在过渡空间内得到有效的保护，这里也成为个体行为领域形成的空间场所。

2. 通过空间行为动线的交互设计创造便捷有序空间序列连接，以提高交互介质（行为领域）之间的构成性

机构型养老建筑内老年人行为领域之间的构成性通过空间序列连接状况来衡量，表达的是老年人选择到达各行为领域所属空间的便捷性与通畅性，通过空间行为动线的交互设计在行为领域之间创造丰富有序的空间序列连接，进而提高老年人行为领域之间的构成性。机构型养老建筑内影响老年人行为领域之间空间序列连接状况的空间行为动线属性包括：人群移动轨迹的差异性、方向性、移动距离的长短和时间差。根据入住老年人身体状况的不同，自立行走人群、借助扶手移动人群、利用拐杖移动人群以及利用轮椅移动人群所产生的动线属性特征不同，结合机构型养老建筑内老年人日常生活行为、养护行为、护工和来访者动线的影响对行为领域之间的空间序列连接进行设计。首先，增强行为领域之间空间序列连接的便捷性，建筑空间根据功能的从属关系，依据邻接和近接原则组织空间，使得行为领域之间的空间序列连接单纯明快，长度缩短，同时保持高移动频率，促进老年人活动，有利于其增强身体机能。其次，增强行为领域间空间序列连接的通畅性，即功能分区明确的同时，设计相应的过渡空间防止不同属性行为领域之间空间序列连接的交叉干扰。最后，根据机构型养老建筑内空间行为动线的形态特征对行为领域之间的空间序列连接展开对应交互设计，例如老年人生活空间组织采用内廊式和侧廊式易于形成人群动线的带状化，以此为基础对应展开行为领域之间的空间序列连接带状化交互设计。空间序列连接带状化交互设计具有较强的空间指向性特征，在机构型养老建筑办公空间及部分服务性附属空间内宜采用空间序列连接带状化交互设计，提高职员的工作效率,同时考虑在线性空间的两侧灵活布置开放式休息空间和活动空间，也可在空间的一侧设计半室外空间，从而对老年人群进行有效的分流引导。空间行为动线上某点、转折处或相交处的团状化形成机构型养老建筑内主要的公共空间，例如入口门厅空间、多功能空间、老年人共同生活空间和垂直交通前的等候休息空间等，以此为基础对应展开行为领域之间的空间序列连接团状化交互设计。空间序列连接团状化交互设计主要赋予老年人行为领域内的人群集散功能，其具有多点散射特征。机构型养老建

筑行为领域之间的空间序列连接团状化交互设计为入住老年人的公共交往行为提供了明确的集散性场所空间，进而形成小规模组团式平面布局模式。空间序列连接团状化形成的行为领域有效缩短了老年人群的移动距离，提高了建筑空间的利用频率，方便老年人进行交往活动的同时，避免了因大空间集体活动而产生的不同人群动线的交叉干扰。空间序列连接团状化将人群进行多中心分区疏散，这方便护理人员对老年人开展看护和管理，同时保持了老年人行为领域之间空间序列连接的连续性，创造集合性公共空间。通过上述空间行为动线交互设计以增强行为领域空间序列连接的便捷性与通畅性，交互过程反馈阶段内老年人行为领域的构成性得到提高。

三、养老建筑空间细部交互设计策略

（一）居住空间

1. 以在床移动范围为核心的空间尺度

老年人生活单元的基本组成部分为居住空间，单一居室空间面积应大于或等于 10.88m²（3.4m×3.2m），居室空间尺度以老年人在床移动范围为核心，满足老年人日常生活行为（包括自理行为和介护行为）的空间需求。床位尺寸为 2100mm×1000mm，床头距墙面狭窄一侧的空间以应大于或等于 600mm，以满足自理老年人就寝时的基本起卧行为。床头距墙面宽敞一侧的空间应大于或等于 1500mm 以确保轮椅使用和回转，床尾一侧空间应大于或等于 900mm 以满足轮椅的通行要求。

2. 单人居住空间

老年人生活单元内单人居住空间的交互设计应该充分结合老年人个体行为特征、尊重老年人私密性和老年人惯用物品家具的摆放方式，从单人居住空间出入口、个人卫生间和床位的位置关系出发探讨空间设计要点，进而结合收纳空间以及建筑室内外空间关系对单人居室空间进行类型化设计。

3. 多人居室的单人空间化

在多人居室的交互设计中，从老年人个人生活领域和私密性保护的需求出发，对居住空间进行单人空间化设计，利用软质遮挡物创造老年人个人生活领域，同时注意避免对老年人产生闭塞感，遮挡物应开放、通风且易于闭合。

（二）通行空间

1. 垂直交通空间

养老建筑内垂直交通的空间位置应考虑入住老年人的步行距离、疏散距离、垂直交通空间之间的间隔距离、垂直交通的类型、养老建筑空间整体形态，以及日常生活空间的使用和管理的便利性等影响因素进行交互设计，步行距离 L 应该小于或等于 60m。

2. 廊下空间组织

老年人生活单元内各空间由廊下空间负责连接，廊下空间是入住老年人在建筑室内主要的通行空间，也是老年人的步行训练场所，廊下空间的设计应该考虑老年人行走能力的差异性，根据老年人行走方式的不同进行交互设计。

（三）空间整体交互设计

1. 手钥型构成形态的空间交互设计

手钥型构成形态的空间交互设计具有 4 种基本平面布局形式，在其中外侧手钥型和内侧手钥型的建筑空间转折处形成"场"，通常结合为护士站、机能训练和垂直交通空间进行集中设计，同时在建筑两翼的老年人生活单元内设计独立的共同生活空间，共同生活空间是形成"子场"的区域，满足各生活单元内入住老年人交往、就餐、活动、娱乐、洗浴等行为需求，功能布局充分体现邻接和近接的空间交互设计原则。中心共同生活空间化和中心动线集散式适用于较小规模的养老建筑，空间形态较丰富，功能布局灵活。中心共同生活空间化注重，场内满足老年人各种日常生活行为的开展以及护理人员对老年人的看护照料，中心动线集散式通常将老年人生活单元围绕垂直交通单元布局，注重空间对人流的疏散功能，将公共空间和洗浴、护理等附属功能嵌入各个生活单元内，建筑的中心空间主要承担疏散功能。由于中心设置较大的公共空间，以上两者的通风效果较好。

2. 马蹄型构成形态的空间交互设计

马蹄型构成形态的空间交互设计具有 3 种基本平面布局形式，其中北侧开口在建筑南侧创造公共空间，同时满足建筑东、西两侧的老年人生活单元的使用，且拥有南向采光。位于南侧中心处的护士站满足护理人员同时对两侧入住老年人进行照料和护理，设计时需要在建筑东、西两翼的组团单元内设计独立的共同生活空间，满足入住老年人的使用需求，同时在南、北建筑连接处设计通风口，保证室内空间质量。内侧中庭化设计使得老年人卧室的布局更加有机灵活，中庭实现室内外空间的交互渗透，室内通风状况较好，建筑内部进入内庭院的廊下空间设计也较自然。内侧中庭化、西侧开口使得建筑空间更加开放灵活，位于建筑平面北侧与娱乐室邻接布置的小庭院和西侧对外的中庭空间形成对比，老年人卧室围绕一大一小两个庭院灵活布局，其中嵌入护理、机能训练、洗浴等功能空间，这使得建筑整体空间富有变化。

3. 围合型构成形态的空间交互设计

口字围合型构成形态的空间交互设计具有 4 种基本平面布局形式，其中中心共同生活空间化使得分散的老年人生活单元实现空间的二次组团，每个生活单元由两间卧室共享一个公共餐厅空间和洗浴空间组成，平面中心的共同生活空间内形成的"场"将 4 个生活单元联系，满足建筑北侧护士站内护理人员的有效看护管理要求。中心回廊庭院化适用于较复杂的建筑基地，可以根据地形自由布局老年人居室，围合形成庭院，使得建筑内外空间产生良好的渗透感，有效来引入庭院内外的自然景观，空间整体构成具有有机生态的特征。三围合组团和四围合组团式构成形态的空间交互设计适用于较大规模的养老建筑，其空间设计本质属于中心共同生活空间化，实现养老建筑内空间的多层次组团，将大规模空间分散，便于护理人员管理，同时在每个组团单元内嵌入庭院、多功能厅、浴室、餐厅、谈话室等附属功能。设计中应注意防止各组团单元内功能及空间形态的重复，避免空间形态的单一，利用公共空间之间的穿插、咬合，在组团单元之间形成空间的自然过渡，各组团单元内的公共空间应尽量保证一侧对外开窗和设计通风口，保证室外自然景色的引入和室内通风。三角围合型构成形态的空间交互设计及功能布局特征和口字围合型相似，其老年人居室空间的布局形态更具韵律感，适用于小规模养老建筑，养护老年人数为 20～30 人。

4. 放射型和涡型构成形态的空间交互设计

放射型构成形态的空间交互设计注重老年人各居室的南向采光，各居室布局灵活，组团形成的共同生活空间内可嵌入护士站、医疗护理、老年人机能康复训练、集体就餐和活动等功能。该空间也是养老建筑内形成"场"的区域，平面布局自由灵活，有效缩短了老年人日常生活和护理人员看护照料的相关行为动线，同时在建筑各朝向均可局部设计通风口，保证室内空间质量。涡型构成形态的空间交互设计使得老年人各居室的布局更加灵活开放，老年人共享的公共空间得以扩大，同时在各居室之间形成半私密空间和半公共空间，满足不同类型老年人的生活行为需要。同样，在建筑的中心处形成"场"，老年人及护理人员的各种行为相对集中，空间组织形态也较灵活丰富，公共浴室、卫生间、理疗室、谈话室等附属空间也和老年人卧室空间之间遵循邻接和近接的空间交互设计原则，各功能空间的使用效率得以有效提高。

四、基于互助养老模式的内蒙古沿黄地区乡村邻里单元空间构建及其适老化研究

（一）研究内容、研究目标及拟解决的关键科学问题

1. 研究内容

乡村经济发展模式的转变导致大批青壮年离开乡村进城务工，乡村老年人比例逐年增加，人口老龄化持续加剧，乡村成为了老年人较为集中的区域。

另一方面，城市生态环境恶化、城市生活节奏加速、养老资源紧张，给老年人的生活造成了一定的困扰，部分老年人选择返乡养老。同时，养老观念的转变也激发了养老模式的多元化，如互助养老、乡村田园养老、候鸟式养老等。

乡村养老的服务对象一般分为两种类型，即"在地养老"和"驻村养老"。"在地养老"服务对象主要为本村或邻村老人；"驻村养老"服务对象主要为城镇返乡养老老人。

（1）研究范围

内蒙古地域辽阔，乡村类型因其所处的地理位置差异巨大，基本包括位于东部大兴

安岭地区的林业型乡村，位于中北部地区的牧业型乡村以及位于中西部沿黄地区的农业为主、农牧混合型乡村。

内蒙古以农业生产方式为主的区域主要分布于沿黄河地区，居民点数量众多且规模较大，集中度较高。该区域是自然、经济、文化等要素在空间上的过渡和交错地带，表现为：干旱地区向湿润地区的气候过渡、农耕种植向草原畜牧业的生产方式过渡、汉蒙交错居住的民族融合，民居建筑空间特征受晋商文化影响较大，风格明显。在农业为主的生产方式下，乡村聚居模式较为稳定，具备邻里关系网络基础。

由此可见，位于中西部沿黄地区的农业为主、农牧混合型乡村具有其独特的文化特征，地域性突出，资源环境分布对于居民点分布影响较大，居民分布较为集中，有利于邻里空间单元的建立。

立足于内蒙古地区风俗文化、自然资源条件和典型严寒气候区域特征等，以问题为导向，选取自治区中西部沿黄地区农业为主、农牧混合型乡村为研究范围。

（2）研究对象

相比于城市，乡村养老服务设施相对滞后，专业照护劳动力缺乏，乡村"未备先老"成为当前面临的重要问题，急需探索一种适应于当地需求、符合当地老年人观念文化的养老模式。

乡村邻里具有稳定的关系网络，邻里之间的互助行为，尤其是加入老年人参与的互助行为在这样人口密度相对集中的乡村中频繁发生。其发生位置大多在村口、院落门口、院落空间内部、空旷场地等。

大力发展"邻里互助空间"基本符合农村本土基因。结合互助养老模式，借鉴国内外及城镇相关养老场所营建经验，研究如何合理利用乡村既有的设施建筑、外部空间场地等资源，构建邻里单元空间体系。

针对"在地养老"和"驻村养老"两类乡村养老服务对象对于邻里单元空间的实际需求进行分析与研究。提出邻里单元空间适老化设计策略，改善乡村环境，提升乡村景观，以空间环境带动养老产业，促进城乡融合发展。

（3）具体研究内容

以农耕为基础的定居是"互助养老"模式发生的基础，照搬城市模式的养老设施比如老年活动中心在农村很少被使用。课题研究范围限定于内蒙古中部沿黄地区农业型与农牧混合型乡村，因其在一定程度上具有内蒙古典型的乡村风貌，且居民分布较为集中，有利于老年人互助活动的开展以及邻里单元空间体系的构建，具有一定的内蒙古地域代表性与方案的可实施性。具体研究内容如下：

第一，整合乡村中原有互助行为发生的空间场所，分析其行为发生的本质与需求，完成原有行为发生空间场所的适老化空间构建，同时改造村中老旧建筑物、利用率较低的场地，构建互助养老网络空间节点，对节点空间进行适老化营建以及使用空间、景观空间的优化，提出该类空间节点的分布以及其应包含的空间要素、空间功能、空间尺度、空间类型、空间组合模式等。

第二，研究老年人互助行为发生的关系线及路径，构建邻里单元空间体系。从整个村域层面建立居家养老模式下的适老化邻里单元空间体系。进而将该策略应用到实践项目中，结合具体场地环境进行乡村邻里单元空间系统的构建以及邻里单元适老化设计实践。并在实践的过程中不断充实和优化理论策略。为自治区乡村养老事业发展及美丽乡村建设提供办法与思路。

2. 研究目标

通过对样本乡村的调查研究，分析互助养老行为发生的基础，明确互助养老行为与空间之间的关系。

通过对国内外相关研究现状的分析与总结，结合自治区实际情况，提出互助养老模式下邻里单元空间体系构建策略，形成老年人邻里互助空间关系网络，重点关注空间互助网络中，互助空间节点的空间要素、空间功能、空间组合方式以及邻里单元空间适老化设计。建立较为完善的老年人互助活动空间场所，促进互助行为发生，从空间环境层面为乡村养老服务对象提供便利，这为从村域层面构建互助养老模式的邻里单元空间体系提供理论支持。

结合具体的设计项目与相关理论基础，阐明互助养老模式下乡村邻里单元空间的构建模式。

3. 拟解决的关键科学问题

通过对内蒙古中部沿黄地区农业为主、农牧混合型乡村中不同类型老年人对空间环境使用方式的调研，发现老年人互助行为时常发生的空间场所，揭示空间场所与互助行为的促进机制。

从风景园林学和城市设计学相关理论与角度出发，对乡村"互助养老"模式下邻里单元空间节点布局及相应的空间适老化设计，促进老年人邻里关系的巩固和建立以及邻里互助行为的发生，助推乡村养老产业发展，吸引"驻村养老"人群，为内蒙古自治区城乡融合发展提供环境基础。

（二）研究方法

1. 文献理论研究法

大量阅读书籍、期刊、网络资料等，详细整理、归纳分析，结合政策背景及长期调研观察，对国内目前出现的乡村互助养老现象进行分析。充分了解适老化设计相关规范，掌握老年人对于空间使用的需求，为特定乡村的互助养老邻里单元空间体系构建研究建立认知逻辑、奠定理论基础。

2. 调查研究法

选取不少于10个内蒙古中部沿黄地区农业为主、农牧混合型乡村环境样本进行调研，发现样本之间的内在关联性、特异性与一致性。使用合适的社会网络分析法，深入认识乡村自然生成的邻里互助行为和互助养老模式的典型特征。在分析互助养老模式的基础上，挖掘老年人互助活动发生的空间载体。重点关注乡村中自然发生的、顺应互助需求的功能、位置、形态、结构、营建规律等空间特征以及整理乡村中错乱的、缺失、不适用空间。

3. 案例分析法

对国外相关案例进行分析，总结归纳共性，为后续研究提供实例参考。

4. 网络分析法

利用网络分析方法建立空间网络模型，构成养老互助网络空间，在"互助"的基本语义上解读空间网络。以邻里单元空间为节点，互助空间之间的关系为线，形成邻里单元空间体系，从整体上构建乡村的互助养老人居环境。

5. 定量与定性判断相结合

定量分析主要通过实地调查过程中搜集到的互助养老关系和承载互助行为的空间关系进行数据整理，并建立互助网络与空间网络模型，分析其基本结构，寻找互助网络与空间网络的内在关联性。并在定量分析的基础上，凭借文献基础与经验常识，加以调整和补充。

6. 综合分析法

在课题整体研究过程中，综合分析了不同学科的内容和成果，将风景园林学、城市设计学、建筑学、社会关系学、环境行为心理学等众多相关学科综合理性的分析论证，为课题研究提供更为充分的理论支撑。

（三）创新性与应用前景

研究的创新性在于从邻里关系角度研究乡村互助养老模式下对空间的使用需求，从而提出建立老年人互助空间节点，并以邻里互助关系线构成互助空间网络，进而基于邻里互助养老模式对内蒙古自治区中部沿黄地区农业为主、农牧混合型乡村空间进行研究。具体包括以下几点：

1. 研究领域的创新

立足内蒙古自治区中部地区独特的民俗文化和自然条件，在乡村老龄化、空巢化趋势以及养老模式转变的背景下，基于乡村中形成的稳定的邻里关系和邻里互助理念，结合适老化设计相关理论知识，而对乡村互助养老空间网络格局进行构建，并将这种理论应用到实践中。

2. 研究视角的创新

从风景园林学与城市设计学视角出发对样本乡村的功能空间形态特征、空间类型、以及行为活动发生的场所进行研究，挖掘老年人互助行为发生的空间场所特性，并结合前期对于适老化相关设计理论研究结果对互助养老空间场所进行优化，从使用需求方面、使用便捷性方面以及景观环境营造方面进一步提升老年人晚年生活的满足感。

3. 研究方法的创新

尝试从实践角度出发提出具体的"邻里空间单元"营建策略。提出当邻里互助从偶发临时的养老活动转变为一种长期存在的生活方式时，其空间选择也需从临时性互助空间逐渐转变为由核心空间节点连接构成的整体单元。

第八章 医养结合下的适老化建筑设计与应用

第一节 基于医养结合模式的养老建筑设计

一、基于医养结合模式的养老建筑设计理念

医养结合指充分利用现有的医疗资源配置康复护理功能设施，整合养老资源与医疗资源，实现医疗机构与养老机构的高效联动，既扩大医疗服务的覆盖范围，又提高养老服务的质量，将医疗资源与养老资源的优势充分发挥出来。相比普通的养老建筑，医养结合模式的养老建筑的核心设计理念在于其"疗愈性"，即除普通的养老服务设施外，医养结合养老建筑还配置了医疗功能及医护单元，以满足老年人群对于医疗诊治、康复护理的需求。基于医养结合模式的养老建筑设计理念主要包括以下几个方面：

（一）人性化理念

人性化理念是基于老年人的生理需求、心理需求考虑设计问题，在我国传统观念中老年人属于"弱势群体"，大部分人都认为老年人是接受照顾的对象，忽视了老年人的创造性、能动性及价值性，会导致老年人心理上出现强烈的不平等感。其实老年人处于人的"第三年龄"阶段，他们具有丰富的生活经验、人生经验。在医养结合养老建筑设计中，人性化的设计理念体现为对老年人的认可与接纳，尊重老年人的想法及意愿。老

年人到养老机构后，生活环境发生了巨大的变化，社交环境变得更加狭窄，因此老年人容易产生孤独感。医养结合养老建筑要充分考虑老年人的心理需求，通过交往性空间设计为老年人提供更多进行人际交往的机会。交往性空间具有便捷性与丰富性，其中便捷性是指老人能够及时发现，且到达方便；丰富性是指交往空间可能出现在任何位置，而不局限于有限的一两个空间。交往性空间设计充分考虑老年人的心理需求，帮助老人通过与他人建立联系而缓解其孤独感。

（二）类家庭化的设计理念

我国的传统文化源远流长，传统思想必然会对我国的养老产业发展产生直接影响，可以预见，未来医养结合模式下的养老服务是一个大的发展趋势。然而在传统思想的影响下，我国很多老人的养老观念在短时间内不会发生较大变化，即老年人认可"落叶归根"，居家养老仍然占据着养老观念的主导地位。在这种养老观念的主导下，医养结合养老建筑的设计就要体现出"类家庭化"的理念，为老年人提供更接近于居家养老的生活空间。医养结合模式下，养老建筑更注重邻里空间的塑造，在老年人生活空间内引入更多住宅功能，最大程度上给予老年更多的安全感、舒适感、满足感。

（三）功能配置多样化的理念

医养结合模式下的养老建筑除了要满足普通的养老服务外，还要为老人提供专业的医疗服务及康复护理服务，因此医养结合养老建筑的功能配置要多于普通的养老机构。首先是基本的起居功能。医养结合养老建筑的服务对象除了自理的老年人外，还包括半失能或失能老人，这些老人均需要良好的起居环境，且起居空间使用频率最高、使用时间最久，因此要具备基本的起居功能。其次，康复及医护功能。老年人是各类慢性病高发的群体，相当一部分老人除了日常起居外，均需长时间的康复训练，还有一部分能够自理的老人也需要进行康复活动，因此医养结合养老建筑设计中康复功能的配置十分重要。医养结合养老建筑的医护功能主要包括两个方面：一是定期为老年人开展体检服务；二是为老年人提供必要的医疗服务，比如慢性病的诊疗、康复治疗等。医护功能也是医养结合养老建筑最突出的功能之一。再次，无障碍功能。老年人身心机能逐渐退化，日常行动能力弱，医养结合的养老建筑要进行无障碍设计，最大程度上保证老年人的日常活动安全。无障碍设计主要体现在起居空间、卫浴、康复空间、娱乐活动空间等方面。一些特殊的使用空间也需进行无障碍设计，比如出入口、楼梯、坡道、门窗、阳台等等。最后，其他辅助功能。其他辅助功能包括公共活动、公共服务、行政用房、办公功能及后勤餐厨等。辅助功能的主要作用是为老年人营造舒适的公共环境，维持养老建筑的日常运营及管理，其中公共服务空间是核心，其包括餐厅、公共卫生间、公共浴室、接待室等，公共服务空间既可以设计为集中布置的形式，也可分散安置到不同的功能区域内。

二、医养结合模式下养老建筑的设计要素

医养结合模式下的养老建筑需要充分考虑老年群体特殊的生理需求、心理需求及医疗需求，其与普通的医疗机构或养老机构有着明显区别，因此其设计要素主要包括以下几个方面：

（一）前期规划

医养结合养老建筑设计的前期规划主要包括定位选择、规划布局两项内容。定位选址时首要考虑建筑的便利性、服务系统的完善性、布局区域是否清晰等。医养结合养老建筑的主要对象是介护型及介助型老年人，这类老人大多数存在失能或失智问题，迫切需要医疗康复服务支持。因此医养结合型建筑的选址尽量位于专业医疗机构可支撑辐射的半径范围之内，且与医疗机构的道路连接通畅、便捷，便于养老机构与医疗机构建立合作关系。此外，老年人易产生孤独感，对于亲情的心理需求更高，而老年人又行动不便，因此养老建筑周边的交通体系要更加便利，便于老年人的亲属探望与陪护。

（二）建筑策划

建筑策划的主要内容是对医养结合养老建筑进行功能配置及空间组合设计。医养结合养老建筑的功能要求多样，除了基本的养老服务外，还需配备医养功能用房，以便于医护人员照护老年人的日常起居、医疗康复及休闲娱乐，尤其是卫生保健、医疗康复等方面的功能设计，需要专门配置常见老年病诊疗科室、康复训练室、临终关怀室、抢救室等，在养老建筑内部构建完善、高效、专业的医疗服务体系。空间组合则要明确医养空间的类型划分、层级关系，并思考内外部空间的组合策略，以保证设施内的空间组合符合老年人的行为模式及身心需求。

（三）单元设计

医养结合养老建筑的核心单元设计主要涉及三个层面即养护单元、医疗单元、公共活动空间等，其中养护单元是基本的日常起居生活用房，其设计要点在于提高照护服务效率，给予老年人更高的情感支持，比如合理规划老年人的生活流线与医护人员的工作动线，提高照护服务的便利性；进一步完善养护单元的平面布局，便于老年人之间进行交流、互动等。医疗单元需要包含完善的卫生保健功能及康复训练功能，功能空间要配置完善的医疗设施，空间布局同样需要考虑医护人员工作的便捷性及老年人康复训练的舒适度。公共活动空间主要用于老年人的日常交流及休闲娱乐，可按照不同的开放性要求将公共活动空间划分为接待空间、餐厅空间、交通空间等，注意要合理划分动静区域，比如阅览室临近画室，棋牌室也可紧挨网络室等。

（四）适老化设计

医养结合模式下的养老建筑设计要体现出人性化的理念，适老化设计就是人性化设计理念的直接体现，医养结合养老建筑充分尊重老年人的身心需求，基于老年人的人体工学特征进行无障碍设计，满足老年人对养老建筑的安全性需求及便捷性需求。医养结

合型养老建筑的服务对象包括介助型老年人及介护型老年人，因此建筑空间的环境设计要注重人文环境的塑造，结合失能、失智老人的特殊需求帮助其提高独立生活的能力，通过打造"疗愈性"的空间环境帮助老年人找到情感归属，更好地满足其心理需求。

三、医养结合模式下养老建筑的内部空间设计策略

（一）空间布局形态

按照老人基本的医疗养老需求，建筑内部的空间形态需要考虑居住生活空间及医疗护理空间的布局。目前常用的功能空间布局形式包括集中式、分散式、混合式等几种。其中集中式空间布局是在建筑底层医疗空间上逐层叠加养老功能空间，即养老设施与医疗机构共用一栋建筑，集中式空间布局既保证了医疗空间的高效应用，又保证了养老空间的安全性与私密性。不过该布局在人数较多时存在疏散问题，适用于建筑容积率大的经济型养老项目。分散式布局是指通过连廊或绿色通道连接医疗机构与养老建筑，二者具有独立的分区及流线，相比集中式布局，分散式布局保证了养老空间与医疗空间的功能完善性，然而养老与医疗联系不够紧密，可能会影响到医疗服务的效率。混合式布局是指医疗机构与养老建筑主体距离较近，甚至部分养老区就设置于医疗区的垂直空间上方，这种空间布局最大程度上实现了养老机构与医疗机构的服务功能，且对于需要紧急救治或医疗需求高的老人而言更具优势。

（二）居室生活空间设计要点

老年人居室生活空间设计要点主要包括以下几个方面：首先，空间使用性能方面。每间居室的规模尺度以双人间或四人间为准，每间居室的使用面积不小于 6m² / 床；最多不超过 6 人间；为便于护理，需要将身体健康状况不同的老人进行合理分区，避免将老年人居室布置于噪声大的设备用房或电梯井道，以保证老年人的休息质量。每间居室设置更衣空间、储物空间，遵循就近及专用原则布置室内储藏区域，尽量简化布置介护老人居室，以提高日常护理效率。室内装饰装修方面，地面要采用防水及防滑材料，各床间增设隔断，以保护老年人隐私；室内色彩尽量选择能使人产生温馨感的色调。其次，空间通行方面，居室内部主要通道净宽至少大于 1.05m，并考虑轮椅至少 1.5m 的回转直径；卫生间门至少大于 0.8m；床边预留净宽 0.8m 以上的护理照料及急救空间；相邻房间室内地坪不宜有高差，避免设置大于 20mm 的门槛。为老年人提供轮椅、拐杖等辅助通行器械，卫生间、淋浴间、楼梯、走廊等位置要加设无障碍扶手。再次，在设备配置方面，室内配置了空调系统，浴室内设置有加热装置；介助介护居室设置护理床，并配备供氧设备、输液架、小型护理操作台等；床头、卫生间等多处设置紧急呼吸装置，淋浴间设置浴凳，并配置活动式餐桌或带有餐桌板的护理床等。针对不便独自洗澡的介护老人设置公共介护浴室，浴室的设置数量以 10 个床位设置一个介护浴室为标准，浴室内留有助浴空间，同时设置无障碍扶手。

（三）医疗护理空间设计

1. 护理站

护理站的设计要以尽量缩短护理流线为宜，采用敞开式布局，护理站与最远居室的距离不超过 30m；护理站的服务床数控制在 60 床以内，针对失智老年人的护理，每个护理单元床位不大于 20 床。护理站的装饰装修要具有明显的标识性与导向性，功能设计能够满足日常护理所需；护理站配置体温表、听诊器等常用的医疗器械，并设置紧急呼叫终端设备。

2. 医疗诊室与急诊用房

医疗诊室的设计可采用多间式、合间式或是少量套间式的空间形态，在一般情况下单个诊位的诊室面积不小于 8m²，两个诊位的诊室面积不小于 12m²；医养结合养老建筑的诊室设计要能够满足基本的医疗空间需求，并考虑轮椅的通行与旋转。急诊用房主要针对老年人的突发情况采用紧急的救治措施，目前大部分医养结合型养老建筑未设置急诊室。急诊室的布置要临近垂直交通，紧密连接出入口与医疗诊室，便于医护人员及时救治。急诊室内要满足担架、推床的通行，并预留足够的操作空间；急诊室内配置多功能抢救床、药品械及吸氧装置等。

3. 药房及输液区

药房主要用于药品的存储与发放，药房可临近护理站，主要设施设备包括药柜、冷藏冰箱、开放式药架等，发药台的设计要在轮椅使用人群的人体工程学尺寸基础上，满足轮椅老人的取药需求。输液区主要包括输液空间、护理人员观察空间及配药空间，灵活布置输液区座椅，并采用温馨的装饰风格，护理台要与输液者有密切交流。输液区要设置输液床位休息空间，床位之间保持 90cm 的宽距，以此来满足轮椅通行需求。

4. 康复理疗

康复理疗空间包括物理治疗空间、运动治疗空间以及作业治疗空间，其中物理治疗空间需要设计操作空间、仪器设备存储空间、交通空间及等候空间。物理治疗空间可布置于护士站旁边，以便于护士及时处理紧急情况，并满足各仪器独立存储的要求。运动治疗可配置步行训练器、拉伸训练器、肩关节练习器等辅助设备。运动治疗区要保证各康复设备之间保持合理的间距及运动半径，合理控制运动治疗室的使用时间及使用人数，保证室内良好通风，做好防滑处理。作业治疗空间包括日常生活型训练、园艺种植类训练、技能类训练等不同的功能空间，可单独设置，也可与其他空间共享空间。

四、医养结合型养老建筑的外部空间设计策略

医养结合型养老建筑的外部空间设计要点包括区位选址、交通设计、外部活动空间设计及环境设计等几个方面：

首先，区位选址。医养结合型养老建筑的区位选址要考虑环境、配套、经济等多种因素，如果无法同时满足三方面因素，可通过综合考虑以其中一个为第一要素优先满足。

一般情况下虽然经济因素比较重要，但可通过后期营销来弥补，环境因素也可通过后期建筑规划设计来弥补，因此区位选址首先要考虑周边医疗资源的配置，商业服务设施齐全的地区不仅获取各类资源更加便利，且可以连接老年人与城市的接触，很大程度上可以补足老年人的心理落差。

其次，道路交通设计。医养结合型养老建筑要有效保护老年人的步行路线，避免车辆对老人造成伤害，采用人车分流的形式可保证车辆系统与人行系统的互不干扰；保证人行道设计的连续性，减少老年人穿越车道的频率；人行道材料要求防滑、质地均匀、无反光、平坦；道路高差较大时要集中设置台阶，并设置扶手。靠近建筑主入口附近位置设置无障碍车位，并衔接人行安全通道。建筑主要出入口要避免开向城市主干道，并设置醒目标志，便于老人及其家人识别；设置独立的出入口，便于急救车的停靠。机动车停车场主要出入口位置，要设置无障碍停车位或无障碍下客点，且要与建筑物保持最近距离，连接无障碍人行通道；道路要保证救护车辆能够停靠于建筑的主要出入口处，并连接紧急送医通道，因此需设置专用的救护车停车位。

再次，外部活动场所的设计。外部活动场所包括静态活动空间与动态活动空间，静态活动空间要考虑轮椅老人的尺度，动态活动空间要注意健身器材布置于开敞的场地，地面铺装耐磨、防滑、有弹性；健身器材可采用围合布置，便于老人交流，增加其活动的趣味性。医养结合型养老建筑的室外活动场所要兼顾安全性与实用性，夏季通风良好，冬季阳光充足，避免有过高的建筑遮挡视线，方便于照护人员即使在室内也能够清晰地观察到老人的活动情况。重度失智老人可能会出现迷路、情绪异常等行为，针对这类老人设置独立的活动场地，可设置屋顶花园，这样既能够充分利用建筑空间，又能够得到高层视线关注。室外活动场地要保证地面平缓，便于轮椅通过，且要保证地面排水通畅。

最后，环境设计。医养结合型养老建筑的植物景观除了平面布置外，还可以充分发挥垂直绿色的作用，不仅能有效利用空间，且景观效果良好，可种植爬山虎、常春藤等。合理增加植物种类，偏向中近景体验，老年人近距离接触植物能够产生更强烈的感官刺激，维持老人健康的身心状态，并为养老建筑营造安全、健康的植物景观。此外，还可以将外部环境设计与老年人的康复疗养空间融合在一起，比如通过园艺疗法促使老人参与植物栽培或园艺操作等活动，缓解老人的负面情绪，改善其身心状态。或者设计康复花园，将康复理疗空间与室外活动空间融合在一起，不仅可以改善建筑小气候，而且有利于老人的身心健康。

可以预见，基于医养结合的养老建筑设计是未来养老建筑发展的主流趋势，医养结合养老建筑融合了医疗及养老资源，提高了养老服务的效率。当然，目前我国医养结合型养老建筑的设计还不够完善，后续随着养老产业的不断发展，相关政策法规的完善，养老建筑的分类会更加清晰，定位也更加精准，从而可实现医疗与养老的深度融合。

第二节 基于医养结合的适老化景观设计

近年来"银发浪潮"席卷中国，老年人寿命延长与"寿而不康"所造成的医疗和养老压力问题日益凸显。党的十九大报告中明确指出"推进医养结合，加快老龄事业和产业发展"。现代医学研究表明，园林景观具有康复疗养功能。由于景观的形象具有直观的物态性、四维的时空性、全面的通感性，因此对大脑皮层和心理状态有良好的调节作用，它能够对人产生积极的心理影响，这有助于身心疾病的恢复。在国家大力推行医养结合养老模式的背景下，从景观设计角度探讨如何将景观中的康养因子融入适老化环境设计中，将有助于推动医养融合发展，对提升养老环境品质建设具有重要的指导意义。

一、医养结合养老模式

目前，我国已成为全球老年人口最多的国家。老年人口不仅规模庞大，健康状况也不容乐观，老年人患病比例高，进入老年后患病时间早，带病时间长，生活质量还不是很高。随着人口的老龄化的加剧，老年人的医疗和养护需求急剧增长"医养结合"模式适于在老年康养社区、养老机构、疗养机构以及医疗卫生机构中推行，是将医疗服务技术与养老保障模式进行有效结合，以提高医疗资源利用率，提升养老服务质量，从而大幅提高老年人生活品质，实现"有病治病、无病疗养"一种新型养老保障服务模式。

二、老年人对于景观环境的需求分析

（一）生理需求和安全需求

生理需求是维持老年人自身健康的最基本需求。随着年龄的增长，人的生理机能会产生一系列不可逆转的变化。身体免疫能力的衰退，使得老年人对自我保护的能力减弱，对环境的适应性也相应变差，患病的概率却大幅提升。老年人对于环境中的空气质量、温度湿度、光线条件、绿视率以及噪声强度等都有更高的要求。安全的户外环境，具备康养功能的景观环境，以及符合老年人体工学的无障碍设施对于老年人而言显得尤为重要。

（二）情感方面的需求

生理上的变化，使得老年人有着相对明显的情感特征和行为表现。例如语言的重复性增高，情绪易怒易偏激，更渴望得到家人或朋友的陪伴等。因此，老年人对于爱与归属层次的需求体现在情感关注方面，更注重与家人、子女或是同龄人进行交流，对于环境中的归属感、便利感、舒适感、私密感和邻里感等方面也有着不同需求。

（三）尊重需求与自我实现

老年人退休离开工作岗位以后，社会角色和经济地位会发生明显的变化。当生活规律突然改变，社会认同感骤然减少，会使得老年人在心理上容易受到失落、孤独、无聊、无助、焦虑、担忧、多疑、自卑等消极负面情绪的影响，长期累积将对身心健康造成危害。因此，在景观层面，需注重适老化设计，满足老年人的尊重需求。通过环境影响，帮助老年人调整心理状态适应社会职能的变化，从而走出失落，充实生活，重拾自信，进而实现自我价值。

三、基于医养结合的适老化景观设计建议

适老化设计源于建筑设计领域，主要是指以关照老年人生理、心理、行为的特征及需求进行的设计。从医养结合需求角度来看，适老化景观是区别于一般大众化景观设计，需要同时具备安全性、舒适性、康复性等要求。设计时，不论是景观要素的运用，还是景观细节的设计等方面，均需要适应老年人的习惯特征，符合老年人体工学要求，避免老年人在景观环境中产生不适，同时还要辅助以康复和疗养的功能。针对医养结合模式下的适老化景观设计有如下建议。

（一）景观设计前需对生态环境进行综合分析

空气、阳光、水、植物气味等环境因子能直接参与人的生理过程。适宜的自然生态环境对于老年人恢复注意力、缓解压力、改善情绪以及改善身体状况具有积极的促进作用。研究证实，晒太阳除能够帮助人体获得维生素 D，利于钙的吸收，预防骨质疏松的作用外，还有改善睡眠质量，增强人体新陈代谢的能力，增强人体的免疫功能的作用＄空气中的负氧离子，对人体具有明显的医疗保健作用。植物通过光合作用、空气交换、释放的挥发性物质等方式能增加空气中负氧离子的含量。此外，喷泉、瀑布等也能使周围空气电离，形成负氧离子。

在进行景观设计前，应结合老龄特征，对环境空间中的空气质量、光照强度、日影变化、风光热环境等进行全时段的综合分析，为老年人营造出适宜的生态环境空间。通过微环境分析模拟、参数化设计、低技术景观等手段，可以为之后的规划设计提供科学的参考依据。例如，由于老年人对外环境的适应力较弱，对亮光突变的适应能力较差，强光刺激、温差变化以及高温日晒都会引起老年人的身体不适。而经过日照光影分析，可以使场地空间更符合老年人时节的活动习惯，冬季让场地拥有充足阳光照射，夏天防止场地阳光暴晒和眩光。又如，经过风环境分析，可以规避环境中的风对老人产生的不利影响。在位于"风口"或者风通道的场地当中，利用植物或景观构筑物等将不利的风进行遮挡，形成一个围合空间，有助于老人进行户外活动。

（二）景观设计注重突出感官刺激和机体运动

景观对于辅助人体康养的关键在于感官刺激和机体运动。"感官花园"概念的鼻祖，伴随年龄增加，人的感觉往往会变得迟钝。若有东西可以在周围不停地刺激你的感官，

不仅令人舒心，还有治疗功能。将植物、水景、园路、建筑小品等景观元素加以设计，可对视觉、听觉、触觉、嗅觉等感官进行刺激，丰富感官体验，给老年人以良好的生理和心理感受，以达到愉悦身心、舒缓情绪和增强幸福感等多种目的。例如，在一些重要的景观节点空间，选择鲜艳且对比度高的颜色，可以使视力衰退的老年人增强对于空间的感知。景观中的水体设计形式多样，从静态到动态。不同形态的水景可以产生不同的视觉和听觉效果，给人来带的心理感受也不同。植物作为一种有生命的景观元素，为环境带来生机与变幻之美。而芳香植物对预防和治疗疾病的效果也已得到医学界的证明。许多芳香植物中含有的特殊成分能刺激人的嗅觉感官，促进呼吸使大脑供氧充足，从而缓解身心压力，给人以精力充沛之感。

中医运动养生观认为"形不动则精不流，精不流则气郁"，适量运动可以使精气血脉流畅不息以达到养生的目的。老年人的生理机能特点更适合走步、门球、太极拳、保健操、广场舞等运动，或是运用一些适宜的健身器材进行健身。景观设计时需要考虑上述需求。此外，还可以参考"园艺疗法"理论进行设计。园艺疗法（Horticulture Therapy）是一种辅助性的治疗方法，通过参与园艺活动，从而纾解压力与复健心灵，协助某些病患获得治疗、康复和疗愈效果。通过参与园艺景观的营造、实施和维护，可以鼓励老年人接触自然，进行户外锻炼，让他们从心理上感觉到自身是被需要和被重视的，进而找到自我实现的方法。

（三）景观设计需考虑不同"医养"需求

从年龄结构角度划分，老龄人群可分为低龄老人（60 ~ 69 岁）、中龄老人（70 ~ 80 岁）和高龄老人（80 岁以上）% 从自理能力角度划分，老龄人群则可分为自理老人、半失能老人及失能老人。不同类型的老龄群体对于医疗和养老需求侧重点也不同。低龄老人和自理老人的身体机能通常比较健康，日常生活起居行为生活行为可自理。老人只需要定期健康体检、注重养生保健和预防疾病等，这类老龄群体对环境的适应能力相对较强，追求健康养生的生活环境。因此，景观设计侧重在景观的保健性、参与性、文化性和趣味性，增强景观空间的吸引力。而半失能老人（又称介助老人）、失能老人（又称介护老人）或是高龄老人，其日常生活起居行为需要依赖他人帮助或借助设备完成，这类老龄群体的养老的需求就不仅限于日常的照顾，而是需要上升到医疗诊治和康复护理层面。对于景观层面的需求应侧重在康复性和疗养性。设计时可将某些户外肢体康复器材或智力复健设施与景观融合，使其功能与美观并存。例如用于下肢康复训练的步态训练阶梯，可以与景观中的地形台阶设计结合。让老年人可以在风景优美的自然环境中进行康复训练，从而缓解康复训练的枯燥感，提高康复效率。

（四）营造促进交往与互动的多元景观空间

由于生理和心理原因，使老年人容易出现无聊、孤独和无助等情绪，需要受人尊重，有与人交流的强烈需求。这些特点决定了在设计时，需要更加侧重于老年人自发性和社会性活动需求，突出对老年人的关爱。营造出可满足单人、少量人或大群人使用的各种尺寸的多元景观空间，同时注重功能布局和细节处理，由此来促进交往与互动。景观功能设置需除需要满足老年人的日常休闲社交外，还应考虑设置适宜进行文体活动、棋牌休闲、遛鸟听曲以及看护儿童的场所。有研究指出，植物、动物和儿童三大元素的运用，能对老年人的生理、心理、情感和社会交往产生积极的刺激促进作用。因此，为老年人提供与家人、朋友、儿童或是与动植物产生亲密互动的景观空间可以让老年人获得爱的陪伴，在精神上得以慰藉。

适宜的景观环境不仅能够满足人性需求，还能产生的健康效果。随着医养结合模式在老年康养社区、养老机构以及医疗卫生机构中逐步推行，以老年人需求为本，充分挖掘景观中的康养功能，营造具有疗养康复功效的景观环境，可以更好的满足医养结合模式下养老场所户外空间的景观需求，对提高老年人生活质量有着重要意义。

第三节　老年人疗养建筑的生态规划

许多老年建筑都存在着重要的规划问题，多数老年人疗养建筑的生态规划问题都涉及下面几点：场地选址、场地设计、交通问题、室外活动场地设施及景观设计，绿化的选择与配置等问题。

一、老年人疗养建筑的选址

影响老年人疗养建筑选址的因素很多。老年疗养建筑的选址，在遵循生态设计原则的同时，要符合老年人的行为心理和生理要求。由于老年人对环境的支配力大大降低，只能被动地适应环境，所以环境对他们有着决定性的作用。老年人疗养建筑的选址要点有：

（一）从生态设计的角度出发

对老年人疗养建筑场地的选择，应从计算资源利用程度与已有自然环境的过程开始进行。最环保的开发模式应当充分利用地形特征，尽可能减少对场地的破坏。另外，合理的老年人疗养建筑的场地规划设计，应该在选址时就考虑到对现有公共设施网络的利用，如对图书馆、展览馆、管道线路、交通设施及公共绿地等的利用。这种联合可以大大降低场地的破坏，并便于机构内部的建筑维修及检查。

另外，对于公共设施的使用，可以增加老年人的社交量，增加了他们获取信息的途径。这就要求在老年人疗养建筑选址时应调查研究其周围公共设施的类型、规模以及设置情况。

（二）从环境因素的角度出发

由于生理机能衰退，适应能力下降，老年人对生活环境有较高的要求。随着生活范围的缩小，老年人居住区域内的生活便逐渐变得重要。因而，开阔的场所、良好的朝向、安静的环境等，就成为老年人疗养建筑选址时应该考虑的关键问题之一。新鲜的空气、安静的环境、充裕的日光，既对老年人的身体健康有益，也有助于他们保持良好的心理状态。这也与生态设计的理念相符合。

（三）从交通状况的角度出发

在进行老年人疗养建筑的选址时，尤其要考虑交通便利这一条。交通便利，有助于机构内部的老人保持与原有社会关系及其家庭的联系，有助于其子女对其进行探视，也有助于他们多层次生活需求的实现。另外，方便的交通也有利于疗养机构定期接受社会志愿者的帮助，使机构内部的老人不会脱离社会。

（四）从医疗设施的利用的角度出发

由于超过九成的老人都不同程度地存在健康问题，所以老年人对医疗、保健、卫生等方面设施的利用率极高。老年人疗养建筑的医疗设施主要以护理、康复为主，入住老人如果患上较严重的疾病就要到医院进行治疗，因此老年人疗养建筑在选址时需要考虑城市医疗网的设置及服务状况，以便于入住老人就近就医。

（五）从经济效益的角度出发

虽然将老年人疗养建筑选址在市区内，多会因服务半径内老年人口多而有更多的老人入住，但区内拿地困难，且投资巨大，必会增加成本。考虑到成本和收益的问题，显而易见，投资者更倾向于选择交通方便、环境优美的城市近郊，这与选址市区相比较而言更具现实性。

（六）从人们观念的角度出发

在我国很长一段时期内多数老年人都倾向于选择家庭养老方式。然而，随着经济的发展、"421"家庭数量的激增以及人们观念的转变，老年人也逐渐接受了社会养老这种养老模式。交通便利、环境优良的城市近郊，不仅能够满足入住老人出行、探亲的需求，而且具有完备的配套服务设施以及专业优质的服务，必将会慢慢被老年人接受和喜欢。随着社会的发展，在城市近郊建立相对高级的老年人疗养建筑，也符合当代老年人的需要。

就目前我国城市发展趋势来看，随着城市用地扩张以及居住区的市郊化，城市养老设施也在向市郊发展，新建的大型老年人疗养建筑不可能设置在市区。

二、老年人疗养建筑的场地规划

老年人疗养建筑规划设计的整体构想是要从全局出发，除了要符合自身功能要求之外，还要实现老年人疗养建筑的生态化，可持续发展。场地规划的目的是通过调整场地和建筑寻找某个场地利用的适当模式，使老年人疗养建筑的设计和施工策略形成有机的整体，同时结合可以最大限度地降低场地破坏、建设成本和建筑资源的建造方法，从而使生活在其中的老年人获得更多的舒适和更大的使用效率。

（一）老年人疗养建筑的可持续场地规划原则

1. 生态化原则

在进行老年人疗养建筑的场地设计时，应扩大环境控制的外延，从城市设计领域着手实施环境控制和节能战略。在布置道路、安排老年人疗养建筑及相关用途时，都应该利用从人的宏观环境中获得的场地数据和信息来发展。将场地分解成几个基本部分，分离需要保护的区域和系统，确定可能需要调节的外场地因素和场地因素。以便达到节约生态环境资源，提高能源利用效率，保护自然生态，从而构建和谐的社区环境的目的。

2. 持续照顾原则

"老年"包括自理、介助、介护等多种生命阶段。老年人疗养建筑在进行规划阶段，应该尽量设置多种服务功能，尽可能使入住老人在不同生命阶段都能居住在熟悉的环境中，避免频繁更换养老机构对老人的生理及心理造成各种不良影响。老年人疗养建筑的功能构成应该满足各生命阶段老年人的需求，才能实现对入住老人的持续照顾。

3. 开放性原则

开放性是指老年人疗养建筑以开放的环境替代封闭的环境的设计原则，这也是保证机构整体环境可持续发展的重要手段。老年人疗养建筑开放的整体环境主要包括：对外方面，应该避免机构自身的封闭性，鼓励机构与外界的交流，为了入住老人提供更广阔的社交范围；对内方面，机构内部不同功能的建筑之间应该相互联系以适应各种变化，灵活组合以满足入住老人的多方面的需求。

4. 弹性增长原则

由于受到各种外部因素影响以及自身特性的综合作用，老年人疗养建筑不可能是静止不动的，而应是一个动态发展的弹性增长体系。老年人疗养建筑应该随着丰富需求的变化，老人生活方式的改变而不断发展和变化。因此，老年人疗养建筑的发展应采用弹性增长的模式，在进行机构规划时要强调发展的可持续性，使机构本身具有不同的可增长点。在进行弹性设计的过程中，要既能够实现机构自身的独立存在，也有能够与原环境相融合的预留发展部分。同时应选择有利于机构增长的组合形态，即在发展后尽量保持与机构整体形态的协调。

5. 多样化原则

在进行老年人疗养建筑的规划设计时，应该考虑设置多种类型的老年人居住单元。可根据入住老人的健康程度和自理情况，考虑设置多样化的居住单元和组合方式。如北京将府庄园疗养院村落，就根据不同情况，设置多种居住单元和组合方式，以满足多种需求。

（二）老年人疗养建筑的规划设计

1. 场地分析

首先，要进行场地技术数据分析，确定影响老年人疗养建筑的场地特征；分析机构气候分区的具体特征；考察利用现有交通资源的可能性；检查现有的植被情况，记录重要的植物种类等。其次要分析文化和历史数据，考察可能恢复的文化资源；考察该地区建筑风格，将其融入老年人疗养建筑的设计中；力求采用符合文脉的建筑类型。

2. 确定场地规模

不同的区域限制产生不同的老年人疗养建筑的场地规模，这些限制条件有：需要预留的缓冲空间或后退空间、高度限制、停车场以及其他的土地使用限制。

3. 建筑布局

老年人疗养机构应该以居住部分为核心，保证老年人居室良好的朝向及通风采光，辅助功能部分应该与居住部分保持便捷的联系，又要有一定的分隔。机构附属设施应单独布局，锅炉房、厨房等应位于总体下风向，适当与主体部分相隔离。餐厅、娱乐用房、活动中心以及医疗室应与居住部分紧密联系，以便于为老人服务。另外，老年人疗养建筑以低层为主，局部多层，其中的老年人居室之间应设置在低层。

4. 出入口及停车

老年人疗养建筑的场地周边应尽可能不以交通主干线为界，步行一般不必穿越主干道。机构廊分别设置主入口和供应出入口。车行道应尽量避免与老年人活动路线的交叉，老年人户外活动空间也不应受车行的干扰。建筑主入口处，一般应设置带顶的下车空间，以免老年人受不良气候因素影响。老年疗养建筑应有充足的机动车和自行车停车场地，主要考虑探视老人及内部工作的停车需要。停车场位置要根据不同的使用对象分别设置，外部探视车辆一般应集中停放在主入口附近，进出方便。内部用车宜停放在供应出入口附近，同时在医疗部分的出入口附近也应设置停车场。这对居住其中的老年人的停车场，需考虑就近方便原则，充分考虑停车后的步行要求，同时要采用具有可识别性和安全性的形式。

5. 环境

在进行机构的环境设计时，要注意动静分区、尺度适宜、手法多样，力求创造优美的室外空间环境，树立优美的环境氛围，以满足入住老人的多方面需求。环境设施方面要注意老人使用的安全问题，符合他们的使用要求，并增加其欣赏兴趣。

6. 道路识别系统

在机构的总体布局时，还要考虑到道路识别系统的可行性。总平面配置必须能够支持道路识别系统的实现，并将功能、策划以及交通合理地纳入一个逻辑等级，引导居住者从这个空间进入下一个空间。如果基本规划是混乱的，在下面交通设计中所提到的道路识别装置也就不能高效地发挥作用。

三、老年人疗养建筑的交通

随着年龄增长，老年人移动能力减弱之后，他们的生存空间会日益缩小。如果养老设施环境中没有尊重老年人进入弱势期以后的出行需要，就会对老年人的生活及身心健康造成极大的不利。消除诸多环境障碍不仅会使有出行能力的老年人延长自主行动期，还会使出行能力减弱的人延长介助期，即使进入介护期、获得同等出行机会的前提 F 明显减轻护理者的负担。具体的目标是设置好有关道路及交通设施，降低出行风险和难度，为不同出行方式和出行能力的人提供出行机会，对出行最困难者增加支持和保护，尽可能让弱势老人能够走得远些，到达各自想去的地方。老年人疗养机构的交通设计主要有以下几点：

（一）路网的布置

老年人疗养机构应该全境适合消防车、救护车和社区交通车行驶。其中的道路网应考虑与外来公交车线路衔接，限制无关机动车过境穿行，并设置社区交通专用道，方便短程出行。机动车道按需要设置减速带和手控红绿灯。局部出现步行人流高峰时，机动车可按预案改线行驶。步行道及梯道系统采用无障碍技术，尽可能降低风险，轻体耗措施满足移动困难者的出行需要。

（二）交通的分流

在老年人疗养机构内的道路设计需要综合考虑步行路、车行路（包括自行车、汽车等的设计）使之与老年人的生活特征相吻合。按设定的老年人的使用方式布置步行道路体系，在主要道路中应分出步行道路，把专用步行路从其他道路中独立出来。注意在步行路中分离出自行车的流线。尽量设置自行车通行带或专用路避免其对老年人驾驶汽车的干扰。

（三）步行道的设计

大部分老年居民日常出行主要在养老机构附近，步行条件优劣影响到他们社会生活的各方面。老年人疗养建筑中的老年人，步行一般而言仅仅是散步消遣而已。步行路应力求避免漫长和笔直，那些弯曲富有变化的小径能使老人的行走更加有趣。建筑间的步行道是相互关联的整体，让它们彼此贯通才能发挥作用，此外还要它们适合在不同气候条件下能满足老人以多种方式出行。

（四）交通安全措施

由于老年人的体力、视力和判断力的衰退，在老年人疗养机构中进行交通安全设计是一项必要的措施。在步行道方面，步行道的宽度要满足通行量要求，还应考虑速度不同的步行者及雨大打伞时的宽度。步行道路面要求平整，无宽缝，防滑不同路面衔接处设标志，同时设置安全性高的护栏种植绿篱。在车行道方面，应根据沿线情况综合设计自行车道和机动车道，避免两者之间的互相干扰。应该保证车行线路中，具有良好连续性的视野以及平缓的曲线和坡道，并应设置易于识别的标志。此外，考虑到入住老人夜间交通问题，机构内部道路上应布置符合老年人视力和判断力的照明设施。

（五）道路识别系统设计

老年人疗养建筑的道路识别系统是使入住老人及来访者获得舒适感的重要方面。对于那些腿脚不太灵活，视力减退，方向感较差，正面临着生活方式巨大改变的老年人来说，让他们在自己所在的养老机构中尽可能毫不费力地找到路是极为重要的。因此，道路识别系统也就构成了老年机构设计中的一个重要问题。视觉线索是道路识别系统中的一个基本方面。比如可以在道路的转折和终点处，安排有吸引力的目标，如植物、小物品或色彩，作为指示居住者的线索，来强化环境的自明性和方向性。另外，地面材料的区别，照明设计及墙面装饰的不同都可以结合到道路识别概念中。

四、室外空间设计

（一）设计原则

老年人适当地到室外进行户外活动是十分必要的。户外环境对老年人的交往、健身、散步、运动、聊天、遛鸟、棋牌等休闲娱乐活动起到了重要作用。良好的室外空间可以解脱居室空间的局限，为老年人放松身心、消除疲劳、增添生活情趣并可以提高他们的生活质量。而且能够增进机构内部老年人的交往，增进他们的充实感和安全感。在设计中应遵循以下几个原则：

1. 舒适性原则

从老年人的角度讲，在室外空间舒适性的要求方面，应避免其受到眩光、气候等的侵害，配套设施应齐全且方便使用，环境应舒适优美。例如设置方便的如厕，小憩的桌凳、优美的绿化等。

2. 健康性原则

包括日照、空气、噪声等与老人的健康密切相关的内容。对于老年人来讲，健康是积极养老最重要的一环，安静而富有生机的环境，充足的日照，适合进行各种锻炼的场地设施是至关重要的。

3. 可识别性原则

可识别性设计对老年人来讲，具有十分重要的意义。老年人随着自身的衰老，记忆力和辨别力都有了明显的衰退，简单明显的标志才能刺激到其识别能力。因此，从老年人疗养建筑的颜色造型到细部，如：小物品、雕塑、入口等，要处理得当，以方便机构内的老年人识别。

4. 文化性原则

自然景观、建筑风格、民俗民风、审美情趣、文化心理、风土人情等构成当地文化的独特内涵。老年人疗养机构内部环境的设计应当充分考虑当地传统，寻找其与现代室外空间的契合点，从空间的尺度形态、界面及细部等表达出对现代与传统的理解，延续传统文化脉络。对传统历史文化加以继承的空间处理手法，更可以迎合老人的怀旧心理。

5. 无障碍原则

老年人由于生理条件的衰退，使其与环境的联系上产生了障碍。在进行景观设计时，应必须考虑无障碍设计的原则，如：通过字体的放大、色彩对比度的增强等手段建立明确的视觉中心，运用老年人熟悉的符号、扶手设计、坡道设计等处理手段来弥补和强化环境，使入住老人的行动无障碍化。

（二）空间设置

户外空间要适应基地与特殊居住背景的文化和运动的需要。为了增加老年人疗养机构的兴趣点和记忆支持点，有必要在户外提供能产生感官刺激的景观。从室内向室外过渡的空间序列应该包括以下几个方面：

1. 室内外混合空间

这是一个具有室内外特征的建筑内部空间，也可能是一个从建筑伸出的走廊空间，这不仅能提供保护、遮蔽、安全、观景的功能，也为那些不想或不能走出建筑的老年人提供一种特殊的经历。并在入口附近提供带有靠背和扶手的座椅，鼓励老年人进行社交活动。

2. 地面辅助空间

该区域范围要能满足入住老人的活动要求，如供老人休息、聊天、观赏、打牌、弹唱等的场地要求。场地的背面最好设置一定的界面以满足老年人安全感的需求，同时可以利用水体、灌木等元素增强空间的趣味性和位置感。

3. 自然散步空间

在场地空间允许的范围内，设置一条可以容纳更多体育锻炼和更多自然体验的自然散步小径。周围可设置鸟类饲养区、休息用长椅、喷泉水景等。步行空间可以结合休憩空间进行综合设计，形成老年人疗养机构的步行及休憩空间系统以满足老人步行中休息的需要。

4. 儿童游戏空间

当老人们的儿女来探视的时候，为生活在其中的老人的孙辈们提供的一片有吸引力的场地，以活跃环境气氛。

5. 私密性空间

老年人疗养机构中住的老人性格、爱好各不相同，有些老人喜欢独坐或不愿意被别人干扰，有些老人受自身条件限制闭门不出。对于这些老人来说如果有一个可以自己控制的户外空间换来宜人的阳光、空气、花草，改变一下生活气氛是很理想的。因此在养老院的户外空间设计中提供一些个人的、具有私密性的宅间是非常必要的。私密性空间应该处在安静的地方，有一定的视线遮掩或隔离，避免其成为外界的视点。如果能面对视景则更佳。

6. 户外健身空间

强身健体是老年人户外活动的主要内容之一，健身活动场地和设施种类的考虑不仅要为体弱者提供方便和安全，还应使活动项目有一定的激励作用。划定一片区域，设有一些场地细部，提供支持适宜的体育锻炼、拉伸练习以及物理治疗的设备。

7. 户外荫凉空间

因为在日光的直接照射下，上了年纪的老年人更易受到皮肤损害并引发视力问题。可以将庇护、植被以及建筑元素结合在一起，并形成高效的荫凉区域，比如走廊和花架。

8. 照明设施

一般来说，老年人的视觉要求提供更高的照明标准，以增强其对深度和高度的辨别能力。场地的出入口、停车场、空间的边缘以及有缓坡、台阶等地形变化之处需加强照明。在道路边增加低矮照明，形成重叠不同的阴影，有利于减少刺目强光，增加安全度。

另外，将户外活动空间与活动项目相结合是很重要的。花木种植是一项很受老年人欢迎的活动，它能够强化种植者的记忆。而经过设计的花园还能变成一个户外物理治疗区。

五、绿化设计与植物配置

绿化的作用主要有：调节小气候，吸附灰尘及有害气体，降低噪声，减轻大气温室效应等。在营造绿色建筑，实现建筑与环境的可持续发展时，就应充分利用绿化的上述作用。但是，绿化并不等于简单的种树，而是不同种类、形态、大小的植物及其周围的环境的有机结合，是通常情况下减少能耗的理想绿化。

总体来说，可持续的绿化设计应遵循以下原则：

优先种植乡土植物，采用少维护、耐候性强的植物，减少日常维护的费用。

采用生态绿地、墙体绿化、屋顶绿化等多样化的绿化方式，对乔木、灌木和攀援植物进行合理配置，构成多层次的复合生态结构，以此来达到人工配置的植物群落自然和谐，并起到遮阳、隔离和降低能耗的作用。

绿地配置合理，达到局部环境内保持水土，调节气候，降低污染和隔绝噪声的目的。

在老年人疗养机构内，除了遵守上述的生态化设计原则外，还要考虑到老年人自身的特点，来进行绿化的设计和植物的配置，主要有以下几点：

避免选择有毒或带刺的植物，或者那些吸引大量刺激性昆虫的植物，不同的植物毒性等级不同，有一些只是部分有毒，比如，花可能是有毒的，而叶子无毒，或者相反。

选择植物时要考虑到香味、色泽、手感、姿态、树叶和花的颜色变化以及季节特征选用开花的树木、灌木和常绿树木，它们能够随季节的更替而发生相应变化，可以强化身在其中的老年人对于生命周期和节奏的意识。还可以通过扮演喂鸟者来吸引野生动物，如鸟和蝴蝶，刺激老年人的感官，提供兴趣集中点。

有些植物散发出来的芳香气味，人体吸入这些芳香物质可以达到治疗疾病，强身健体之目的。其中以针叶植物为最好，其中包括松、柏、桧、杉、云杉、冷杉、铁杉等，另外，阔叶树木中的银杏、宿轴木兰、香果树、鹅掌楸、香等树，也能分泌气态芳香物质，含氧量高，并富含阴离子，对人体有补氧强壮作用。这些植物对慢性。

第四节　老年人疗养建筑的生态技术应用

一、老年人疗养建筑的声环境技术应用

（一）老年人对声环境的特殊要求

对老年人来讲，听觉是老年人接受信息及社会交往的重要渠道。然而，随着年龄的增长，老年人的听力障碍问题会日益加重。老年人听力障碍具体表现在：双耳听力随年龄增加而逐渐减退，部分老年人还会出现耳鸣以及语言理解能力下降的现象。另外，有的老人还会出现语言听力减退的现象，主要表现有：可以听到说话声却辨不清语句、虽听到了语言却无法理解含义等。听力障碍不仅给老年人的生活带来诸多不便，而且会造成老年人心理状态的变化。

听力障碍是老龄化过程中的一个重要方面，并不完全属于"自然法则"，在进行老年人疗养建筑设计时不可因此而忽视。老年人疗养建筑中拙劣的声学设计会对居住者的"听"和"被听"造成困难，可能给老人造成心理创伤，导致恐惧、困窘、消沉以及隔离感的产生，引发他们的社会不适，降低他们参与社会的能动性。即使是那些戴有助听器的老年人也会受到背景噪声的干扰。尽管助听技术的新发展有助于减少这个问题，但是一些旧有的助听模式仍然可能会在传递信息的同时放入背景噪声，使得戴助听器的老人很难听清传达给他们的信息。老年人的听力障碍影响着老年人社交空间的尺度和形式，较小的以及有围合感的空间更适合老年人的交往。

另外一方面，噪声会对老年人的身心健康造成极大的损害。主要危害有：干扰老年人的睡眠。老年人睡眠较轻，微小的响动都会影响其睡眠质量，从而导致可感觉的睡眠质量降低、精神不振、体质下降以及疲劳感增加等等。影响老年人的心脏血管及生理反应噪声会给老年人，尤其会给体弱多病的老年人带来心脏血管及生理上的不良影响，另外，长时间的噪声环境会引起老年人耳膜的损伤，从而加重其听力障碍。影响老年人的心理健康。噪声接触和老年人的多种心理健康指标相联系，如幸福感、标准精神状况、精神药物的摄入等等。当暴露在噪声中时，老年人会有多种消极的情绪，如烦躁、生气、失望、不满、退缩、无助、情绪低落、焦躁不安、注意力分散、情绪激动或疲惫不堪等等。

在老年人疗养建筑中，允许的噪声级不应大于45dB，空气隔声不应小于50dB，撞击声不应大于75dB。即便是音乐声，应尽量减小音量，降低音调。应格外注意良好的

隔声处理和噪声控制。

综上所述，在老年人疗养建筑的设计过程中，要在做好隔声处理和噪声控制的同时，处理好声音在室内的传播路线，满足听力困难和借助听力辅助的居住者的需要。

（二）老年人疗养建筑的声学设计及技术

室内声学设计包括降低不想要的或产生干扰的声音，这就是噪声控制的内容；同时将想要的声音提高到某一能正确听到的点上，这就是室内音质设计的内容。由于老年人自身的上述特点，我们在进行老年人疗养建筑的声学设计时，要针对噪声问题进行噪声控制，同时针对老年人的听力障碍问题，进行室内音质设计。关键的声学注意事项有：过高的噪声水平、噪声在空间中的传播、个人空间的隔声性、背景噪声下的语言可懂性。

在老年人疗养建筑的许多区域中，建筑师和其他专业的设计人员只是针对特定的地面、墙面以及顶棚的装修进行一些简单的声学设计。出于对多功能厅、餐厅，以及其他使用频率较高的大型空间苛刻的设计和工作需要，或者出于分析外部机械设备以满足规范提出的减噪要求的需要，通常情况下，推荐在设计团队中保留一位声学专家。

噪声控制的措施可以在噪声源、传播途径和接受点三个层次上实施。

1. 降低声源噪声

降低声源噪声辐射是控制噪声根本和有效的措施。在声源处即使只是局部地减弱辐射强度，也可使在中间传播途径中接受处的噪声控制工作大大简化；通过使用低噪声设备，改进生产工艺或者制定相关的法律法规都可以从源头上控制噪声。噪声源包括交通噪声、工厂作业噪声以及机器和设备噪声。交通噪声的

控制主要是需要政府制定相关的规定来限定车辆发出的噪声。工厂作业的噪声主要通过改进工艺流程来控制。对于老年人疗养建筑内部的机器和设备噪声，设计师应当鼓励和指导投资方在购买相关设备和机器时考虑产品的噪声情况。另外可以对相关设备和机械采取加弹性垫、加平衡调整、包覆使用阻尼材料，安装隔声罩、安装消声器以及使用隔声板等控制措施。

2. 在传播路径上降低噪声

如果由于技术或经济上的原因，无法有效降低噪声的声源时，就必须在噪声的传播途径上采取适当措施。首先，在进行老年人疗养建筑的总图设计时，应按照"闹静分开"的原则，对强噪声源的位置合理布置；其次，改变噪声传播的方向或途径也是很重要的一种控制措施；另外，充分利用天然地形如山冈、土坡与已有建筑的声屏障作用和绿化带的吸声降噪作用，也可以收到可观的降噪效果。建立噪声屏障可以保护临近交通噪声源的老年人疗养建筑。

3. 在接受点的噪声控制

控制噪声最后一环是在接受点进行防护，如果在噪声声源和传播途径上都不能采取有效的措施，在接受点的降噪措施也能取得一定的效果。例如在靠近噪声源的老年人疗养建筑的房间内多布置一些吸声的材料，提高整间房的吸声量，也可取得明显的降噪效

果。常用的噪声控制措施主要有：吸声减噪，利用吸声材料或结构降低室内反射噪声，如悬挂宅间吸声体；隔声，将噪声源与受声点隔开，如设置隔声罩、隔声间和隔声屏；消声器，利用阻性、抗性和小孔喷注、多孔扩散等原理，减弱气流噪声；隔振，将振动设备与地面的刚性连接改为弹性接触，隔绝同体声传播；减振，用材料涂贴在振动表面上，减少金属薄板的弯曲振动。

下面就老年人疗养建筑中的一些特殊空间的声学设计做一些具体的分析：

（1）就餐空间

在老年人疗养建筑的各类区域中，就餐空间产生噪声级相当大，对于有听力障碍的老年人来讲，在其中交谈会有很大的困难。过量的噪声还会引发老年人情绪激动。在就餐空间中的硬质表面，如瓷砖铺地、石膏墙面或吊顶以及玻璃和金属表面，不仅会反射噪声，而且当脚和椅子摩擦地板或者器皿碰撞桌面的时候，还会产生噪声。

针对以上问题，首先，可以采用在大型就餐区域中创造一些小型的就餐空间的方法来加以解决。小型的就餐空间能够隔开背景噪声，但也不会完全隔离自身。其次，可以在墙面、地面、顶棚、家具和门窗处理上选择吸声材料。柔软的吸声材料，比如地毯、织物装饰品、亚麻桌布；吸声墙面；顶棚的吸声板都能降低不必要的噪声。另外，应该将就餐区域与厨房和服务区相分离，如若紧邻排列，则应该选用吸声材料或恰当的构造方式来隔绝噪声。

（2）多功能空间和礼堂

老年人疗养建筑中通常包含一个多功能观演宅间，比如一个礼堂。这类空间中充满着多种声音，包含了从声音频谱一端的语言频谱到另一端的音乐频谱。可调节的声学设备是很昂贵的，因此对大多数的老年人疗养机构来讲，引进这种设备是不切实际的。作为替代方案，礼堂的声学设计常常以中间频谱的声音为主，创造一个介于演讲和音乐最佳时间之间的混响时间。各种因素，包括房间的体积，都会对混响时间产生影响。在设计中，消除外界噪声，谨慎设计服务空间的机械系统也是很重要的。

（3）洗浴区和其他硬质表面空间

洗浴空间本身特有的流水表面可以反射噪声。建议在老年人疗养建筑的洗浴空间中限制瓷砖墙面的使用，并且使用弹性地板来代替瓷砖表面。在设计中，浴盆上方高湿的区域内可限制性使用吸声板，以减少其中的噪声。除面层装修之外，在盆浴和旋涡浴设计中要特别注意降低噪声。另外，应该避免使用聚氯乙烯管道设施，因为当水流经过的时候里面会产生噪声。

二、老年人疗养建筑的光环境技术应用

（一）老年人对光环境的特殊要求

人到老年，视觉器官会有不同程度的衰退，主要的原因是眼睛的结构发生了光学变化。老年人眼部结构的主要改变有：角膜的改变，使得其眼部更容易引起光线的散射，是导致远视的主要原因。瞳孔变小造成老年人眼部对光反应的灵敏度下降。晶状体的透光能力逐渐减弱，造成老年人识别蓝色和绿色出现困难，进而导致"夜盲"现象。视网膜变薄，使其的防护功能减弱，造成视觉功能的衰老。

上述眼部结构的改变，造成老年人在视觉方面的主要变化有以下几点：

1. 出现老花眼

除了佩戴老花镜外，在建筑措施上，应该适当增加环境照明，以减轻老人的视力疲劳。

2. 色觉改变

大多数老年人在分辨蓝色和绿色时，会出现困难，他们看蓝色会觉得暗一些。但一般不影响其识别交通信号灯。

3. 明暗视力的改变

随着眼部机能的衰弱，老年人对明与暗的适应能力都会出现不同程度的下降。无论是从明亮的环境进入到阴暗的环境或反过来，老年人对这种明暗环境转变的适应速度会逐渐变慢，这会增加他们在晚间活动的困难程度，在雨后的夜晚，由于地面湿滑，困难程度更大。

4. 对比敏感度下降

随着视觉调节力的下降，老年人分辨出区域环境内足够对比度和细节的速度也会越来越慢。即使是视力良好的老年人，在对比度较差的环境中，在辨别目标时，如人脸等，也会出现困难。因此，在老年人疗养建筑中，设计师应该为老年人提供边界清晰及对比度适宜的环境，以有助于他们对目标和背景的区分。

5. 对眩光敏感

老年人由于视网膜成像的对比度开始下降，会因眩光产生光影的变幻重叠，从而导致视觉辨别困难。如老人在面对阳光行走或开车，会因为面向眩光而造成对交通信号灯的辨别困难。

总之，老年人需要生活在恬静舒适、自然祥和的光环境之中，这也是老年人疗养建筑的光环境设计所必须做到的。

（二）老年人疗养建筑的自然采光设计

自然采光也叫天然采光，天然光是大自然赐予人类的宝贵财富，它不仅是一种取之不尽用之不竭的清洁安全能源充分利用天然采光可以节省大量照明用电，还能提供更为健康、高效、自然的光环境。建筑的自然采光就是将目光引入建筑内部，对其进行精确的控制并将其按一定的方式分配，以提供理想优质的光环境。

在老年人疗养建筑中利用自然采光，能给建筑物内部和外部带来更加丰富的美感。其次，自然采光可以用于照明并减少电量的消耗，以此来减少对环境的影响另外，自然采光可用于被动式采暖。阳光在带来光的同时也带来热量，建筑开窗获得太阳辐射的同时也带来了对流风，自然采光也是被动式太阳能设计的重要组成部分。同时，自然光可以有助于老年人的健康和安宁。自然光能增强老年人的时间感受。老年人居住的房间，最好是采光比较好的居室，室内阳光照射对老年人显得尤为重要。日光照射，红外线被吸收，深部组织受到温热作用，血管扩张，血流加快，改善皮肤组织的营养状况，给老年人以舒适感；如果打开玻璃窗让阳光直接照射室内，阳光中的紫外线还有消毒、杀菌作用。因此在老年人疗养建筑中利用自然采光，既对节约能源有重要意义，也是老年人身心健康的需要。

自然采光设计有以下几个基本步骤：

1. 确定性能目标

自然采光的性能目标主要是节约照明耗能和提高视觉质量。针对上述老年人的视力特点，提高老年人疗养建筑的视觉质量，对老年人而言非常重要。主要目标有减少照度梯度，使建筑内部的自然光分布均匀；避免直射眩光；以此消除过高的亮度比，保持适度的对比度。

2. 确定自然采光的基本策略

对一个成功的自然采光设计而言，建筑物的场地分析、平面和空间布局和采光方位都至关重要。首先，要确定建筑中一天或一年中何时何地需要自然光，然后对现有场地条件进行评估，并确定获得太阳光照的设计方法。对老年人疗养建筑而言，还要考虑日照标准。其次，确定建筑物的平面和空间布局，选择有利于自然采光的平面形式，以及在建筑中采用开放的空间布局或透明的隔断。最后，由于太阳的高度和方位随着季节和时间的变化而变化，必须合理确定建筑的采光方向以最大化发掘采光潜力并避免过多的太阳辐射和眩光。对于老年人疗养建筑而言，室内直射光的获取对老年人的身心健康有着不同寻常的意义。因此对老年人疗养建筑中的老年人居室而言，自然采光的较好方向，应该是朝南的方向。对于建筑中的其他功能空间而言，自然采光的最佳方向是北向。最不利的方向则是东向和西向。

3. 确定开窗的基本策略

窗户的尺寸、位置、剖面特征以及与其他建筑表面之间的关系最终确定了室内空间的采光效果。在进行窗户设计时，要克服老年人疗养建筑中使用普通窗户进行自然采光时，所带来的照度不均、直射眩光、过高的亮度比以及夏季过多的热量等消极因素，并满足老年人生理及心理的需求可以适当增加开窗面积，采取双面墙采光及加大窗户尺寸来取得室内均匀的光线及适当的对比度和可辨识度。借助树木或遮光板和水平百叶等装置，过滤和遮挡直射太阳光，同时也让一些漫射的太阳光照进窗户。朝南窗户的挑檐等，可以对光线提供理想的、季节性的控制，同时还可以消除阴影、减少眩光，甚至能减少照度梯度。可移动的遮光装置或窗帘能够对动态的环境，进行动态的回应。中庭采光也是一个很好的选择，中庭能够提供优良的光线和射入到平面进深最远处的可能性，中庭本身也是一个天然光的收集器和分配器。另外，为满足人们的要求，当前还出现了许多新型的采光方式，如导光管、光导纤维、采光搁板、棱镜窗等。

4. 窗玻璃材料的选择

选择适当的窗玻璃材料对自然采光设计的成败至关重要。建筑中制作透明玻璃窗的玻璃材料多种多样，有透明玻璃、吸热玻璃、热反射玻璃、光谱选择型玻璃等。其使用原则如下：透明玻璃，使用时尽量采用双层透明玻璃，在采光要求高、有被动式太阳辐射采暖需求的房间中，使用透明玻璃是较好的选择；热反射玻璃，在需要解决过高的亮度比所造成的眩光问题的房间中使用，可用于大面积天窗，应避免在采光要求高的建筑中使用；吸热玻璃和光谱选择型玻璃，较为灵活，能在采光和热控制中较好平衡；另外一些新型的采光玻璃为最大限度地利用天然光提供了可能，如：光致变色玻璃、电致变色玻璃、聚碳酸酯玻璃以及光触媒技术等。

5. 开天窗的策略

天窗是屋面上水平或者稍微倾斜的、装有玻璃的开口。由于天窗位于建筑的顶部或顶侧部，因此，它可以透过照度级别很高的光线，在老年人疗养建筑中，应在空间较高的地方，采用天窗，如室内游泳池、图书馆、餐厅等等。另外开天窗时需要注意的是：保持一定的间隔，以获得均匀的照明；使用室内反射器来漫射阳光；使用室外的遮阳及反射板以及采用坡度较大的天窗来改善夏季及冬季获取光线的平衡等等。

6. 与人工照明的整合

即使老年人疗养建筑的自然采光经过精心设计后，获得的自然光已经很充分，但在阴雨天气及夜间，仍然需要使用电气系统照明。这就需要在进行老年人疗养建筑的设计过程中，对自然采光和人工照明进行整合，进行照明措施的设计，使得自然采光和人工照明取得互补的效果。将稳定的照明设计和自然光相结合，对于老年人疗养建筑中入住老人身体的健康和心理的舒畅来讲都是很重要。

（三）老年人疗养建筑的照明措施

绿色照明是国际上用以节约能源资源、保护环境为理念的照明光源的形象说法。完整的绿色照明内涵包括高效节能、环保、安全、舒适等4项指标。高效节能意味着消耗较少的电能获得足够的照明，从而明显减少电厂大气污染物的排放，达到环保的目的。安全、舒适指的是光照清晰、柔和及不产生紫外线、眩光等有害光照，不产生光污染，绿色照明应该包括两个方面的内容：一是，优质光源是绿色照明的基础，发光体发射的光对人的视觉应该是无害的；二是，必须有先进的照明控制技术，确保人们使用的方便以及保护视力的要求，并达到节能的目的。还要在老年人疗养建筑设计中获得绿色照明系统的设计成功，主要有以下措施：

老年人疗养建筑内部具有均匀分布的照度水平，在视觉上不应产生暗区和亮区的差异。优秀的照明设计的关键就在于光的均匀分布，并在相邻空间中提供相同的照度水平。建筑内不当的照度水平，不仅会恶化老年人已经损伤的视力，还会影响他们的灵活性和平衡能力。适宜的照度水平会让老年人更清晰地感知空间，使空间充满活力，并促进他们进行社交活动。

避免眩光光源。为增加照明的均匀性并避免光源产生眩光，在老年人疗养建筑的内部，不宜采用单个过亮的灯具，而应该通过多光源照明来达到较高的照度，要对灯具做好遮光处理，在老年人疗养建筑内不应有直接看见的裸露灯泡，同时灯具也不应该产生亮斑。不宜采用表面为高反光材料的地板、家具等，以避免光滑表面的反光形成眩光。

要满足符合老人视力要求的照度水平。在老年人疗养建筑中，应提高照度水平以弥补老年人视力和视觉灵敏度的降低。在保持相邻空间亮度水平一致的同时，适当提高其照度水平，但要注意避免过度的照明产生的眩光。

由于老年人对强烈的光对比的适应力较弱，所以在老年人疗养建筑中应设置良好的相邻空间的照度水平明亮区与昏暗区直接相连时，看上去会感觉亮的更亮、暗的更暗，但如果分开设置，就不会产生这样的现象，在不同照度水平的空间之间应设置过渡空间，为老年人适应不同的亮度争取时间。

选用高效优质的照明器材。在为老年人疗养建筑选择照明设备时，应该选用符合老年人视力需要的节能的照明灯具。应避免光源色温高而照度不高，且灯具要显色性好，以免使老年人产生环境阴暗的感受。因而，选用的节能灯其显色性应大于80、色温应为4000K左右。还要注意灯具光色的冷暖配置和应具有调光功能，以便根据季节及视觉的需要的不同进行调节。在结合使用局部照明时，不要引起过多的眩光或显著增加能源的使用成本。

实现照明控制的自动化。实现老年人疗养建筑的绿色照明工程，不能片面理解为使用高效节能的照明设施，还应进行合理的照明工程设计，主要包括照明方式、照明控制系统和照明控制设备等，通过合理的管理，实现照明控制的自动化，以降低老年人疗养建筑中照明设施的运行费用。

三、老年人疗养建筑的热环境技术应用

（一）老年人对热环境的特殊要求

室内热环境直接影响老年人的冷热感，这与老年人的热舒适紧密相关。在进行老年人疗养建筑的设计时，热环境对老年人的影响，作用是不可忽视的。

老年人对温度的感知与年轻人有很大的差别，由于力量的丧失和心脑血管的损伤，他们对气流、温度和极端的冷热都非常敏感，他们甚至还能感觉到热冷气流的运动。另外，由于控制老年人排汗的脑反射区会逐渐失灵，他们适应极端温度的能力也会随之下降。所以在设计老年人疗养建筑的时候，应该考虑将室内温度控制在令老年人舒适的室内温度上。老年人对温度的感受还会受到其他因素的影响，比如衣物的穿戴情况、个体的活动水平以及空间的颜色和肌理带给老年人的主观感受等等。老年人以往的居住经历也会影响到他们对极限温度的容忍程度。另外，个体的行为也会影响到老年人对温度的感知。比如，尽管已经在浴室内使用了加热灯以及增强型加热设施，在服务人员的辅助下洗浴的老人还是会抱怨很冷。这种现象可能是由于浴盆的使用不当造成的，也可能是因为它破坏了老人的私密感。

营造一个适宜的室内环境，既有利于老年人心理的舒适和安定，也有利于他们机体的新陈代谢，且能够预防某些疾病。世界卫生组织表示，老年人的居室温度最低应为18℃。有关研究认为，在湿度、气流都正常的情况下，老年人居室内温度以20℃～23℃为宜，夏天可控制在22℃～24℃，以缩小室内外温差。如果室温过低，会诱发老年人的哮喘、慢性支气管炎等呼吸道感染性疾病，还可能会引起血压升高，血液黏稠度增加，以至心脏病、脑中风等疾病的发作。室温过高，则容易使老年人感到疲惫、精神不振等，还会使患慢性呼吸系统疾病的老年人感到闷热、呼吸不畅，加重呼吸困难。

湿度也是影响老年人热舒适的一个重要因素，老年人居室内最佳湿度应是50%～60%。如果湿度不当，还会对老年人的身心健康造成不良影响。湿度大，使其感到气闷；而湿度过小，则会引起老年人皮肤干燥、口干、咽喉等不适，尤其对有呼吸道疾病的老年人而言，会因痰不易咳出而造成病情加重。

提供一个舒适健康的热环境对老年人来说是非常重要的。设计师需要为老年人疗养建筑中的老人提供一个冷热得当、适度合理、风速适宜的物理环境，让老年人在此热环境中感觉舒适。

（二）老年人疗养建筑的保温设计

在冬季，减少热量由内到外传递采取的绝热称为保温—保温设计是老年人疗养建筑设计的一个重要组成部分，其目的是为了保证室内有足够的热环境质量，同时能够尽可能节约采暖能耗。常规保温设计方法与措施主要分为：场地设计、体形系数控制和外围护结构保温三部分内容。

1. 场地设计与保温

在对老年人疗养建筑群进行总体布置时，应以冬季能够获得较多的阳光和抵御风寒为原则。在进行老年人疗养建筑的选址时，为争取冬季尽量多的日照应选在向阳的区域内，且其向阳的前方没有固定的遮挡，还应有效避免冬季寒风。建筑单体不应布置在沟底、洼地、山谷等凹形基地内，以避免产生"霜洞"效应。还要避免老年人疗养建筑基地周围的建筑群设计不当所产生的"风漏斗"。在绿化布置方面，可以利用不同种类的植物进行合理布置，以引导冬季寒风的走向。另外，还要对基地内的"沟槽"进行处理，以避免冬季产生雨雪沉积而对室内热环境不利的影响。

对建筑进行合理布局，也是保温设计的重要方面。在进行老年人疗养建筑的规划设计时，要对建筑进行合理的布局。另外可建立气候防护单元以避免不利的风向，具体处理方法有：考虑封闭寒流主导向，合理选择封闭或半封闭周边式布局的开口方向与位置；减少冬季季风风向与建筑物长边的入射角度；确定建筑群中建筑间适当的日照间距等。

2. 体形系数控制

体形系数是指建筑物与室外大气接触的外表面积与其所包围的体积之比，即单位建筑体积所有的外表面积。体形系数越大，说明单位建筑空间的散热面积越大，能耗就越高。为了降低老年人疗养建筑的体形系数，应对其平面、建筑外形、使用面积、体积加以综合考虑。就建筑外形与外界气候的关系而言，表面积越大的建筑，对空调制冷及供热的耗电量越不利，但是有利于自然采光和通风。此相矛盾之处，对于老年人疗养建筑而言，其公共空间部分宜采用方正集中的设计，以利空调节能，而老年人居住部分则宜采用长条形方案以满足老年人采光、通风及眺望等需求。

3. 外围护结构保温

外围护结构保温可分为外墙保温、屋面保温、门窗保温、被动式太阳能技术等方面。下面将分别进行论述：

（1）外墙保温

随着节能和环保理念不断深化，建筑外墙保温技术得到长足的发展，并成为我国一项主要的建筑节能技术。常用的墙体保温材料类型主要有：保温棉；半硬性材料，如玻璃纤维或矿棉纤维绝热板或毡；硬性材料，如聚苯乙烯泡沫塑料（EPS、XPS）、聚氨酯泡沫塑料（PU）等；松散材料，如珍珠岩、膨胀蛭石等。

目前，在建筑中常用的外墙外保温方法主要有外墙内保温、外墙外保温、外墙夹心保温和墙体自保温。外墙内保温是外墙的内侧使用保温材料以达到建筑保温节能的施工方法。外墙外保温是将保温隔热体系置于外墙外侧，以达到保温的施工方法。夹心保温墙体就是将墙体分为承重和保护部分，中间留一定的缝隙，内填无机松散或块状保温材料，也可不填材料做成空气层。墙体自保温是通过加气混凝土砌块、发泡水泥等墙体材料本身提高保温性能，适合应用在框架结构建筑中。

在这些外墙外保温技术中，由于外墙外保温具有保温隔热性能优越、能有效阻断冷热桥、减少保温材料内部产生水蒸气凝结的可能性、保护主体结构、有利于结构稳定性、不占用室内使用面积、便于室内装修等优点，是其他保温方式不可比拟的。因此，在进行老年人疗养建筑的设计时，应首选外墙外保温。

（2）屋面保温

在老年人疗养建筑的保温设计中，屋面保温也是重要一环。屋面保温可采用的材料包括板材、块材或整体现喷聚氨酯保温层等。为保证屋面质量，避免厚度过大，屋面保温层不宜选用松散密度较大、导热系数较高的保温材料。另外，屋面保温层不宜选用吸水率较大的保温材料，以防止屋面湿作用时，保温层大量吸水，降低保温效果。保温屋面做法主要有：正置式屋面，倒置式屋面，聚氨酯喷涂屋面，生态种植屋面等，以供老年人疗养建筑选用。

（3）门窗保温

建筑门窗是建筑外围护结构中保温性能最薄弱的部位，提高门窗保温性能是降低老年人疗养建筑长期使用能耗的重要途径。在进行老年人疗养建筑的门、窗及其开口设计时，需要综合考虑视线、自然采光、供热和通风的需要，确定其在用途结构上的大小和位置。门窗能耗的主要途径有：透过门窗空气渗透的能耗，通过门窗传热的能耗。提高门窗保温性能，应针对以上的两条能耗途径进行相应的措施。

窗户的保温主要应从提高窗户的保温性能和窗户的气密性两个方面进行考虑。提高窗户的保温性能有以下几个措施：控制窗墙面积比：为充分利用太阳辐射热，改善室内热环境，节约采暖能耗，南向窗墙比应大一些，而北向窗墙比应最小；改善窗框的保温能力：选用保温性能好的窗框产品，并且用保温砂浆、泡沫塑料等填充密封窗框与墙之间的缝隙；改善窗玻璃的保温能力：可以使用双层窗或单框双玻璃窗，以及选用保温性能好的玻璃产品等。

外门的保温措施主要有门的保温性能要求和减少主要入口处的冷风渗透两个方面。门的保温性能方面，建筑节能设计标准鼓励使用保温、节能门窗。在进行老年人疗养建筑设计时，应当尽可能选择保温性能好的保温门。另外为减少冷风渗透，可以在其入口处设置门斗作为防风的缓冲区，对避免冷风直接灌入室内具有一定的效果。

（4）被动式太阳能技术

被动式太阳能供热技术的核心是如何最大程度地获取太阳能，并使之在室内得以保持，进而优化建筑保温效果。实现被动式太阳能技术的方法主要有三种：直接获取、墙体蓄热和附加太阳间。这三种方法都可以在老年人疗养建筑中加以应用，并且推荐结合老年人居室的阳台空间，加以综合设计合理的太阳房，既可以利用太阳能，又可以满足老年人对阳光直射及眺望室外景观的需要。另外还可以利用太阳能热水技术，以满足老年人疗养建筑中对热水的需求，进而减少其能耗。

通过对老年人疗养建筑的合理设计以及对太阳能的充分利用，可以不断改善室内热环境，并且可以节省常规能源，达到能源与环境可持续发展的目的，使老年人疗养建筑变成真正意义上的"可持续建筑"。

（三）老年人疗养建筑的隔热设计

建筑的保温与隔热之间存在一定的共性。然而，具体到建筑隔热，不论是原理、方法、技术，较之保温，都存在一定的差异。常规隔热设计方法和措施主要有外围护结构隔热和遮阳两类。

1. 外围护结构隔热

外围护结构隔热又分为外墙隔热、门窗隔热和屋面隔热三个方面。外墙隔热的原理和构造做法与外墙保温的原理和构造做法基本类似。

（1）门窗隔热

门窗隔热和门窗保温在具体的实施措施方面还是具有一定的差别的。在选择老年人疗养建筑的门窗玻璃时，根据不同地区的节能指标，在保证整体建筑节能的前提下，合理地选择玻璃。例如，就夏热冬冷地区而言，应降低建筑玻璃的遮阳系数，以减少透过玻璃传递室内的太阳光能量，以达到建筑制冷节能的目的。但其遮阳系数不能过低，否则会影响建筑室内的天然采光。降低玻璃遮阳系数的手段很多，如采用阳光控制镀膜玻璃、着色玻璃等。

（2）屋面隔热

建筑物的屋面是房屋外围所受室外综合湿度最高的地方，面积也比较大，因此，在夏热冬冷和炎热地区，屋面的隔热对改善顶层房间的室内小气候以及建筑节能极为重要。

隔热屋面一般有四种形式：实体材料隔热屋面、通风屋面、蓄水屋面以及种植屋面。其中种植屋面不但在降温隔热的效果方面优于其他隔热屋面，而且在净化空气、美化环境、改善建筑小气候、提高建筑综合利用效益等方面都具有极为重要的作用。另外，综合屋面保温的需要，在设计老年人疗养建筑时，在有条件的情况下应该优先选用种植屋面。

2. 建筑遮阳

遮阳是通过建筑手段，运用合理的材料和构造，遮挡通过玻璃导致建筑室内过热的阳光。遮阳的形式一般有四类：绿化遮阳、室外遮阳、中间遮阳、室内遮阳。

（1）绿化遮阳

绿化遮阳的主要方式有：种植乔木、攀岩植物、窗口前棚架绿化。绿化遮阳有美化环境、调节空气、降低气温、增加湿度等功效，但是它对窗口风采光的负面作用不容忽视，同时夏季容易引起蚊虫集聚，所以在进行老年人疗养建筑设计的时候，要慎重选择绿化遮阳的方式。

（2）室外遮阳

外遮阳可以将太阳辐射有效直接地阻挡在室之外，节能效果较好，也可以结合遮阳构件塑造优美的建筑形式，是一种常用的建筑遮阳手段。进行室外遮阳设计需要考虑的一个重要因素就是遮阳板的设置。

（3）中间遮阳

主要可通过降低门窗的遮阳系数来达到中间遮阳的目的。主要措施有：中空玻璃百叶遮阳，设置双层窗、双层玻璃幕墙中的遮阳，以及玻璃材料遮阳等。

（4）室内遮阳

主要有：一般的织物窗帘、弹簧卷帘、遮阳帘、室内活动遮阳百叶及保温盖板等。室内遮阳易于操作，便于更换清洗，对材料要求不高，造价也相对低廉，可以降低空调负荷，改善宅内环境。但是内遮阳的遮阳效率比外遮阳的效率低得多。

另外随着建筑技术的发展，还出现了一些新型的遮阳方式，如钢格网遮阳、自动控制的遮阳系统等。在进行老年人疗养建筑的隔热设计时，应该根据实际情况，综合利用上述隔热设计方法，以达到生态节能的措施。

（四）老年人疗养建筑的暖通空调系统

通常情况下，单纯的保温隔热措施并不足以保证老年人疗养建筑能够在一年四季都保持舒适的热环境，来满足居住在其中的老年人的热环境需求。这就需要使用建筑暖通空调系统来加以辅助改善。

在进行老年人疗养建筑的设计时，选用机械系统时，应该尽可能选用可以对单个空间进行单独控制的暖通空调系统，以满足入住老人不同舒适度的需要。在许多老年人疗养建筑中，机械系统并不复杂。大部分都是由以下一些基本部分组成的：

中央供暖和制冷设备，以整个机构为服务对象，包括锅炉、冷凝器、冷却塔以及供应热水和冷水的抽水泵。

分散的机械系统，包括为居住房间补充供热的设施。

空气调节系统，为建筑内部提供辅助通风和适宜条件。

专用独立的机械系统，专为商业性餐厅、健身房、游泳池和其他有特殊需要的空间而准备的。

一个完整独立的空调系统基本可分成三部分：冷热源及空气处理设备、暖气和冷热水输配系统，室内末端装置。在对老年人疗养建筑的暖通空调进行选择时，首先要获取建筑环境参数，同时确定系统设计中的约束条件，譬如系统所需，使用空间是否能够满足等。然后，进行老年人疗养建筑的冷热负荷计算，弄清该建筑暖通系统设计的主要依据，衡量其单位面积暖通能耗水平，弄清整个空调区域的负荷是否均衡和稳定。

暖通系统的节能措施和方法主要有：首先，要合理控制老年人疗养建筑的室内温度标准。以减少新风负荷，降低新风能耗。其次，要合理选择暖通宅调系统形式，减少输配系统的能耗。同时，应该推广应用可再生能源或低品位能源，以及运用冷热回收利用，来实现能源的最大限度利用。最后，应该提高设计和运行管理水平及控制系统水平，使其在高效经济的状况下运行，尽量降低空调系统能耗。

目前广泛关注或使用的空调节能新技术有：地源热泵、冰蓄冷、冷热电联产、温度湿度独立控制的空调系统等等。设计师在进行老年人疗养建筑的机械系统选择时，可以根据实际需要，进行合理的配置。

四、老年人疗养建筑的空气环境技术应用

（一）老年人对空气环境的特殊要求

人类为了维持生命，每天人约需要吸入440L的空气，而其中包括有氧气，空气中通常包括粉尘、一氧化碳、氮化物等有损人体健康的物质。也就是说，人们无意识地，通过呼吸而摄取了这些物质。除非特殊病房，不然我们是不可能在完全清洁的空气中生活的。但是，我们在进行老年人疗养建筑的设计时，应该为入住老人提供一个能够充分维持其健康状态的室内空气环境。室内空气环境是人们接触最频繁、关系最密切的室内环境之一。一般情况下，人们有80%的时间是在室内环境度过的。对于老年人来讲，室内空气质量尤其重要，因为他们一天中的大部分时间则是在室内度过的。摄取新鲜空气，有利于促进老年人机体的新陈代谢，对他们的健康而言是必不可少的。

近年来，大气和建筑材料污染等原因，使得人类健康受到威胁的例子屡见不鲜。室内空气污染是指由于室内引入能释放有害物质的污染源或室内环境通风不佳而导致室内空气中有害物质从数量上和种类上的不断增加。室内空气污染长期低浓度地危害人体健康，不易察觉，所以被称为人体健康的"隐形杀手"。流行病学调查发现，随着室内污染物的增多，各类呼吸系统等疾病大量增加，对老年人这种在室内居住时间相对较长的人群而言，这种情况更甚。因而，积极采取预防措施，是老年人疗养建筑设计施工过程中必须要面对的问题。

室内空气污染源主要有建筑和装饰材料、通风空调系统和人自身的活动，以及被污染的室外空气。首先，在老年人疗养建筑的设计施工过程中，应该使用气体挥发量较低

的涂料、墙面覆盖物和地毯等绿色环保的建筑材料。接下来，设计师通常面临的问题，就是如何平衡通风和能效的关系。

（二）老年人疗养建筑的自然通风设计

自古以来，自然通风就是人们改善室内环境的重要手段。与其他生态技术相比，自然通风是一种比较成熟且廉价的技术措施。在老年人疗养建筑中，采用自然通风，可在不消耗能源的情况下降低室温、排除室内的浊气潮气、达到老年人的热舒适度，并提供清新的空气，有利于老年人的生理和心理健康，减少他们对空调系统的依赖，从而节约能源、降低污染。

建筑通风是由于建筑开口的内外存在压力差而产生的空气流动。按照产生压力差的不同原因，自然通风可分为风压通风、热压通风及风压与热压相结合的通风。

1. 利用风压进行自然通风

当风吹向建筑物时，由于受到建筑物的阻挡而在迎风面上形成正压区，气流绕过建筑物顶部、侧面及背面。风压通风就是利用建筑物形成的这种压力差来实现的，"穿堂风"就是在建筑中经常使用的风压通风手段。

2. 利用热压进行自然通风

建筑内部的热空气上升，从其上部风口排出，室内会形成负压，从而室外空气从建筑底部被吸入，也就是所谓的"烟囱效应"。建筑内外温差越大，进出风口的距离越大，则通风效果越好。当室外风速不大时，热压通风是改善室内热舒适的良好手段。

3. 利用风压与热压相结合进行自然通风

在实际情况下，风压通风和热压通风是共同作用的。一般来讲，建筑进深较小的部分一般采用风压通风，而进深较大的部位则多利用热压通风。

对老年人疗养建筑进行自然通风设计主要是通过室内外的协作设计来改善建筑通风，主要的手法有：

（1）建筑布局及朝向

在设计老年人疗养建筑的自然通风时，应根据当地的风玫瑰图，分析基地特征，使建筑的排列和朝向有利于自然通风。不同的形体组合，有各自不同的自然通风特点，相比较而言，建筑群错列、斜列的平面布局形式有利于自然通风。另外通过建筑形体的合理组合、室内空间的合理划分以及平面剖面形式的合理选择等手段，也可获得良好的自然通风，如中庭、庭院或风塔的拔风效应等。

（2）绿化及水体布置

在老年人疗养建筑的周围进行合理的绿化布置，也能在一定程度上引导风的走向。伞形大树，有利于夏季凉风通过建筑，在建筑和大树较远的地方栽种低矮灌木也利于建筑夏季的窄气流通。另外，室外绿化还可以改变流进气流的状况，调节老年人疗养建筑周围的微气候，净化室外空气，同时也增加了建筑利用自然通风的可能性。例如，夏季当风吹过室外的绿化带或水面时被降温，就会对引凉风入室起到重要作用。

（3）开间进深与通风

老年人疗养建筑的通风效果与其开间、进深有密切关系。建筑进深不宜超过楼层净高的五倍，以便通风。如果老年人疗养建筑采用的是单侧通风，则建筑进深最好不超过净高的 2.5 倍。

4. 窗户的布置方式

窗户的朝向、尺寸、位置和开启方式，直接影响老年人疗养建筑室内的气流分布。另外窗户的开启方式不同也会对建筑内部的气流大小及气流方向有不同的影响。在进行老年人疗养建筑设计时，可以选择一些可以变换多种开启方式的新型窗户以获得更自由的调节气流。另外开启的角度和开启的尺寸也会对房间的气流产生很大的影响。

5. 建筑构件

老年人疗养建筑的各种建筑构件，如导风板、阳台和屋檐等直接影响其室内的气流分布。窗口上方遮阳板位置的高低，对于风的速度与分布有不同的影响。被誉为"可呼吸的皮肤"的双层结构也是当今生态建筑中普遍采用的技术。另外，捕风塔和太阳能烟窗也是很多生态建筑中大量使用的强化通风方式。

在进行老年人疗养建筑的自然通风设计时，在冬季可以利用太阳能预热系统进行新风的预热，以避免引起采暖负荷的增加，还可以采用带有热回收装置的机械通风系统加以辅助。在夏季可采用适宜的被动降温方法，来避免自然通风引起的室内过热。另外，要考虑在老年人疗养建筑中，采用通风控制系统，以避免自然通风引起的室内风速过大问题引起老年人的不适。

（三）老年人疗养建筑的机械辅助通风系统

由于老年人疗养建筑对通风换气的要求比较高，单纯依靠自然风压与热压往往不足以实现对其通风的要求，而对于空气污染和噪声污染比较严重的城市，直接的自然通风还会将室外污浊的空气和噪声带入室内，不利于老年人的身心健康。所以应在机构内采用辅助式的机械通风系统，配以完整的空气循环通道，辅以生态空气处理手段（如预热、深井水换热等），借助一定的机械方式对室内通风加以调节。

对于老年人疗养内部机械通风系统的通风管道，应合理设计其尺寸和路线，以减少气流阻力，从而减少对风扇功率的要求。合理布置送风口和进风口的位置，以防止其产生噪声。机械置换通风的设计原则主要有以下几点：

应针对主要影响老年人疗养建筑室内热舒适的温度和影响其空气质量的污染度分别进行计得，以确定正确的置换通风策略。

应通过计算来确定老年人疗养建筑室内所需的最小新风量，而不应该采用传统送风方式所给定的新风量取值标准。

通风风口的选择和布置应依据老年人疗养建筑的内部功能、活动区可能形成的气流组织、供冷和供暖系统方案以及可供选择的风口形式等综合因素加以确定。为满足老年人舒适性要求，送风散流器通常设置高度为 h ≤ 0.8m，出口风速宜控制在

v ≤ 0.2 ～ 0.3m/s。其位置应布置在室内空气较易流通处，应尽可能布置在室内中心处或冷负荷较集中的地方，不应布置在室内靠外墙或外窗处。排风口应尽可能设置在室内最深处，回风口应设置在室内热力分层或活动区高度以上；回风口的位置不应高于排风口。

置换通风的设计，应考虑空调系统在过渡季全新风运行可能性。

置换通风系统可采用变风量或定风量控制运行；控制系统的传感器应设置在室内老年人活动区中有代表性的位置处。

对于老年人疗养建筑中的高大空间内的置换通风系统设计，适合在理论计算的基础上对其室内空气环境进行气流组织模拟，以此来辅助设计，并对送、回风口的形式、位置等进行合理的优化。为取得良好的声、光、热及空气环境，在建筑中综合利用主动式太阳能技术的机械系统。

参考文献

[1] 邹志兵，张伟孝，朱贤 . 公共建筑空间设计 [M]. 北京：北京理工大学出版社，
2023.04.

[2] 林文诗 . 绿色智慧建筑技术及应用 [M]. 北京：中国建筑工业出版社，2023.09.

[3] 周燕珉，程晓青，林菊英 . 老年住宅 第 3 版 [M]. 北京：中国建筑工业出版社，
2023.08.

[4] 姚亚雄 . 空间结构系列图书 建筑创作与结构形态 [M]. 北京：中国建筑工业出版社，
2023.04.

[5] 孙卉林 . 居住空间装饰设计 [M]. 武汉：华中科学技术大学出版社，2023.08.

[6] 李丽华 . 公共空间设计 [M]. 武汉：华中科技大学出版社，2023.10.

[7] 朱雷，吴锦绣，陈秋光 . 建筑设计入门教程 第 2 版 [M]. 南京：东南大学出版社，
2023.02.

[8] 万书元 . 空间建筑与城市美学 [M]. 南京：东南大学出版社，2022.10.

[9] 朱立珊 . 为暮年设计 老年健身及养老设施 [M]. 北京：机械工业出版社，2022.08.

[10] 区展辉，李敏 . 绿色康养生境规划设计 [M]. 哈尔滨：黑龙江科学技术出版社，
2022.12.

[11] 陈星，刘义 . 微型建筑空间 [M]. 北京：中国建筑工业出版社，2022.08.

[12] 高兑现，王洪臣，郭宏超 . 建筑空间结构理论与实践 [M]. 北京：中国建筑工业出版社，
2022.11.

[13] 王明超 . 建筑空间模型设计与制作 [M]. 北京：中国水利水电出版社，2022.08.

[14] 何子奇 . 建筑结构概念及体系 [M]. 重庆：重庆大学出版社，2022.02.

[15] 王洪羿 . 走向交互设计的养老建筑 [M]. 南京：江苏凤凰科学技术出版社，2021.05.

[16] 王丽娜，李丽珍，刘平 . 当代养老建筑创新设计研究 [M]. 北京：北京工业大学出版社，2021.10.

[17] 吴艳珊，秦岭 . 城市社区养老服务设施建筑设计图解 [M]. 北京：华龄出版社，2021.07.

[18] 程晓青，尹思谨，李佳楠 . 城市既有建筑改造类社区养老服务设施设计图解 [M]. 北京：清华大学出版社，2021.08.

[19] 未来城市建筑设计理论与探索实践课题组 . 未来城市建筑设计理论与探索实践 [M]. 北京：中国建筑工业出版社，2021.05.

[20] 陈尧东 . 适老建筑健康光环境 [M]. 北京：中国建筑工业出版社，2021.06.

[21] 侯可明 . 养老机构空间评价与优化设计 [M]. 南京：东南大学出版社，2020.07.

[22] 沈捷 . 中国创新型医养融合康养建筑设计规范探索 [M]. 南昌：江西科学技术出版社，2020.06.

[23] 王川 . 健康理念下老年空间环境设计研究 [M]. 天津：天津大学出版社，2020.11.

[24] 周军 . 养老建筑设计现状与发展趋势研究 [M]. 长春：吉林大学出版社，2019.05.

[25] 杨根来，刘开海 . 养老机构经营与管理 [M]. 北京：机械工业出版社，2019.10.

[26] 盛铖 . 智慧养老园区服务设计 [M]. 石家庄：河北人民出版社，2019.03.